JN190206

Automotive Industry in the Chugoku Region

佐伯 靖雄
[編著]

晃洋書房

はしがき

本書は，2016年3月に研究者6名で始めたMMS（Mazda Mitsubishi Supplier system）プロジェクトの3カ年の研究成果をまとめたものである．本プロジェクトは，途中でメンバーの入れ替えや増員を経て最終的に8名で研究活動を続けてきた．プロジェクトの名称にもあるように，当初は，中国地方に立地する2つの完成車企業であるマツダと三菱自動車工業・水島製作所（以下，三菱自・水島）のサプライヤー・システムの解明に強い関心を寄せていた．とりわけ，経済学・経営学領域でもっぱら題材にされてきた大手完成車企業（トヨタや日産）のサプライヤー・システムとマツダや三菱自といった中堅完成車企業のそれとの比較から，経営資源が大きく制約される後者の部品取引システムの実態を審らかにすることに主眼を置いていた．しかしながら研究のために中国地方入りをくり返している過程で，中国地方がトヨタのある愛知県1県にすら生産年齢人口で負けていることを知るようになった．そこで本来の研究課題と並行して，編者が個人的に先進国で最も深刻なわが国の人口減少問題について関連文献を渉猟していったところ，この宿痾が実は自動車産業の存続を左右しかねないほど重要な変数だということが分かってきた．こうして本プロジェクトは，中国地方における地域経済の再生産にまで関心を拡げて調査・分析に取り組むようになったのである．このことが編者らの能力を超えた壮大な挑戦であったことは認識している．したがって本書の分析結果が，必ずしもこの研究課題に対する最終回答にはなっていないと自覚している．本書を手に取られた皆様との議論をつうじて，今後さらに深めていきたい．

またなぜ分析対象が中国地方なのかという問いに対しては，ここに着目するに至った契機がある．それは，京都大学大学院経済学研究科教授の塩地洋先生が2012年から主催されてきた「関西自動車部品企業研究会」に編者や本プロジェクトの一部のメンバーが参加していたことである．この研究会の最大の特徴は，一般社団法人自動車部品工業会・関西部会の全面的な協力を得て，同部会に所属する約100社全てに訪問し実態を調査するという，いわゆる悉皆調査だという点にあった．部工会・関西部会に加盟する諸企業の分布は，関西とは言いながら西日本全域に及んでいたため，調査活動をつうじてマツダや三菱自・水島と取引する部品企業にも数多く訪問してきた．こういった調査活動を経て，編者らは徐々に西日本を代表するマツダや三菱自・水島とその取引先企業群とに関心を持つようになっていったのである．もともと中国地方の自動車産業については，地元大学の一部の研究者が特定の研究課題に基づいて題材にすることはあっても，トヨタや日産の研究ほど注目されたものではなかったようである．それゆえ自動車産業論と地域経済とを結びつけ包括的に議論される機会に恵まれなかったのである．そのような対象を中国地方以外の大学に勤める編者らが調査・分析するというのは，地元関係者の方々には幾分面白がって頂けたようである．おかげさまでプロジェクトの開始直後から，とりわけ経済産業省中国経済産業局地域経済部，公益財団法人ひろしま産業振興機構カーテクノロジー革新センター，公益財団法人岡山県産業振興財団，公益財団法人鳥取県産業振興機構などには編者らの研究活動に理解を示して頂いたばかりでなく，貴重な情報提供や企業紹介等の面で数々のご支援を頂戴してきた．このご縁で，2017年10月13日には広島県，2019年1月30日には岡山県にてそれぞれ本プロジェクトの中間報告会を開催頂いた．この場を借りてご厚情に感謝申し上げる．それと，このタイミングで中国地方に注目したことは，結果として編者らにとって意義深い経験になったと言えるだろう．なぜなら，本プロジェクト始動早々に三菱自が燃費不正問題を契機に日産の傘下に入り，そして翌年にはマツダがトヨタと電撃的な資本・業務提携を発表したからである．さらに本書取りまとめの時点では三菱自を救済した日産のお家騒動まで勃発している．このため否が応でも中国地方の自動車産業が注目されるようになったのである．

詳しい議論は本書をご覧頂きたいが，本プロジェクトでは中国地方に立地するグローバル企業であるマツダ，三菱自・水島，そしてそれらと取引関係にある大小様々な部品企業，そして国・自治体や金融機関といった支援機関を詳細に分析している．とりわけ地場の部品企業の多くは，あらかたの先行研究が注目してきたトヨタや日産の取引先とは較べるべくもない，本当に中堅・中小企業ばかりであった．業種で見ると，プレス，機械加工，内外装品，鋳鍛造，樹脂成形等が中心であり，昨今の自動車産業を賑わせているEV（電気自動車）やADAS（先進運転支援システム）に直接関与しているような企業はごく少数に過ぎなかった．しかしながらこのような企業群によって形成される中国地方の自動車産業集積地もまた，紛れもなくトヨタや日産のお膝元と同時代を生きているのである．大半が中堅・中小企業で構成される中国地方の地場企業の多くは，編者らの当初の予想を裏切り，それぞれが必死に自らの存立要件を確立しようとし，また限られた経営資源を最大限有効に活かすための工夫をしていた．完成車企業もまた同様である．トヨタや日産とは異なり，マツダと三菱自・水島には中堅完成車企業なりのしぶとさがあり，また一方で得意領域に経営資源を一点集中していく様は，大手完成車企業よりもずっと潔い側面すら見せる．これら企業を支援する国・自治体等にも，他の地域とは異なる固有性が見られた．このような地域の自動車産業のダイナミズムを描写し，その行動論理を明らかにしていくことは本書の醍醐味でもある．

これまで編者個人の研究では，大学院に在籍時以来もっぱら自動車の電動化・電子化に関心があり，中国地方の自動車産業の実態とは対極にある領域ばかりを分析対象としてきた．真に不遜なことながら，本プロジェクトを始めるまではプレスや機械加工といった業種は基盤産業として先行研究の評価に任せきりにし，意図的に捨象してきたというのが事実である．だが実態は違った．中国地方の自動車産業，とりわけ地場企業はいずれも個性的であり，ある領域に関しては優れた競争力を有する，れっきとした産業構成者だったのである．本プロジェクトでの研究を深めることで，ようやくわが国自動車産業における部品企業の輪郭のようなものをぼんやりとながら把握することができたような気がする．

本プロジェクトの分析枠組みを構築していく際には，京都大学経済学部にお勤めだった故・堀江英一先生の門下にあたる先生方の研究系譜を読み解く，「堀江一門必読書研究会」での議論も大いに参考にさせて頂いた．この研究会では，一門の最末端に連なる身として僭越ながら編者が開催校の世話人を務めてきた．本プロジェクト・メンバーの半数がこの研究会で約2年間学んだ．この研究会では1970年代から1980年代の著作を中心に読んでいたため，当時の議論の背景となる知識に乏しかった編者らが内容を理解していく上で，前述の塩地洋先生，同じく京都大学大学院経済学研究科教授の田中彰先生，同志社大学商学部教授の太田原準先生からいろいろとご教示頂いたことが大きかった．到底十分とは言い難いながらも，ここでの学びがなければ本書での分析水準は決して高められることはなかっただろう．地域と自動車産業という観点からは，本書が研究上のベンチマークとしてきた『東北地方と自動車産業』（創成社，2013年）の編者のお一人である九州大学大学院経済学研究院准教授の目代武史先生にも直接ご指導頂いた．マツダOBとして広島県の財団で活躍され大学教員もされてきた岩城富士大先生には，プロジェクト期間中に何度もお目にかかり議論する機会を頂いた．同様に，岩城先生の盟友である経済産業省中国経済産業局地域経済部課長補佐（岡山大学にも一時教員として出向）の平山智康氏からも頻繁に意見交換の機会を頂いた．このように本プロジェクトは，実務家のみならず多くの研究者からも支えられてきたのである（ご所属・職位はいずれも2019年3月時点）．

また本プロジェクトには，始動から終了までの間とにかく研究資金の調達に苦労したという苦い思い出がある．編者の力不足により，文科省科研費（基盤研究B）の申請では2年連続不採択となり，民間財団の研究助成への応募も悉く選に洩れた．そのためプロジェクト・メンバーには2年目までは手弁当で調査活動に参画頂かざるをえず，研究代表者として随分気まずい思いをしてきた．その窮地を救って下さったのが，一般財団法人機械振興協会経済研究所である．研究最終年度には，同研究所の平成30年度調査研究事業「人口減少社会における自動車産業」の委員会として本プロジェクトを引き取って頂いたことで，調査出張や資料調達のための原資をなんとか確保することができた．同研究所調査研究部の部長兼研究主幹の北嶋守氏にはどう感謝の気持ちをお伝えすればいいのか分からないくらいである．ちなみに同研究所で刊行頂いた報告書『人口減少社会における自動車産業』と本書とは姉妹書の関係にあたる．

なお本書を構成する各章の初出論文・刊行物は以下のとおりである．

序章：佐伯靖雄（立命館大学）
佐伯靖雄［2016］，「中国地方における自動車工業集積の現状分析：マツダと三菱自の生産・輸出・調達構造」『立命館経営学』55(2)，佐伯靖雄［2017］，「中国地方自動車産業の事業環境分析」『社会システム研究』35，佐伯靖雄［2019］，「本調査研究事業のねらいと依拠する先行研究のサーベイ」一般財団法人機械振興協会経済研究所編『人口減少社会における自動車産業』H30-3所収を加筆・修正．

第1章：菊池航（立教大学）
書き下ろし

第2章：菊池航

菊池航・佐伯靖雄［2017］,「中堅完成車メーカーの部品調達構造：マツダ・三菱自・トヨタの比較分析」『阪南論集（社会科学篇）』52(2), 菊池航［2017］,「マツダの海外拠点における部品調達：オート・アライアンス・タイランドの事例」『阪南論集（社会科学篇）』53(1), 菊池航［2019］,「トヨタ＝マツダ, 日産＝三菱自における部品調達構造の比較研究」一般財団法人機械振興協会経済研究所編『人口減少社会における自動車産業』H30-3 所収を加筆・修正.

第３章：畠山俊宏（摂南大学）
畠山［2017］,「ASEAN における中堅完成車メーカーのサプライヤー・システムの現状」『経営情報研究』24（1・2), 畠山俊宏［2018］,「中堅完成車メーカーの現地調達の構造：マツダ・三菱自動車・トヨタを比較して」『工業経営研究』32(1), 畠山俊宏［2019］,「タイにおけるマツダの現地調達戦略」一般財団法人機械振興協会経済研究所編『人口減少社会における自動車産業』H30-3 所収を加筆・修正.

補論１：宇山翠（岐阜大学）
宇山翠［2019］,「群馬県太田市の自動車産業：SUBARU（スバル）の生産システム, 部品調達における地場部品企業の役割」一般財団法人機械振興協会経済研究所編『人口減少社会における自動車産業』H30-3 所収を加筆・修正.

第４章：佐伯靖雄
佐伯靖雄［2016］,「中堅完成車メーカーの協力会組織分析：マツダと三菱自の系列取引構造」『社会システム研究』33, 佐伯靖雄［2017］,「中国地方中堅完成車メーカーの地場協力会組織：東友会とウイングバレイの事例」『地域情報研究』 6 を加筆・修正.

第５章：東正志（京都文教大学）
佐伯靖雄・東正志［2017］,「山陰２県の自動車工業集積研究」『工業経営研究学会第 32 回全国大会予稿集』所収, 東正志［2019］,「山陰企業の自動車部品事業への参画」一般財団法人機械振興協会経済研究所編『人口減少社会における自動車産業』H30-3 所収を加筆・修正.

第６章：池内美沙理（立命館大学・院生）・佐伯靖雄

書き下ろし

補論２：佐伯靖雄
書き下ろし

第７章：羽田裕（愛知工業大学）
羽田裕［2018］,「自動車産業における中堅・中小サプライヤーに向けた産学官連携の検討：公的機関主導による育成型モデルの展開」『産業学会研究年報』33, 羽田裕［2019］,「産学官金連携による地場部品企業の育成および地域活性化」（第１節～第３節, 第５節）一般財団法人機械振興協会経済研究所編『人口減少社会における自動車産業』H30-3 所収を加筆・修正.

第８章：太田志乃（名城大学）
太田志乃［2019］,「産学官金連携による地場部品企業の育成および地域活性化」（第４節）一般財団法人機械振興協会経済研究所編『人口減少社会における自動車産業』H30-3 所収を加筆・修正.

第９章：佐伯靖雄
佐伯靖雄［2019］,「支援企業・機関から見たマツダ『モノ造り革新』：オール広島体制の到達点と課題」『工業経営研究』33(1)を加筆・修正.

終章：佐伯靖雄
書き下ろし

補論３：佐伯靖雄
佐伯靖雄［2019］,「本調査研究事業のねらいと依拠する先行研究のサーベイ」一般財団法人機械振興協会経済研究所編『人口減少社会における自動車産業』H30-1 所収より抜粋の上, 再構成.

出版情勢の厳しい中, これまでに編者が執筆してきた３冊の単著に続いて本プロジェクトの出版をお引き受けくださった晃洋書房の西村喜夫氏にも御礼申し上げたい. また, 調査訪問・工場見学を快くお引き受けくださった中国地方の自動車産業で従事されている企業の皆様, 関連団体・機関並びに国・（関連調査として訪問した福岡県, 愛媛県を含む）自治体の皆様, 金融機関の皆様にも心より感謝申し上げる. 研究期間３カ年での訪問先は, 企業, 各種団体, 国・自治体，個人（企業 OB，研究者等）でのべ 100 件を超えた．本書での分析による同地方の自動車産業に内在する問題性の指摘が少しでも有用であって欲しい．同地方の自動車産業はもちろんのこと，地域経済全体が今後も繁栄していくことは，本プロジェクト・メンバー一同の偽らざる願いである．

2019 年 4 月

MMS プロジェクト・メンバーを代表して
編者　佐伯靖雄

目　　次

第1部　中核企業の視点

序　章

構造不況業種化しようとする中国地方の自動車産業

はじめに

本書は，中国地方の自動車産業において中核企業に位置づけられる，マツダと三菱自動車工業（以下，三菱自）を頂点とする企業グループの経営戦略論（国際展開をともなう開発・生産・調達戦略）と地域経済論とを折衷した動態的な産業集積研究である．後段にてこのような視点を地域自動車産業論として提起する[1]．本書では企業グループを単なるピラミッド型の企業間関係に限定して認識しないが，それは第1に，実態としてまず地場取引先企業（以下，地場企業）の少なくない部分が他業種にも多角化しているという側面があるからである．そして第2に，中国地方の中核企業はともに，エレクトロニクスやソフトウェアといった先端的技術開発をともなう高付加価値型の中間財を系列色の強い地場企業からは調達しておらず，もっぱら東海や関東地方の他系列企業ないし外資系企業にその供給を依存している側面があるためである．このことは，中国地方に立地する2つの企業グループの特性を示している．それはつまり，企業グループを地理的制約条件のもとで再定義したとき，両グループともに自社主力工場周辺の産業集積を構成するのは，相対的に低付加価値かつ技術的に成熟した領域の中間財を取り扱う地場企業が大半だということである．この事実は，企業グループという資本・生産連関上の関係性と実際にそれらが立地する産業集積とが概ね一致する（付加価値の低いものから高いものまで，自社工場周辺の産業集積から大部分が調達可能である域内完結型の）大手完成車企業（トヨタ，日産，ホンダ）とは大きく異なる点である．中国地方の自動車産業集積におけるこの固有性を突き詰めていきながら，同地方が抱える様々な問題性を指摘することこそが，本書の最大の目的なのである．

企業等調査の段階では，筆者らは中核企業の企業城下町単位といった狭義の産業集積としてではなく，中国地方全域を対象とした広域圏の産業集積を分析単位とみなしてきた．それはつまり，マツダの主力完成車工場を起点とした広島県安芸郡府中町・広島市近隣及び山口県防府市近隣，三菱自の主力完成車工場である水島製作所を起点とした岡山県倉敷市及び総社市近隣，そしてこれら３つの大生産地を擁する山陽地方の後背地として，それらと直接・間接的な生産連関がありながらも他方で独自の特徴を併せ持つ鳥取県と島根県の山陰２県のことである．ただし本書はこういった地図上の行政区分ごとの分析視角よりも，２つの企業グループがそれぞれ形成する広域圏産業集積に共通する企業間の資本・生産連関上の強弱にフォーカスした分析視角を重視している．それに加えて，国・自治体や金融機関といった集積内部の支援機関の役割にも注目する．これにより，中国地方全域を俯瞰する自動車産業集積の態様が明らかになるのである．

ところで本書には，上記の論点以外にも極めて重要な社会問題の提起という使命がある．それは，単に地域の産業振興策のみならず国家のあり方という意味においても，わが国が現在直面している固有の諸事情を中国地方に凝集し，社会動態の帰結としての近未来像に警鐘を鳴らすことにある．ここでわが国固有の諸事情とは，大きく２つの要素を想定する．１つ目は，自動車産業はわが国が今なお国際的に高い競争力を保持した基幹産業だということである．あるいは，外貨を稼ぎ出し国富を増大させるというマクロ経済面での目的にとって，わが国に残された数少ない手段と言い換えた方が本質的かもしれない．２つ目は，近い将来確実になる超高齢社会と人口減少社会の同時到来である．これらは国内消費活動の減退を意味し，同時に地域の生産活動の衰退に直結する．

この問題が深刻なのは，現状これら２つの要素が密接に作用し合っていることである．自動車産業がこれからも競争優位を保っていくためには，グローバル市場での競争を戦い抜くしかない．それは企業活動のさらなる国際化（直接的には生産機能の海外移転）を不可避とする．ただし国内の生産機能が海外に移転すればするほど，地方（＝非大都市圏）に大きな雇用をもたらした工場が姿を消して（あるいは規模を縮小して）国内製造業は空洞化し，地方から仕事と生活を奪っていく．それは地方から都市部への人口流出を招くことになる．しかしながら彼らの行き着く都市部では，地方ほど自動車保有を必要としない（あるいは経済的に保有を困難にする）のである．そうして地方の自動車購入を含む消費行動はよりいっそう低迷する．しかもこれらは人口規模の縮小再生産のもと進むのである．国内の自動車需要の冷え込みは自動車産業にとって国内市場向け生産比率を下げることになるため，自由貿易圏の拡大という世界的な潮流を鑑みると，海外生産比率はいよいよ高まらざるをえない．そしてそれがいっそう地方の産業基盤を傷つけていくことになる．人口減少も相まって，地方には自動車の作り手も買い手もいなくなっていく．人口減少が国内活動を停滞させ，自動車産業は競争優位を維持するため海外依存を高めざるをえないという構図である．

問題はまだある．人口減少の煽りを真っ先に受けるのは中小の地場企業であるが，中核企業もまた例外ではないのである．中核企業は海外工場への依存を強めて生き残りを図ったり，地場企業から調達できなくなった素材・部品を海外から輸入し代替したりするといった選択肢を持つが，これだけでは中核企業がゴーイング・コンサーンであり続けることを保証しえない．なぜなら，わが国の自動車産業はその歴史的経緯から見ると，もっぱら企業グループ単位でこそ発揮できる競争優位を構築し続けてきたからである．長期間にわたる高い外注依存度，承認図方式の多用，さらにはこれらを後押ししてきた大きな要因の１つである賃金格差の存在などにより，中核企業は大半の中間財の開発・生産に要する経営資源を蓄積してきていない．加えて，信頼メカニズムに基づく企業間での低い取引コストの存在も，とりわけコア・コンピタンスに拘わるような領域においては容易に企業グループ外との代替取引を許さない要因である．短期的にはグローバル化をつうじて企業活動を維持できる中核企業であっても，二人三脚で競争優位の構築に貢献してくれる地場企業が次々と脱落すれば，中核企業の国際競争力は維持できなくなる．輸入部品の提供する価値に地場企業相当の貢献を期待することは難しいのである．そればかりでなく，人口減少によって中核企業自身の国内主力工場に必要な労働力が枯渇すれば，高度な生産技術の開発をともなう国内生産と海外工場の司令塔とを兼ねるマザー工場としての機能が維持できなくなってしまう．そうなると高品質なものづくりは世界規模で瓦解する．開発・生産の一貫体制に強みを持ってきたわが国企業にとっての生産拠点の機能不全は，時を移さずして開発機能の弱体化に繋がるだろう．したがって，中核企業だけでも生き残るというシナリオは考えにくいのである．

ここまでに述べてきたようなわが国固有の諸事情を鑑みると，本書から得られるインプリケーションはこれからの産業振興策に一定の示唆を与えることだろう．中国地方と同様に，中核企業の国際化によって企業城下町型の産業集積が空洞化の危機に晒されている地方は少なくない．議論の抽象度を高めることで，業種・産業を問わず広く応用可能な産業政策立案に貢献できるはずである．そういった意味で，本書の提言はきわめて現実的なものでなければならない．なぜならそれは以上述べたような固有の諸事情により，必然的に将来のわが国の輪郭そのものを問うことに繋がっていくからである．

まず本章では，本書での研究を進める上で必須となる現状把握，懸念される外部環境要因の指摘，本書での調査・分析の枠組みと理論的背景を提示する．第1節では，わが国，そして中国地方の人口減少問題を取り上げる．本書のあらゆる分析に通底する最も大きな問題意識である．第2節では，中国地方の2つの完成車企業であるマツダと三菱自の財務状況並びに生産・輸出戦略を分析する．ここでは両中核企業の実態が把握される．第3節では，中国地方と九州地方の自動車産業集積を比較する．隣り合う両地方であっても集積のあり方に相違があることを指摘する．第4節では，中国地方の自動車産業を工業統計表，産業連関表，貿易統計を用いて定量的に分析する．こうして中国地方を客観視することで，様々な懸念が浮き彫りになるのである．第5節では，わが国各地の自動車産業集積を分類する基準について言及する．そして第6節では，本章での議論を総括するとともに，本書での分析のための理論的背景と本書の構成を提示する．

1．中国地方の人口減少問題

(1)　わが国が直面する人口動態

まずわが国の将来の人口推計から確認する．**図序-1**に示したように，今後わが国は，高齢者比率を著しく高めながら総人口が減少していくことになる．国立社会保障・人口問題研究所の推計によると，2060年には8800万人余りにまで落ち込むとされている．また，総人口に占める15〜64歳のいわゆる生産年齢人口の比率は2035年頃から急速に低下し，2065年には約51.4%と推計される．生産年齢人口比率の大幅な低下は，社会の活力を失うと同時にマクロ経済面における供給力不足を招くことになる．

次に都道府県別の人口推計から中国地方5県を抽出し，代表的な大都市圏の中心的自治体である3つの都府県（東京都，愛知県，大阪府）と比較したのが**表序-1**である．大都市圏（とりわけ東京都，愛知県）と比較すると，中国地方5県

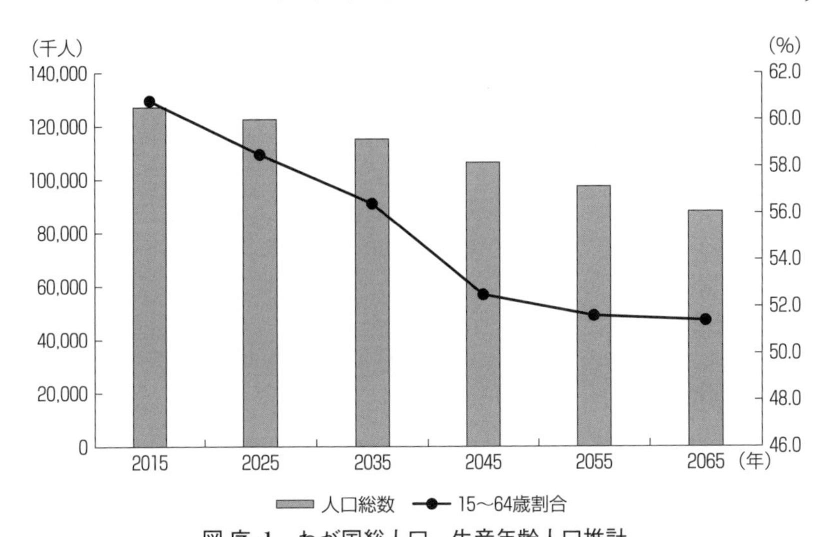

図 序-1　わが国総人口，生産年齢人口推計

出所）国立社会保障・人口問題研究所「日本の将来人口推計（平成29年推計）」（出生中位・死亡中位）をもとに筆者作成．

はいずれも総人口，生産年齢人口の落ち込みが激しいことが分かる．中でも山陰2県と山口県の減少は深刻である．**表 序-1** から中国地方5県と比較対象である愛知県の生産年齢人口を抽出したのが**図 序-2** である．現時点ですら，中国地方5県の総人口，生産年齢人口はともに愛知県1県よりも少ない．そしてその差が2040年にかけて大きくなっていく．具体的には，生産年齢人口の差は2015年時点では約40万人だが，2040年には約67.5万人まで広がる．双方ともに人口を減らしながらも，生産年齢人口ではいっそうの差がついていくのである．

生産年齢人口の減少は，中国地方の自動車産業の再生産能力を確実に蝕んでいくことになる．従来，一定規模の製造業や建設業の存在は地方に人を留めるよう作用していたが，2000年以降はそれらの雇用基盤が崩壊し，その流れは今も続いている．また人口減少そのものがさらなる人口減少を招くという悪循環に繋がっている．例えば増田編〔2014〕でも指摘されるように，雇用基盤がなく，買い物や娯楽の機会といった住環境としての魅力さえも失ってしまった地方に若者は留まらず，大都市圏への社会流出は避けられない．このような人口動態がもたらす中国地方にとっての最大の危機は，地元での労働力確保が他の自動車産業集積地と較べて著しく困難になるということであり，それは同時

表 序-1　中国地方５県と大都市圏（３都府県）の人口推計

都道府県	項　目	2015年 (a)	2040年 (b)	2015比 b/a
鳥　取	総数	567,193	441,038	0.78
	15～64歳	325,107	226,391	0.70
	生産年齢人口比	57.3%	51.3%	
島　根	総数	687,105	520,658	0.76
	15～64歳	377,654	262,238	0.69
	生産年齢人口比	55.0%	50.4%	
岡　山	総数	1,913,145	1,610,985	0.84
	15～64歳	1,114,328	874,141	0.78
	生産年齢人口比	58.2%	54.3%	
広　島	総数	2,825,397	2,391,476	0.85
	15～64歳	1,664,247	1,271,089	0.76
	生産年齢人口比	58.9%	53.2%	
山　口	総数	1,398,700	1,069,779	0.76
	15～64歳	779,564	551,296	0.71
	生産年齢人口比	55.7%	51.5%	
	総数	7,391,540	6,033,936	0.82
中国５県小計	15～64歳	4,260,900	3,185,155	0.75
	生産年齢人口比	57.6%	52.8%	
東　京	総数	13,349,453	12,307,641	0.92
	15～64歳	8,787,939	7,129,014	0.81
	生産年齢人口比	65.8%	57.9%	
愛　知	総数	7,470,407	6,855,632	0.92
	15～64歳	4,650,983	3,860,538	0.83
	生産年齢人口比	62.3%	56.3%	
大　阪	総数	8,808,282	7,453,526	0.85
	15～64歳	5,370,289	4,048,265	0.75
	生産年齢人口比	61.0%	54.3%	

出所）国立社会保障・人口問題研究所「日本の地域別将来推計人口（平成25年3月推計）」（出生中位・死亡中位）をもとに筆者作成．

に完成品や素材・部品の量産能力の不可逆的な低下をも意味するということである．

(2)　中国地方製造業の賃金水準

それでは人口減少に見舞われる中国地方の雇用条件がどのような実態にあるのか見てみよう．ここでは議論を単純にするために賃金に着目する．**表 序-2** では，中国地方５県と比較対象である愛知県の現金給与総額と総実労働時間に

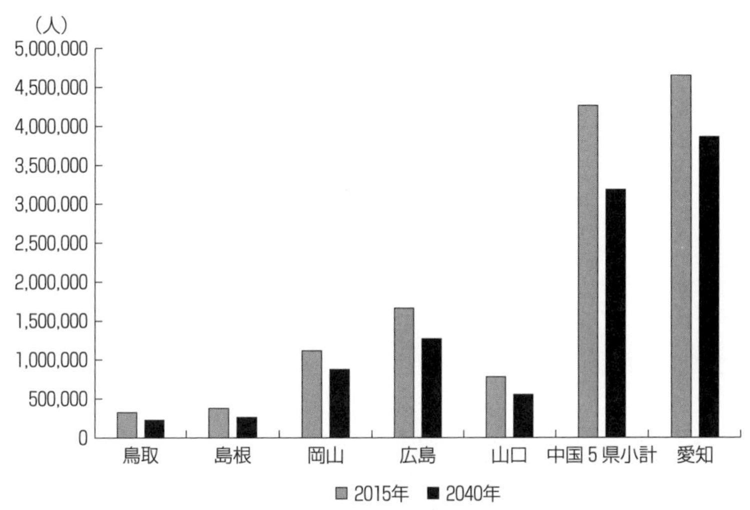

図 序-2　中国地方5県と愛知県の生産年齢人口の比較

出所）表 序-1に同じ.

関するデータをもとに簡易的な時給計算を行った[2)]. 上段は厚労省の調査対象産業計，下段は製造業をそれぞれ示している.

全体的な傾向としては，製造業以外を含む場合と製造業だけとでは，島根県を除くと後者の方が現金給与総額は多いということである．これは単純に，製造業では総実労働時間が長いことで説明できそうである．恐らく製造業には，恒常的な残業等の時間外業務が発生しているからであろう．また山陽3県と山陰2県とでは，前者の方が現金給与総額は高い．比較対象の愛知県は製造業以外を含む場合と製造業だけとを比較した場合，現金給与総額では製造業の方が3割近く高くなっている.

同表下段の製造業に着目し中国地方5県平均と愛知県とを比較すると，後者の方が現金給与総額は多く3割近い差になっている．上段の製造業以外を含む場合では両者の差は13%程度であることを考えると，愛知県の製造業の賃金待遇はかなり良いと言えるだろう.

図 序-3は**表 序-2**の各県製造業の現金給与総額を総実労働時間で除した簡易計算による時給をグラフ化したものである．ここでもやはり，山陽3県と山陰2県とでは前者の方が時給は高い傾向にある．山陽3県ではマツダを中核に自動車産業が盛んな広島県が最も低く，山口県，岡山県の順に高い．後段で示す

表 序-2　中国地方5県と愛知県の簡易的な時給比較①

	常用労働者数（千人）	総実労働時間（時間）(a)	出勤日数（日）	現金給与総額（円）(b)	簡易時給換算（円／時）b/a
全　国	47,769.6	144.5	18.7	313,801	2,172
鳥　取	182.0	152.7	19.7	282,417	1,849
島　根	233.2	149.8	19.4	276,579	1,846
岡　山	667.6	150.2	19.4	308,135	2,051
広　島	1,002.7	149.5	19.2	318,458	2,130
山　口	480.5	146.8	19.2	303,986	2,071
中国5県平均	513.2	149.8	19.4	297,915	1,989
愛　知	2,987.5	145.9	18.4	337,621	2,314

	常用労働者数（千人）	総実労働時間（時間）(a)	出勤日数（日）	現金給与総額（円）(b)	簡易時給換算（円／時）b/a
全　国	8,021.8	163.2	19.5	376,331	2,306
鳥　取	29.4	161.8	19.9	264,758	1,636
島　根	36.6	164.0	20.0	295,770	1,803
岡　山	147.9	165.7	19.7	366,857	2,214
広　島	197.8	170.2	19.7	364,132	2,139
山　口	93.3	162.3	19.7	379,315	2,337
中国5県平均	101.0	164.8	19.8	334,166	2,028
愛　知	795.2	167.0	19.3	433,358	2,595

注）事業所規模5人以上の統計．上段は調査対象産業計，下段は製造業のH27年平均．
出所）厚生労働省H27「毎月勤労統計調査・地方調査」より抜粋後一部加筆．

ように山口県，岡山県は石油，化学産業が主力であるため，賃金水準はこれらの業種の方が自動車産業よりも高いのかもしれない．そして愛知県は，時給換算した賃金でも中国地方5県のそれを凌駕している．

以上の点をどう評価するかは何に重きを置くかによって意見が分かれよう．企業側から見れば，中国地方5県の製造業は賃金水準が相対的に低く（全国平均よりも概ね低い），工場立地に向いていると評価することができる．だが他方で従業者側あるいは求職者側から見れば，残業を含め労働時間がやや長い割には他地域よりも賃金水準が低いため，中国地方で雇用されることは魅力的に映らない怖れがある．同じ仕事の条件であれば，愛知県や他の地域へ移住して雇用されたいとなってもおかしくないのである．とりわけ中国地方の中でも自動

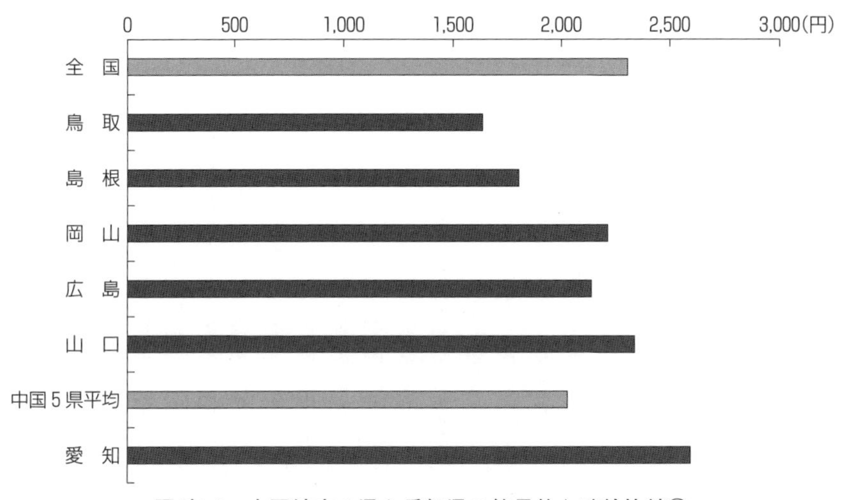

図 序-3　中国地方5県と愛知県の簡易的な時給比較②

出所）表 序-2をもとに筆者作成.

車産業のインパクトが大きい広島県が，同じ製造業でも岡山県や山口県にも賃金面で見劣りする現状について問題意識を持つ必要があるだろう．また先ほどの人口減少の側面からも，賃金水準は生産年齢人口を地域内に留められるかどうかに大きく影響してくることになる．中国地方の製造業（とりわけ自動車産業）は，今後は生産性の向上等によって節約されたコストを原資に，積極的に労働分配率を高めて従業者側に還元していくことも考えておく必要があるかもしれない．

2．中国地方におけるマツダ，三菱自の生産・輸出戦略

(1)　中国地方における中核企業2社の歩み

本節では，中国地方の自動車産業において中核企業となるマツダ，三菱自の財務状況と生産・輸出戦略を分析する．ここでは，売上高と利益の推移，生産台数と輸出台数の推移という2つの観点から両社の状況を把握する．

図 序-4は，21世紀に入ってからの両社の売上高と利益の推移である．売上高と利益はともに大きく上下しており，経営があまり安定していなかったことが分かる．業界首位であるトヨタの2018年3月期決算が連結売上高約29兆

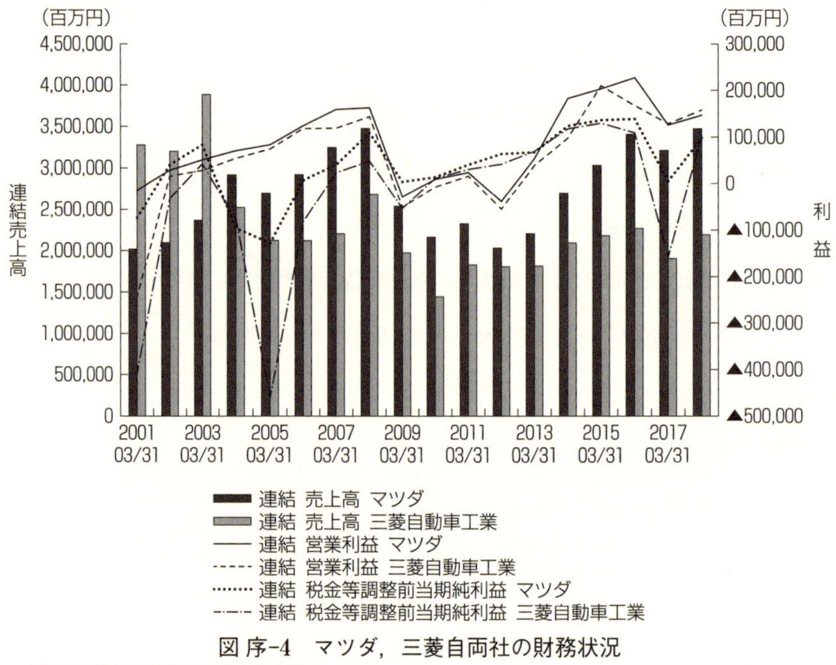

図 序-4 マツダ，三菱自両社の財務状況

出所）両社有価証券報告書より筆者作成.

4000億円（連結営業利益約2兆4000億円）であるが，同年のマツダの連結売上高約3兆5000億円，三菱自の同2兆2000億円と較べると，事業規模の格差は非常に大きい．またこの間の大きな出来事として，マツダと三菱自はともに提携していた外資系完成車企業との資本関係を解消し国内大手完成車企業を新たなパートナーに迎えたことが挙げられる．2008年には，米国発金融危機で財務が悪化したフォードがマツダの持株比率を33.4%から13.8%まで下げ，2015年9月には全株式を売却した．他方の三菱自は，2000年以降続いた同社のリコール隠しを嫌忌した旧ダイムラー＝クライスラー（現ダイムラー及びFCA US）が2005年に全株式を放出し資本関係を解消した．その後2016年には三菱自の燃費不正問題が発覚し，紆余曲折を経て日産が同社の株式の約34%を取得し筆頭株主となった．その一方で，2017年にはマツダがトヨタと資本・業務提携を結んだ．三菱自は，リコール隠しからの挽回に苦戦したことや商用車（バス・トラック）部門の分社化・事業譲渡にともない，2004年以降は売上高でマツダに逆転されたままである．なお2010年代の状況はマツダと三菱自とではやや異なる．マツダは2012年3月期をボトムに連結売上高，利益ともに概ね上昇基調にあるのに対し，三菱自は利益体質になりつつあるものの売上高の伸びが冴えない．

図 序-5は，2003年度以降の両社の生産台数と輸出台数の推移である．三菱自については，企業単位の数値に加えて中国地方に立地する水島製作所も個別に取り出して集計している．また**図 序-6**にて両社の輸出比率にも言及しておく．生産地別の生産台数推移からは，マツダも三菱自も2010年頃までは国内生産比率が高く，とりわけマツダの国内生産台数が顕著に多いことが分かる．わが国自動車産業では，トヨタが2000年代以降海外生産比率を大きく伸ばし

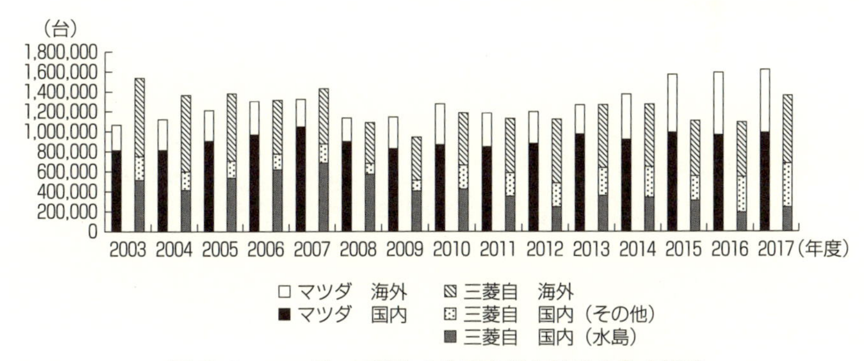

図 序-5　マツダ，三菱自の生産台数と輸出台数の推移

出所）マツダは同社ウェブサイト上の速報，三菱自はファクトブックを用いて筆者作成．

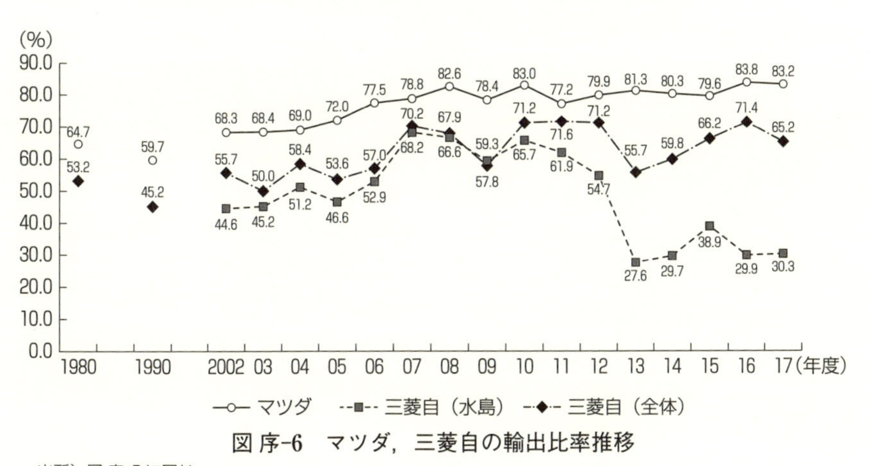

図 序-6　マツダ，三菱自の輸出比率推移

出所）図 序-5 に同じ．

てきたが，それとは対照的に両社の生産活動の多くは国内に留まり続けてきた．その背景には，前述のように外資系企業との資本関係の解消など経営課題が多く，海外市場に事業を拡大する余裕が無かったということを指摘することができる．一方で，三菱自の水島製作所（以下，三菱自・水島）の生産台数は2007年度をピークに減少傾向にあり，その他の工場（名古屋製作所及び子会社のパジェロ製造）との生産台数の差が縮小してきた．そして2016年度にはついに逆転を許している．同社は2011年に日産と軽自動車開発専門のNMKVを設立し，水島製作所が三菱自と日産両社の軽自動車生産拠点として位置づけられてきた．一時は軽自動車の生産量が多く順調だったが，2016年には燃費不正問題で水島製作所の生産が2カ月半にわたり停止したことや，もう1つの主力完成車工場である名古屋製作所（同年10月より岡崎製作所に名称変更）のSUV生産が堅調に推移したこと等の理由により，水島製作所のプレゼンスは大幅に低下している．

他方，近年の両社の海外生産には変化が見られる．マツダは2014年にメキシコに大規模工場（2016年3月期の生産能力25万台／年）を建設し，2021年にはトヨタとの合弁工場（マツダ，トヨタの生産能力各15万台／年）を米アラバマ州に建設する．また，三菱自も得意とする東南アジア市場に工場を集中しており，2015年よりフィリピンの工場（生産能力5万台／年）で生産を開始したのに加え，2018年10月には販売好調なクロスオーバーMPV増産のためインドネシア拠点の生産能力を22万台まで引き上げると発表した．両社は明らかに海外生産を重視した戦略に移行しつつある．このことは今後の輸出戦略にも影響してくるだろう．輸出比率が8割超と一際高いマツダにより大きな影響が出てくると考えられる．また三菱自も相対的に輸出比率は高かったものの，2013年度にはいったん50%台まで低下した．2017年のトヨタの国内生産に占める輸出比率が57%程度であることから，三菱自の水準はもはや極端に高いとは言えない．なお水島製作所は生産車種が国内固有規格の軽自動車に偏重しているため，必然的に輸出比率が大きく低下してきている．

(2) わが国企業活動の国際化

企業活動が海外に展開していくのは自動車産業に限らない．**図序-7**は，1990年代後半から2010年代半ばまでのわが国企業による海外現地法人の設立件数の推移である．集計対象には製造業と非製造業の双方を含んでおり，2000

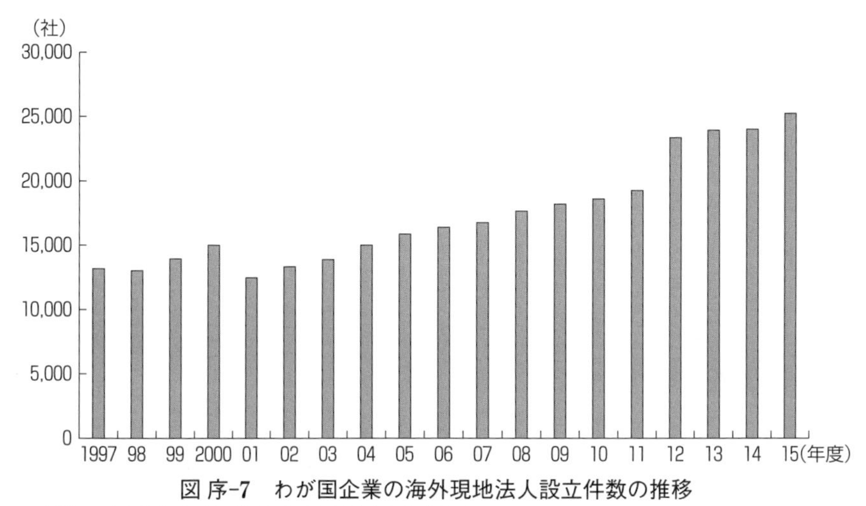

図 序-7　わが国企業の海外現地法人設立件数の推移

出所）経済産業省「海外事業活動基本調査」より筆者作成.

年代央までは製造業中心の海外展開であったものが徐々に非製造業の比率が高まり，2015 年度には製造業約 1 万 1000 社に対し非製造業約 1 万 4000 社と逆転するに至っている．業種別で見ると，輸送機械が約 2300 社と最も多く，（その他製造業を除くと）次いで化学約 1100 社，情報通信機械約 1000 社となっている．また電気機械は約 700 社である．これらの業種はここ 10 年で一貫して大きな比率を占め続けてきた．特筆すべきは，もっぱら加工組立型の性格を有する情報通信機械，電気機械を押さえて化学が多い点である．個々の企業を細かく見ていく必要はあるものの，相対的に資本集約型のプロセス産業ですら，海外展開を活発化させていることは注目に値する事実であろう．

図 序-8 は，**図 序-7** と同期間においてわが国企業がどの地域に進出したのかをまとめたものである．明らかなように，とりわけ 2000 年代に入ってからは一貫してアジアへの進出が増加傾向にある．2015 年度の内訳を見ると，香港を含む中国が約 6600 社とアジア全域の約 4 割を占め，次いで ASEAN の 4 カ国約 4500 社，NIEs の 3 カ国約 2800 社となっている．中国や東南アジアの労務費はこの間大きく上昇してきているため，一時期は生産拠点の国内回帰といった現象が一部の業種で見られることはあったものの，こうしてマクロの動向を整理してみると，わが国企業の海外展開は製造業，非製造業を問わず増え続けているということが分かる．これらの大きな傾向からも，中国地方の自動車

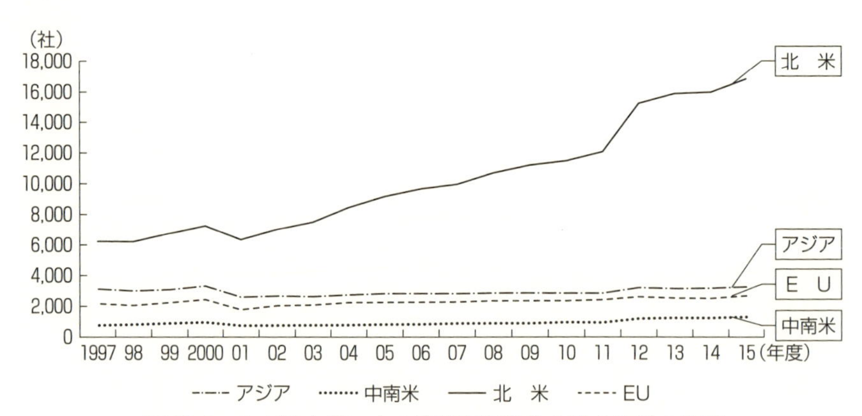

図 序-8 わが国企業による地域別現地法人設立件数の推移

出所）図 序-7 に同じ.

産業に携わるあらゆる企業は，生産拠点の海外移転という蓋然性を常に持ち合わせた存在として認識しておく必要がある.

3．中国地方と九州地方の自動車産業集積

(1) 全国の中での中国地方の位置づけ

本節ではまず全国の自動車産業集積から見た中国地方の位置づけを確認する. **表 序-3** は地域別の自動車産業（二輪・四輪完成車，車体，部品）の規模とそれらを合算したわが国全体の産業規模を示したものである.[3]

欠損値のない事業所数と従業者数で見る限り，わが国自動車産業の量的集積は中部と関東に集中している．この区分は地方経済産業局の所管区域に基づくため静岡県が関東に含まれているが，同県は愛知県に隣接することから東海３県と静岡県西部という枠組みで再構成すると，圧倒的に中部地方の集積規模が大きいことになる．また都道府県単位での集計に欠損値（秘匿数値）が含まれるため扱いを慎重にしなければならないものの，原材料使用額等，製造品出荷額等，付加価値額のいずれにおいても（静岡県を含まずとも）中部のプレゼンスが群を抜いている.

完成車企業の（乗用車）生産拠点だけを取り上げても，中部では，愛知県にはトヨタ本体の４工場（元町，堤，高岡，田原），トヨタ系委託生産企業[4]であるトヨタ車体の３工場（富士松，吉原，刈谷），三菱自の１工場（岡崎），スズキの二輪

表 序-3　地域別自動車産業の規模（2013年）

地域	業種	事業所数（カ所）	従業者数（人）	原材料使用額等（億円）	製造品出荷額等（億円）	付加価値額（億円）	付加価値額／人（万円）
全国	自動車・同附属品製造業	7,612	802,791	341,423	489,032	135,406	
	自動車製造業	76	177,955	131,585	173,523	39,080	
	自動車車体・附随車製造業	180	16,521	2,954	4,529	1,435	
	自動車部分品・附属品製造業	7,356	608,315	206,884	310,979	94,891	
北海道	自動車・同附属品製造業	40	6,899	1,848	2,863	806	
	自動車製造業	—	—	—	—	—	
	自動車車体・附随車製造業	11	902	161	253	86	
	自動車部分品・附属品製造業	29	5,997	1,688	2,610	721	1,202
東北	自動車・同附属品製造業	332	29,511	5,048	7,821	2,401	
	自動車製造業	5	3,647	X	X	X	
	自動車車体・附随車製造業	11	592	43	80	34	
	自動車部分品・附属品製造業	316	25,272	5,005	7,741	2,368	937
関東	自動車・同附属品製造業	3,627	284,318	104,191	153,592	44,468	
	自動車製造業	30	65,015	50,716	71,101	18,718	
	自動車車体・附随車製造業	83	7,508	1,689	2,582	809	
	自動車部分品・附属品製造業	3,514	211,795	51,786	79,908	24,941	1,178
中部	自動車・同附属品製造業	2,265	329,162	176,174	254,166	72,853	
	自動車製造業	21	62,430	51,882	68,697	15,705	
	自動車車体・附随車製造業	28	3,965	595	927	306	
	自動車部分品・附属品製造業	2,216	262,767	123,697	184,542	56,842	2,163
近畿	自動車・同附属品製造業	608	50,852	13,117	19,157	5,555	
	自動車製造業	7	13,015	2,721	3,109	516	
	自動車車体・附随車製造業	14	1,367	146	206	56	
	自動車部分品・附属品製造業	587	36,470	10,250	15,841	4,983	1,366
中国	自動車・同附属品製造業	467	60,198	17,594	23,228	5,267	
	自動車製造業	5	15,058	8,744	10,735	2,143	
	自動車車体・附随車製造業	20	1,049	221	300	69	
	自動車部分品・附属品製造業	442	44,091	8,630	12,193	3,056	693
四国	自動車・同附属品製造業	26	889	85	136	46	
	自動車製造業	1	116	X	X	X	
	自動車車体・附随車製造業	2	179	X	X	X	
	自動車部分品・附属品製造業	23	594	85	136	46	781
九州	自動車・同附属品製造業	244	40,935	23,364	28,069	4,009	
	自動車製造業	7	18,674	17,522	19,881	1,999	
	自動車車体・附随車製造業	11	959	100	180	75	
	自動車部分品・附属品製造業	226	21,302	5,743	8,008	1,935	909
沖縄	自動車・同附属品製造業	3	27	X	X	X	
	自動車製造業	—	—	—	—	—	
	自動車車体・附随車製造業	—	—	—	—	—	
	自動車部分品・附属品製造業	3	27	X	X	X	

注）付加価値額は，従業者29人以下の場合粗付加価値額で計上．Xは秘匿数値．網掛け部は都道府県単位の集計に秘匿数値を含むため，それを除外した合算値．自動車部分品・附属品製造業は沖縄を除く全セルが判明，その他は事業所数と従業員数のみが全セル判明．

出所）経済産業省中国経済産業局［2006］，p. 109，図表 4-1 をもとに経済産業省 H25「工業統計表（細分類）」からデータを更新し一部改変の上筆者作成．

車工場（豊川），三重県にはホンダ本体の１工場（鈴鹿），ホンダ系委託生産企業であるホンダオートボディー（四日市），トヨタ車体の１工場（いなべ），岐阜県にはトヨタ系でトヨタ車体傘下の岐阜車体工業（各務原），三菱自系委託生産企業のパジェロ製造（坂祝），隣接する静岡県にはスズキ本体の３工場（磐田，湖西，相良）とヤマハ発動機の二輪車工場（本社・磐田）が立地する．他方の関東では，神奈川県に日産本体の１工場（追浜），日産系委託生産企業である日産車体（湘南），埼玉県にはホンダの２工場（狭山，寄居），栃木県には日産本体の１工場（栃木），群馬県にはSUBARUの２工場（本工場，矢島）が立地している．中部と関東には大手完成車企業の生産拠点が集中立地していること，またその周辺には自動車部品を供給する企業群が多数集積していることから，この両地域がわが国自動車産業の二大集積地であるのは明白である．本書が関心を寄せる中国地方は，これら二大集積地から量的には大きく引き離された３番手級に位置づけられてきた．**表序-3**では中国よりも近畿の製造品出荷額の方が大きく表示されているが，これは両地域ともに完成車企業の出荷額が秘匿数値になっているからである．マツダと三菱自・水島との合計生産規模と近畿のダイハツの生産規模を単純比較すると，明らかに前者の方が大きい．そして中国地方に匹敵する集積規模を誇るのが，隣接する九州地方（北部九州）である．次に，この両地域の集積を比較してみよう．

(2)　中国地方と九州地方の比較

図序-9は，中国地方に立地するマツダ，三菱自の完成車生産拠点と山陰・山陽５県の自動車産業集積の実態をまとめたものである[5)]．中国地方の完成車生産能力は年間約140万台（2014年度実績約126万台）である．次に**図序-10**は，近年中国地方に匹敵，あるいは量的に上回る北部九州３県の自動車産業集積の実態を整理したものである．

北部九州３県には，福岡県にトヨタ系委託生産企業のトヨタ自動車九州（宮田），日産系委託生産企業の日産自動車九州と日産車体九州（ともに苅田），大分県にダイハツ系委託生産企業のダイハツ九州（中津），熊本県にホンダの二輪車工場（熊本）が立地する．中国地方との違いは，九州地方がトヨタ系，日産系といった大手完成車企業を中核とする集積だという点にある．九州地方の完成車生産能力は年間150万台超（2014暦年実績約130万台：除二輪）であり，既に中国地方を凌駕する水準にある．

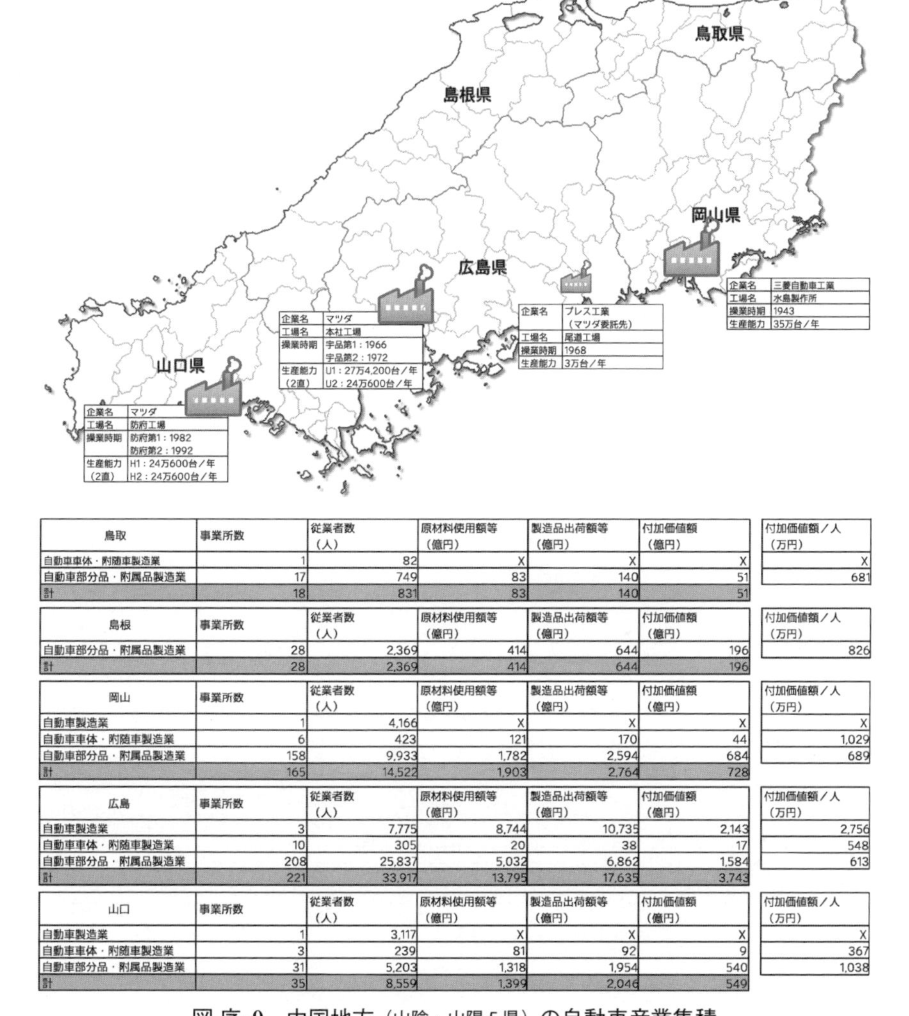

鳥取	事業所数	従業者数（人）	原材料使用額等（億円）	製造品出荷額等（億円）	付加価値額（億円）	付加価値額／人（万円）
自動車車体・附随車製造業	1	82	X	X	X	X
自動車部分品・附属品製造業	17	749	83	140	51	681
計	18	831	83	140	51	

島根	事業所数	従業者数（人）	原材料使用額等（億円）	製造品出荷額等（億円）	付加価値額（億円）	付加価値額／人（万円）
自動車部分品・附属品製造業	28	2,369	414	644	196	826
計	28	2,369	414	644	196	

岡山	事業所数	従業者数（人）	原材料使用額等（億円）	製造品出荷額等（億円）	付加価値額（億円）	付加価値額／人（万円）
自動車製造業	1	4,166	X	X	X	X
自動車車体・附随車製造業	6	423	121	170	44	1,029
自動車部分品・附属品製造業	158	9,933	1,782	2,594	684	689
計	165	14,522	1,903	2,764	728	

広島	事業所数	従業者数（人）	原材料使用額等（億円）	製造品出荷額等（億円）	付加価値額（億円）	付加価値額／人（万円）
自動車製造業	3	7,775	8,744	10,735	2,143	2,756
自動車車体・附随車製造業	10	305	20	38	17	548
自動車部分品・附属品製造業	208	25,837	5,032	6,862	1,584	613
計	221	33,917	13,795	17,635	3,743	

山口	事業所数	従業者数（人）	原材料使用額等（億円）	製造品出荷額等（億円）	付加価値額（億円）	付加価値額／人（万円）
自動車製造業	1	3,117	X	X	X	X
自動車車体・附随車製造業	3	239	81	92	9	367
自動車部分品・附属品製造業	31	5,203	1,318	1,954	540	1,038
計	35	8,559	1,399	2,046	549	

図 序-9　中国地方（山陰・山陽5県）の自動車産業集積

注）Xは秘匿数値.
出所）経済産業省 H25「工業統計表（細分類）」, アイアールシー［2014, 2015］をもとに筆者作成.

図 序-9と図 序-10では, 岡山県の三菱自・水島, 山口県のマツダ防府工場, 大分県のダイハツ九州中津工場の製造品出荷額等, 付加価値額等が欠損値（秘匿数値）のため完成車企業の実態を把握するのは困難である. その代わりに欠

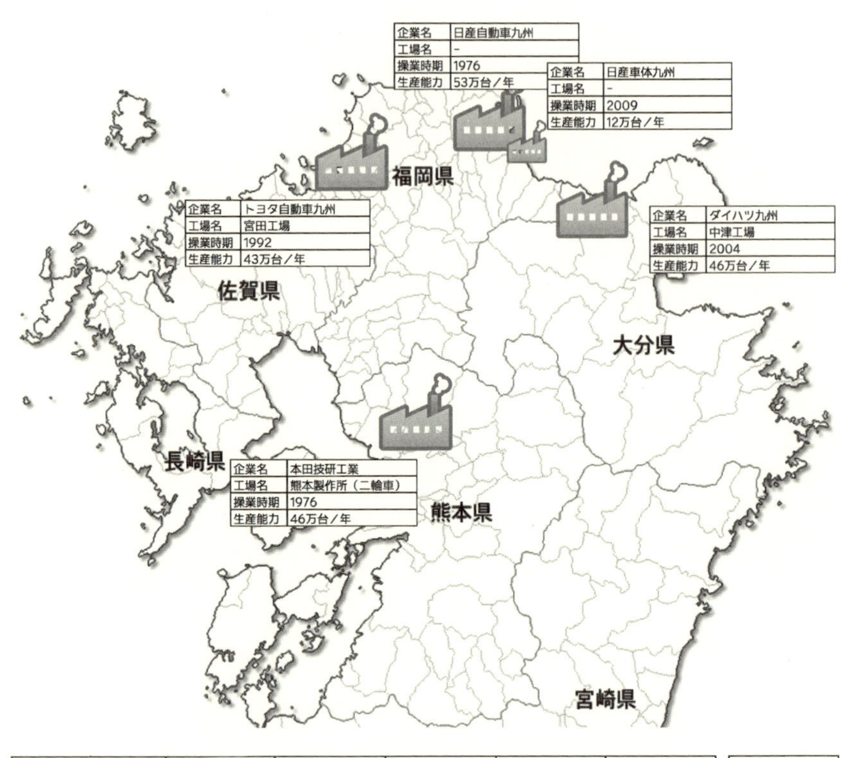

福岡	事業所数	従業者数（人）	原材料使用額等（億円）	製造品出荷額等（億円）	付加価値額（億円）	付加価値額／人（万円）
自動車製造業	5	12,572	17,522	19,881	1,999	1,590
自動車車体・附随車製造業	7	755	100	180	75	993
自動車部分品・附属品製造業	101	9,084	2,957	4,220	1,061	1,168
計	113	22,411	20,579	24,281	3,135	

大分	事業所数	従業者数（人）	原材料使用額等（億円）	製造品出荷額等（億円）	付加価値額（億円）	付加価値額／人（万円）
自動車製造業	1	2,963	X	X	X	X
自動車部分品・附属品製造業	33	3,357	1,216	1,527	268	797
計	34	6,320	1,216	1,527	268	

熊本	事業所数	従業者数（人）	原材料使用額等（億円）	製造品出荷額等（億円）	付加価値額（億円）	付加価値額／人（万円）
自動車製造業	1	3,139	X	X	X	X
自動車車体・附随車製造業	1	93	X	X	X	X
自動車部分品・附属品製造業	50	4,949	746	1,181	375	758
計	52	8,181	746	1,181	375	

図 序-10　北部九州３県（福岡，大分，熊本）の自動車産業集積

注）図 序-9 に同じ.
出所）経済産業省 H25「工業統計表（細分類）」，経済産業省九州経済産業局［2015］をもとに筆者作成.

損値がない自動車部分品・附属品製造業，すなわち部品部門を比較すると，製造品出荷額等では中国地方優位ではあるが，従業員１人あたりの付加価値額では逆に九州地方の方が優位になる[6)]．この点は両地域の自動車産業集積の質的相違に起因すると考えられるが，それを次項で詳しく議論しよう．

(3)　中国地方，九州地方における中核企業の調達戦略

本節の最後に，中核企業である完成車企業の調達戦略，そしてそこから見えてくる中国地方並びに九州地方における自動車部品取引の全体像を示す．先行研究の中にはこれらの論点に有用な示唆を与える指摘が複数あるため，それらも勘案しつつ分析していく．

最初に，マツダの調達状況を見てみよう．アイアールシー編［2015］によると，2014年3月期時点で同社の国内外の調達先（自動車部品，資材・素材，設備・要具）は1099社とされる．これらは以下の協力会に組織される．すなわち，自動車部品が洋光会，資材・設備関連が洋進会，中国地方の地場企業中心の東友会，マツダ資本のグループ企業中心の翔洋会である．調達規模が大きく地域経済への影響力が相対的に大きい自動車部品の取引に注目すると，岩城［2013］が興味深い指摘をしている．岩城は，自動車部品3万点のうち単価500円以上のモジュールやシステムで再集計した場合，その総数が約200点程度であるとしており，「200点の部品をコスト面から評価すると，中国地方から調達されているのは約4割にとどまっていた……（中略）……大きくて重くて輸送費がかかるようなものを地域で担当している……（中略）……地域外部品は，4割が中国地方以外の日本産で，そのほとんどが愛知県と関東圏から来ていた．残る2割が海外調達であった[7]」と述べる．また日代［2013］はその質的特徴として，「地元調達されているのは，……（中略）……機械系部品や内外装部品などである．……（中略）……電装品・電子部品は域外調達である[8]」ことを指摘している．古くから中国地方最大の完成車企業だったマツダのお膝元にしては，その域内調達比率はやや低いと言わざるをえない．

他方，マツダには広島の本社・宇品工場とほぼ同等水準の生産能力を擁する山口県の防府工場があるが，同地は広島本社から車で2時間程度の距離にある．防府工場の調達先という観点では，藤原［2007］の分析によれば，「エンジンをはじめとする内製部品は本社工場，外製部品は広島市周辺および九州地域のサプライヤーおよび防府市に進出した部品サプライヤーから搬入される．防府市に進出したメーカーはわずかである．進出したサプライヤーは広島県を地場とする西日本洋光会のメンバーである……（中略）……工場規模はほとんどが299人以下である[9]」とされる．このことから，多くの部品は広島市周辺から出

荷されても防府工場の生産活動に不都合を生じさせないことが窺える．藤原が集計した防府工場近辺に進出している調達先企業の社名を見ると，その多くが内装品関連であり，先の岩城の指摘にもあったようにサイズが大きく重量物であり，輸送コストを勘案すると進出することが望ましいものが多い．しかしながら従業員数は最低規模で運営されている．また藤原は九州からの調達があると述べているが，筆者らのマツダ本社・宇品工場での調査によると，その主要品目は「小物バネ，パイプ類，プラグほか」となっており，あまり付加価値の高い部品ではない[10)]．

続いて，三菱自の調達状況を見てみよう．三菱自は2002年に一度その協力会組織「柏会」を解散したが，その後2005年に再度「三菱自動車協力会」として組織している．アイアールシー編〔2014〕によると，2014年時点の加盟企業は185社であり，部品部会，材料部会，資材関係部会，加工部品部会で構成される．三菱自には水島製作所以外に愛知県の名古屋製作所岡崎工場など中国地方以外にも完成車の生産拠点があるため，協力会加盟企業の立地は全国区である．他にも水島製作所一次協力企業の協同組合であるウイングバレイがあり，2016年3月時点で12社が加盟している．1990年代後半の調査ではあるものの，渡辺〔2011〕によれば，ウイングバレイを含む水島製作所の近隣調達先企業の多くはボディ関連部品の加工と一部組立（水島製作所は内製補完型部品と呼ぶ）を担っており，当時は水島製作所の購買部門が調達権を持っていたとのことである[11)]．さらに渡辺は，これらの地場の調達先企業がこれまで積極的に水島製作所以外に取引先を開拓してこなかった点を指摘し，その要因を「水島製作所の発展を中心にこれまで比較的順調に成長できたことが，自社製品育成や広域的受注開拓について，このような取組み姿勢をもたらした[12)]」と分析している．

以上のマツダ，三菱自・水島の状況からは，両社ともに中国地方の自社系列企業からの調達比率は半分にも満たず，中部と関東，あるいは海外からの調達に大きく依存している構図が浮き彫りになった．もう1つ指摘しておきたいのは，マツダと三菱自は同じ中国地方に立地しながらも調達先をあまり共有していないことである．三菱自には中部地方に他の生産拠点があるため，ある程度このような傾向が出たとしても違和感はないものの，全ての国内生産拠点と開発機能が広島・山口両県で完結しているマツダも同様なのである．地域経済への波及効果を検討する際には，両社の調達構造上の実態及び特性を考慮しておく必要がある．

表 序-4　自動車部品の貨物流動量調査（2010年）

3日間調査，単位：トン

着地域／発地域	北海道	東　北	関　東	中　部	近　畿	中　国	四　国	九　州	沖　縄	合　計	自地域以外への発量合計
北海道	2,657	85	275	1,356	55	12	0	122	0	4,562	1,905
東　北	77	8,403	8,154	1,809	248	158	1	71	0	18,921	10,518
関　東	314	2,536	191,014	22,449	4,185	1,924	107	3,625	35	226,189	35,175
中　部	2,270	3,876	25,348	245,145	6,559	2,209	106	5,761	0	291,274	46,129
近　畿	38	125	6,208	9,834	23,002	2,789	198	1,225	4	43,423	20,421
中　国	18	31	1,226	2,368	3,389	41,159	204	1,003	1	49,399	8,240
四　国	0	0	43	2,554	433	311	784	14	0	4,139	3,355
九　州	0	3	702	2,094	201	708	0	25,040	1	28,749	3,709
沖　縄	0	0	0	0	0	0	0	0	87	87	0
合　計	5,374	15,059	232,970	287,609	38,072	49,270	1,400	36,861	128	666,743	
自地域以外から着量合計	2,717	6,656	41,956	42,464	15,070	8,111	616	11,821	41		

注）車体並びにその他自動車部品の集計値．エンジンは（産業機械），タイヤは（ゴム製品），カークーラー，カーステレオ，カーナビは（電気機械），計器は（精密機械）に分類されるためここでは除外されている．端数処理の関係で物流センサス原典とは合計値が僅かに異なる．

出所）経済産業省中国経済産業局［2008］，p. 41の表をもとに国土交通省「物流センサス 2010年 都道府県間流動量（品目別）：重量」からデータを更新し一部改変のうえ筆者作成．

前述のとおり，マツダ防府工場には九州地方からの部品納入実績がある．そこで次に，中国地方と九州地方の部品取引量を確認しよう．**表 序-4** は，国土交通省「物流センサス」を用いて自動車部品の貨物流動量を重量ベースでまとめたものである．注に示したように集計対象の品目が限定的であること，また流動量が金額ではなく重量であることに注意が必要であるが，一定の傾向を掴むことはできる．同一地域内での流動量が最大なのはどの地域も共通する．前述の岩城［2013］や藤原［2007］の指摘にも見られたように，自動車のシートや内装部品といった嵩張って重い品目は，完成車企業の近隣に部品企業の工場が設けられることが多いからである．中国地方への発量が多いのは，順に近畿，中部，関東となっている．隣接する九州からの着量は，これら3地域よりもずっと少ないことが確認できる．他方，九州地方への発量が多いのは，順に中部，関東，近畿である．中国地方はその次であるが，より遠方の中部や関東に較べて著しく少ない．以上より，地域内の生産能力が拮抗し，かつ隣り合う中国地方と九州地方とは，相互に調達先として活用する状況にはなっていないということが明らかになった．マツダ防府工場と九州地方とのやり取りは限定的なもののようである．

ここで九州地方の調達先に言及しておこう．**表序-5** にあるように，九州地方は中国地方に並ぶ自動車産業集積地でありながら，地域外からの部品調達が多い．このことは，北部九州に集積する完成車生産拠点の位置づけに理由がある．目代［2013］は，「中国地域には，研究開発から調達，生産に至る機能を有するマツダ本社と三菱水島工場が立地している．それに対し，東北と九州は，基本的に生産機能に特化したサテライト拠点である[13)]」とその特徴を説明している．九州地方に生産拠点を置く完成車企業は，トヨタ，日産，ダイハツ，そして二輪車のホンダであり，いずれも域外に本社機能や主たる開発機能を持っている．九州には開発・調達の機能がほとんど付与されていないため，域外，つまり中部（もっぱら愛知県）や関東圏の系列企業からの調達に依存しているのである．九州地方にはこれらトヨタ，日産系列の調達先企業が生産子会社を設立していることも多い．したがって貨物流動の実態として見えることは，愛知県や関東圏からの部品の直送に加えて，自動車部品を構成する基幹的な子部品が同様に愛知県及び関東圏から出荷され，それが九州地方の子会社で組み立てられて完成車工場に納入されるという２つの経路が考えられるのである．九州地方の自動車産業とは，いわば「巨大な分工場の集積」という側面を持つということである．

表序-4 と **表序-5** の元データが重量ベースであるにも拘わらず，中国地方と九州地方が隣接地を調達先として利用せずにわざわざ遠方の中部や関東から部品を調達するということは，両地域の調達先企業の付加価値創出能力の実態を映しだしている．つまり，重量物や相対的に低付加価値の部品は自地域で既に調達されているわけであるから，残る調達品目は相対的に付加価値の高い部品群ということになる．小さくて軽いながらも単価は高い電子制御部品やセンサ類などはその最たる品目であろう．それら相対的に高付加価値で，なおかつ重

表序-5　自地域以外への発量／自地域以外からの着量合計

北海道	東　北	関　東	中　部	近　畿	中　国	四　国	九　州	沖　縄
70%	158%	455%	109%	136%	102%	545%	31%	0％

注）100%を下回る場合，地域外からの部品供給に依存していることを意味する．
出所）表序-4 に同じ．

量面では軽いものが，かなりの量的規模で域外から調達されている．もしもこれらを金額ベースで集計し直したならば，自地域以外からの調達金額が自地域からのそれを上回ることも十分ありえる．この事実は，分工場的集積地である九州地方よりも中国地方の方がより深刻に受け止められるだろう．なぜなら，今日の自動車産業を席巻するCASE（Connected, Autonomous, Sharing & Services, Electric）のような技術革新に対応できるような開発・生産の基盤が，地元には存在しないということだからである．このことは，中国地方の自動車産業集積にとって大きな弱点の1つなのである．

4．工業統計表，産業連関表，貿易統計から見る中国地方自動車産業の実態

(1)　工業統計表からの示唆

本節では，中国地方5県の自動車産業の実態を複数の政府統計を用いて定量的に見ていく．まず各県において同産業が製造品出荷額等の面でどれくらいの重要性を持つのかという点から確認する．

表 序-6 は中国地方5県と比較対象である愛知県の製造品出荷額等と主要産業をまとめたものである．各県の1位から3位までの産業のうち，自動車を筆頭とする輸送機械が出てくるのは広島県（1位），山口県（3位）だけであり，いずれも自動車ではマツダ関連によるものと考えられる．また広島県の輸送機械には呉の造船業も一定の貢献があると見られる．意外にも三菱自・水島のあ

表 序-6　中国地方5県と愛知県の製造品出荷額等と主要産業

都道府県	金　額（億円）	順　位		構成比（%）	1　位		2　位		3　位	
		25年	26年		産　業	構成比	産　業	構成比	産　業	構成比
全　国	3,051,400	―	―	100.0	輸　送	19.7	化　学	9.2	食　料	8.5
鳥　取	6,804	45	45	0.2	電　子	20.4	食　料	19.8	紙　パ	12.4
島　根	10,567	44	44	0.3	鉄　鋼	16.4	電　子	15.2	情　報	12.4
岡　山	82,557	15	14	2.7	石　油	20.4	化　学	15.7	鉄　鋼	13.3
広　島	95,685	10	10	3.1	輸　送	28.5	鉄　鋼	15.6	生　産	9.4
山　口	65,196	16	18	2.1	化　学	25.2	石　油	21.8	輸　送	16.9
愛　知	438,313	1	1	14.4	輸　送	53.6	鉄　鋼	5.8	電　気	4.9

注）従業者4人以上の事業所に関する統計．
出所）経済産業省 H26「工業統計表（産業編）」より抜粋．

る岡山県は，３位までに輸送機械が入っていない．これら山陽３県では，むしろ石油，化学，鉄鋼といった装置産業が主流と見た方がよさそうである．山陽３県並びに瀬戸内海対岸の四国北部から構成される瀬戸内工業地域は昔から海上交通の利便性が高く，また埋め立てによる事業用地取得が比較的容易だったため，石油，化学，鉄鋼産業のような大規模なコンビナート建設が進んできた．三菱自・水島が立地する水島臨海工業地帯もまた同様のコンビナートである．他方で，山陰２県は島根県の１位に鉄鋼（特殊鋼，鋳造が主体）が出てくるものの，それ以外はハイテクの電子や情報，そして軽工業が主体である．中国地方が長らく中部，関東に次ぐわが国第３の自動車産業集積地であった割には，同産業が地域経済に占めるインパクトはそこまで大きくないということである．

これら中国地方５県と対照的なのが，比較対象の愛知県である．同県は製造品出荷額等では２位の神奈川県に大差を付けての首位でありそのポジションは別格なのであるが，中国地方５県全ての金額を足しても愛知１県の６割程度に過ぎない．愛知県の主要産業は言うまでもなく輸送機械[14)]であり，その構成比は５割を超える．この愛知県の輸送機械の突出した製造品出荷額等こそが，全国においても同部門が１位になる要因なのである．

表 序-7 は**表 序-6** の製造品出荷額等に加えて，中国地方５県と比較対象である愛知県の事業所数，従業者数，付加価値額といった各指標を示したものである．**表 序-6** で見た製造品出荷額等のみならず，事業所数，従業者数，付加価

表 序-7　中国地方５県と愛知県の指標別の比較

都道府県別	年次	事業所数≒工場数 (a) 合計	従業者数 (b) 合計（人）	製造品出荷額等 (c) 合計（百万円）	付加価値額 (d) 合計（百万円）	１工場あたり出荷額等 c/a（百万円／工場）	従業者１人あたり出荷額等 c/b（百万円／人）	１工場あたり付加価値額 d/a（百万円／工場）	従業者１人あたり付加価値額 d/b（百万円／人）
全国計	2014	202,410	7,403,269	305,139,989	92,288,871	1,507.5	41.2	456.0	12.5
鳥　取	2014	815	29,890	680,421	212,206	834.9	22.8	260.4	7.1
島　根	2014	1,186	38,373	1,056,695	348,995	891.0	27.5	294.3	9.1
岡　山	2014	3,476	140,309	8,255,666	1,671,167	2,375.0	58.8	480.8	11.9
広　島	2014	5,086	209,515	9,568,452	2,840,443	1,881.3	45.7	558.5	13.6
山　口	2014	1,838	91,378	6,519,551	1,777,794	3,547.1	71.3	967.2	19.5
中国５県小計	2014	12,401	509,465	26,080,785	6,850,605	2,103.1	51.2	552.4	13.4
愛　知	2014	16,795	795,496	43,831,329	12,864,570	2,609.8	55.1	766.0	16.2

注）付加価値額欄の従業者29人以下は粗付加価値額，従業者４人以上の事業所に関する統計．
出所）経済産業省 H26「工業統計表（産業編）」より抜粋後一部加筆．

値額のいずれも中国地方5県を足したものより愛知1県の方が大きい．従業者数の差は，前述の生産年齢人口に違いがあることから理解しやすい．それは同時に事業所数にもある程度反映される．問題は付加価値額である．事業所数や従業者数が1.5倍強の差でしかないのに対し，付加価値額では愛知県の方が中国地方5県よりも1.87倍も多い．同表右半分は生産主体（工場，従業者）の単位あたり製造品出荷額等と付加価値額を示しているが，1工場あたり付加価値額で約1.34倍，従業者1人あたり付加価値額で約1.2倍の差がついていることが分かる．ただし県単位で見た場合には様相は異なる．例えば岡山県と山口県は生産単位あたり出荷額等ではいずれも愛知県より高く，同付加価値額でも山口県は愛知県を上回る．これは，岡山県と山口県には資本集約型の石油，化学の大規模工場が多いためであろう．

自動車県同士の広島県と愛知県を較べると，生産単位あたりの指標はいずれも愛知県の方が2割から4割程度高いことが分かる．ここでの分析はあくまで全工業部門の比較のため解釈に慎重を要するが，1つには両県の完成車企業間の生産性の差のみならず，（詳しくは本書第4章で述べるが）マツダの取引先である地場企業が総じて小さいことにも原因が求められる．愛知県にあるトヨタの取引先には，系列のデンソーやアイシン精機といったグローバル規模の上場企業が数多くあるのに対し，広島県のマツダ系地場企業には上場企業はほとんど存在しない．企業規模が即生産性や付加価値創出上の差を生むわけではないが，設備の近代化や先進的な生産方式の積極導入，そして研究開発の投資力といった諸点で大企業が有利なのは間違いない．

以上の工業統計表の分析から示唆されるのは，中国地方における自動車産業はそれ自体が突出した存在というわけではなく，瀬戸内工業地域の数ある重化学工業を構成する一部門という位置づけに過ぎないことである．また中国地方5県を総合しても，事業所数，従業者数，付加価値額の全ての面で愛知1県に及ばないのである．その中でもマツダ本社と主力生産拠点のある広島県は自動車産業のプレゼンスが高いものの，生産性や付加価値創出の面ではやはり愛知県の後塵を拝している．広島県，山口県といったマツダ経済圏のみならず，中国地方5県を網羅したとしても，愛知県と比較すると産業集積間には大きな実力差があるということが判明した．この点を次項の分析で詳細に検討しよう．

(2) 産業連関表からの示唆

続いて，中国地方５県の自動車産業における経済活動が県内外にどのように波及しているのかといった基本構造を産業連関表の分析から確認する．**表序-8**は，中国地方５県と比較対象である愛知県，そして全国の取引基本表，投入係数表，逆行列係数（開放型），雇用表から必要な項目を抽出しいくつかの指標で評価したものである．統合大分類では広島，愛知２県を除き「輸送機械」（広島県，愛知県は「自動車」）を，統合中分類では「乗用車」「その他の自動車」「自動車部品・同付属品」を取り出した．

まず取引基本表の分析からである．統合大分類から見ると，県内生産額に占める輸送機械の比率は全国平均4.85％に対し，山陽３県は６～７％台と全国平均より高く，山陰２県はともに２％未満と低い．比較対象の愛知県（自動車）は17.26％と突出して高く，自動車産業中心の県であることはここからも明確に分かる．移輸出率では，全国平均（輸出計率）が31.64％に対し山陽３県は85％前後と高く，山陰２県はそれを上回る．島根県に至っては98％を超えており，県内生産物のほぼ全てが県外からの需要ということになる．愛知県はやや低く65％程度である．また全産業平均と比較すると，ここで挙げた全ての県，そして全国も輸送機械の方が遙かに高いことが分かる．移輸入率では，全国平均（輸入計率）がわずか7.26％であるのに対し，山陽３県で70～80％程度，山陰２県で95％超である．いずれも県外からの中間投入への依存度は高いようである．愛知県ではこの指標が低く，35.5％である．全産業平均との比較では，全国と愛知県はほぼ同等水準であるのに対し，中国５県は移輸出率と同じように輸送機械の方が遙かに高い．自給率は移輸入率の裏返しであることから，全国で９割超，愛知で64.5％と高いのに対し，山陽３県で約２割から３割未満，山陰２県では５％未満と極めて低いことが分かる．

以上から，数値の多寡こそあれ，中国地方５県も比較対象の愛知県も自動車を含む輸送機械の取引連関は県境を超えて広範であることが分かる．ただし完成車企業の本社・主力工場がある広島県と愛知県（いずれも統合大分類が「自動車」）とで比較してみると，広島県は移輸出率も移輸入率もともに高く，愛知県は移輸出率が広島よりもやや低く移輸入率は広島県より格段に低いことから，愛知県の自動車産業の方がより県内完結型に近いと評価することができる．愛知県の自給率が高いのは県内にトヨタの需要を満たす企業が十分集積しているからであり，これに対し広島県ではマツダの需要を賄いきれるだけの企業が集積していないため自給率が低いのである．以上の統合大分類での概況を項目ごとに展開したのが統合中分類の視点である．ここで注目すべきは自動車部品・同付属品の自給率である．愛知県が約69％であるのに対し，中国地方5県はいずれもこれと較べて低く，最高でも広島県の約33％となっている．統合大分類の傾向を踏襲するものであるが，中間財の自給率でも広島県と愛知県の格差は大きいということである．

次に投入係数表の分析である．ここでは県内生産額に占める輸送機械（自動車産業等）の粗付加価値額の比率に着目する．統合大分類から見ると，中国地方5県，愛知県，全国ともに係数は概ね0.2前後であり，全産業平均0.4～0.5程度より低い．統合中分類で見ると，いわゆる最終製品セクター（乗用車，その他の自動車）よりも中間財セクター（自動車部品・同付属品）の方が高い．取引基本表の各指標とは異なり，自動車産業が付加価値で貢献する比率は中国地方5県も愛知県も全国もあまり大きな差異はないということである．自動車産業は加工組立型のため，どうしても中間投入（内生部門）の比率が高くなるようである．したがってこの点は広島県と愛知県でも大差はない．さらに最終製品セクターと中間財セクターとを比較すると，後者の方が相対的に付加価値創出には貢献しているという点も全国的に共通しているようである．以上の統合大分類での概況を項目ごとに展開したのが統合中分類の視点である．

続いて逆行列係数（開放型）の分析である．統合大分類から見ると，影響力係数が1以上になるのは完成車企業の工場が立地する広島県，岡山県，愛知県である（山口県は不明）．他産業への生産誘発は，愛知県の方が広島県，岡山県よりも顕著に高い．次に感応度係数が1以上なのは中国地方5県には存在せず，比較対象の愛知県のみとなる（山口県は不明）．中国地方では全般的に，輸送機械は他産業からの生産誘発を受けにくいということである．輸送機械部門同士の係数を見ると，中国地方5県いずれも1以上となり，山陽3県の方が相対的に大きい．愛知県はそれをさらに上回る．県内で輸送機械の需要が伸びると，一定水準以上の中間財の生産誘発がもたらされるということである．これは例えば，素材・部品企業から完成車企業への納入，あるいは素材・部品企業同士の取引が想定される．統合中分類から見ると，影響力係数，感応度係数は，乗用車，その他の自動車，自動車部品・同付属品のいずれの部門から見ても広島県，愛知県が概ね1以上となり，その他の県は1を下回る（山口県は不明）．特に広島県，愛知県の影響力係数に着目すると，自動車や自動車部品・同付属品

表 序-8 中国地方 5 県，愛知県，

			鳥取県		島根県	
			当該部門	県内全産業	当該部門	県内全産業
取引基本表	統合大分類	県内生産額合計に占める輸送機械部門比率	0.64%	—	1.44%	—
		移輸出率	87.98%	25.85%	98.19%	29.34%
		移輸入率	95.19%	33.98%	98.67%	35.06%
		自給率	4.81%	66.02%	1.33%	64.94%
	統合中分類	県内生産額合計に占める自動車部門比率				
		乗用車	0.00%		0.00%	
		その他の自動車	0.03%		0.00%	
		自動車部品・同付属品	0.53%		1.25%	
		移輸出率				
		乗用車	0.00%		0.00%	
		その他の自動車	87.42%		0.00%	
		自動車部品・同付属品	89.79%		98.52%	
		移輸入率				
		乗用車	100.00%		100.00%	
		その他の自動車	98.70%		100.00%	
		自動車部品・同付属品	87.50%		97.55%	
		自給率				
		乗用車	0.00%		0.00%	
		その他の自動車	1.30%		0.00%	
		自動車部品・同付属品	12.50%		2.45%	
投入係数表	統合大分類	粗付加価値率		県内全産業平均		県内全産業平均
		輸送機械	0.22	0.54	0.24	0.56
	統合中分類	乗用車	0.00		0.00	
		その他の自動車	0.12		0.00	
		自動車部品・同付属品	0.21		0.22	
逆行列係数（開放型）	統合大分類	影響力係数				
		輸送機械	0.92		0.92	
		感応度係数				
		輸送機械	0.78		0.78	
		輸送機械部門同士の係数	1.02		1.00	
	統合中分類	影響力係数				
		乗用車	0.77		0.79	
		その他の自動車	0.95		0.79	
		自動車部品・同付属品	0.97		0.93	
		感応度係数				
		乗用車	0.77		0.79	
		その他の自動車	0.77		0.79	
		自動車部品・同付属品	0.92		0.79	
		自動車部品・同付属品同士の係数	1.05		1.00	
雇用表	統合大分類	県内就業者数に占める輸送機械部門比率	0.28%		0.78%	
		就業係数	0.04		0.05	

注）いずれも小数点第三位を四捨五入のため原資料に記載された数値とは異なることがある．全国の移輸出は輸出計，移輸入は輸入計．就業係数は人／百万円．広島県と愛知県のみ統合大分類に輸送機械ではなく自動車を使用．

出所）中国地方 5 県，愛知県，総務省 H23「産業連関表（取引基本表）（投入係数表）（逆行列係数：開放型）（雇用表）」をもとに筆者作成．

全国の産業連関表を用いた分析

中国5県						比較対象			
岡山県		広島県		山口県		愛知県		全　国	
当該部門	県内全産業	当該部門	県内全産業	当該部門	県内全産業	当該部門	県内全産業	当該部門	全国全産業
6.10%	—	(自動車) 7.43%	—	6.59%	—	(自動車) 17.26%	—	4.85%	—
87.59%	46.25%	83.52%	34.41%	84.13%	47.30%	65.22%	36.09%	31.64%	7.55%
80.90%	45.17%	71.35%	31.88%	76.80%	47.14%	35.50%	34.20%	7.26%	8.74%
19.10%	54.83%	28.65%	68.12%	23.20%	52.86%	64.50%	65.80%	92.74%	91.26%
2.04%		3.00%		3.49%		5.03%		1.26%	
0.32%		—		0.01%		0.91%		0.41%	
2.74%		4.43%		1.77%		11.33%		2.47%	
86.16%		97.06%		97.84%		94.73%		52.87%	
56.89%		—		76.85%		93.41%		34.82%	
100.00%		74.36%		53.87%		49.87%		16.91%	
59.01%		89.67%		92.53%		64.95%		11.67%	
37.86%		—		99.04%		81.66%		4.01%	
105.55%		66.78%		70.50%		30.96%		3.83%	
40.99%		10.33%		7.47%		35.05%		88.33%	
62.14%		—		0.96%		18.34%		95.99%	
−5.55%		33.22%		29.50%		69.04%		96.17%	
0.20	県内全産業平均 0.43	0.20	県内全産業平均 0.49	0.20	県内全産業平均 0.39	0.18	県内全産業平均 0.45	0.20	全国全産業平均 0.51
0.15		0.15		0.13		0.13		0.13	
0.12		—		0.12		0.13		0.12	
0.21		0.22		0.21		0.21		0.21	
1.01		1.04		n/a		1.26		1.45	
0.84		0.83		n/a		1.15		1.05	
1.09		1.14		1.11		1.42		1.68	
0.87		1.09		n/a		1.55		1.55	
0.90		—		n/a		1.56		1.59	
0.88		1.05		n/a		1.47		1.41	
0.76		0.72		n/a		0.70		0.51	
0.79		—		n/a		0.70		0.54	
0.75		1.07		n/a		2.06		2.25	
1.00		1.15		1.15		1.40		1.66	
2.55%		2.52%		1.94%		5.87%		n/a	
0.02		0.02		0.02		0.02		n/a	

の需要が伸びることで県内他産業の生産誘発を活発にしていることが分かる．愛知県はそれがより顕著であり，影響力係数は関連部門いずれも概ね 1.5 以上と高い．両県では完成車企業を頂点に集積が進み，その中での中間財取引が活発化している．意外にもこれらの係数が低いのが岡山県である．三菱自・水島という大規模工場を擁しながら，係数上は完成車企業の立地していない山陰 2 県と大差ない．このことから，岡山県には十分な自動車産業集積が進んでおらず，県内での中間財取引がさほど活発ではないということが分かる．他方で自動車部品・同付属品同士の係数を見ると，中国地方 5 県も愛知県も概ね 1 以上ばかりであり，素材・部品企業同士の取引はそれなりに活発化しているということである．ただしこれも愛知県，広島県及び山口県の順に高く，県内産業集積の規模と素材・部品企業間の取引密度を概ね反映している．なお全国の係数は愛知県と相似形を成しており，これは逆に言うと愛知県，すなわちトヨタ・グループの実態が全国の様態に強く影響していると捉えられるのである．

最後に雇用表の分析である．これは原資料の制約上，全県の状況が把握できる統合大分類からの分析に限定する．県内就業者数に占める輸送機械の比率は各県ともそう高くはなっておらず，愛知県ですら 6 %に満たない．山陰 2 県では極めて低く，両県における輸送機械の雇用面での貢献はかなり低いと言えるだろう．就業係数では，山陰 2 県を除く 4 つの県が揃って 0.02 となっており，人的資本視点での生産性という意味ではあまり大きな差はなさそうである．前掲**表 序-7** の工業統計表の分析において，全工業部門では従業者 1 人あたり出荷額等で県ごとの差異が比較的大きく出ていたものの，輸送機械に限定すると少なくとも完成車企業の工場が立地する 4 つの県では明確な差異を見出すことは難しいということになる．

以上の産業連関表の分析から示唆されるのは次の諸点である．第 1 に共通点の存在である．地域を問わず自動車産業を含む輸送機械部門の大きな傾向として言えるのは，県内就業者に占める同部門の就業者数の比率はそう大きいものではなく，なおかつ粗付加価値額比率でも県内他産業と比較して劣位にあるということである．また人的資本の視点からは，完成車企業の生産拠点が立地する県同士に生産効率性上の差異を見出すことはできなかった．第 2 に相違点の存在である．各県の自動車産業集積の実力には大きな格差が存在する．自動車産業はどの県でも一般的に県外との取引を活発にしているが，その反面，県内自給率や他産業への生産誘発の面では県ごとに違いが見られた．端的には山陽

3県と山陰2県の格差のことである．これは一見すると完成車企業の生産拠点の有無に起因するものとみなしがちであるが，実は山陽3県内でも広島県と岡山県では顕著な差が見られた．ただし中国地方5県の中で最も自動車産業集積が進む広島県といえども，愛知県との比較では実力差は一目瞭然であった．これはつまり，自動車産業集積内での取引連関の重層性，取引品目の網羅性が県ごとに大きく異なることを意味しているのである．

(3)　貿易統計からの示唆

ここでは，中国地方の自動車産業を取り巻く事業環境上の脅威として，自動車部品輸入が増加基調にあるということを貿易統計から確認する．図序-11は，中国地方5県の税関にて集計された自動車部品輸入金額と為替（ドル・円）の推移である．2001年から2012年頃までは，期間中にリーマン・ショックのような攪乱要因を含みながらも円高基調に添って自動車部品の輸入が概ね増えて

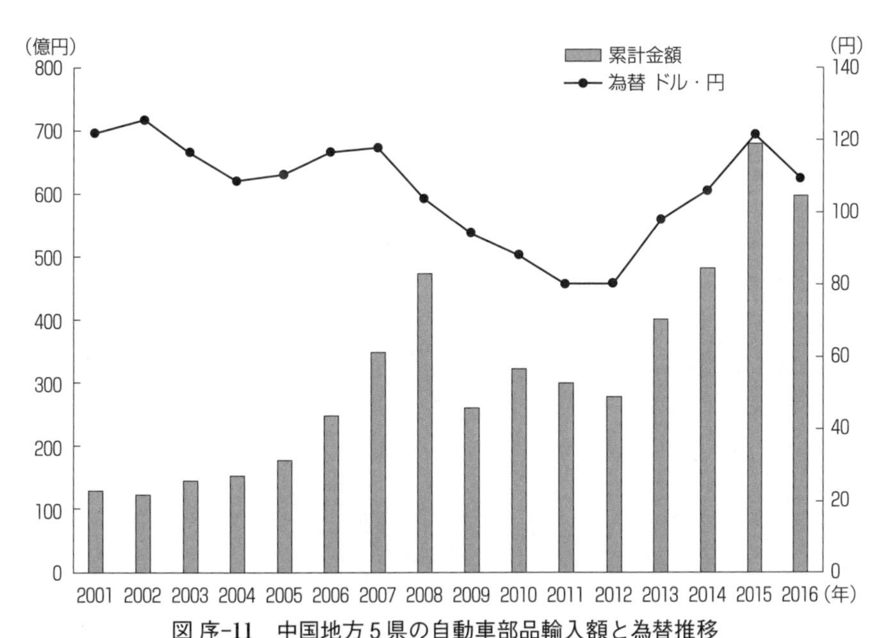

図 序-11　中国地方5県の自動車部品輸入額と為替推移

注）神戸税関のうち，中国地方5県内の税関分を合計したもの．概況品は自動車の部分品．為替は東京市場ドル・円スポット17時時点，月中平均．

出所）2016年財務省「貿易統計（税関別概況品別表）」，日本銀行「外国為替市況（日次）参考係数：東京外為市場における取引状況」をもとに筆者作成．

きていたことが分かる．自動車部品の輸入が増えているということは，それ自体が地場企業の国内生産高に影響する問題ではあるものの，より深刻なのは2013年以降，すなわちアベノミクスでの金融緩和を背景とする円安復調局面においても輸入増加が止まらないことである．むしろ近年の輸入金額の伸びは著しい．

それではこの間の自動車部品はどこから輸入されているのかというと，**表序-9**に示すとおり，もっぱら東アジアの中国，韓国からであることが分かる．輸入元の顔ぶれは2000年代半ばを境に大きく変化してきている．それは，先進国からの輸入が大きく減り，新興国からの輸入が大幅に増加している点である．とりわけ中国からの輸入金額の伸びは著しい．原資料である貿易統計からこれ以上読み取ることはできないが，1つの考え方としては，2000年代半ばまでは先進国の現地企業からの輸入が多かったものの，前掲**図序-8**でも示したように，その後の日本企業の（とりわけ中国や東南アジアでの）海外現地生産の拡大にともない，海外で安価に製造された部品の日本への輸入，つまり企業内貿易が大勢を占めるようになったということである．したがって自動車部品の出荷元がすなわち新興国企業となるわけではないだろうが，仮に企業内貿易の比率がそれなりに大きいとしても，国内生産が代替されていることに変わりはないことになる．企業活動の国際化は時代の趨勢であり成長のための必須条件とも言えるため否定はできないものの，前述の人口減少問題を考えると，中国地方に立地する自動車部品の量産工場が海外に置換されていくことを無条件に肯定することも難しいのである．

そしてこの点は企業の本質とも拘わって問題をより難しくしている．なぜな

表序-9　自動車部品の輸入元

（単位：千円）

2001		2006		2011		2016	
アメリカ合衆国	6,387,035	ドイツ	7,172,411	中華人民共和国	14,849,090	中華人民共和国	38,615,016
ドイツ	1,651,450	中華人民共和国	6,785,120	大韓民国	2,569,767	大韓民国	6,182,943
中華人民共和国	920,567	大韓民国	3,392,177	スロバキア	1,896,571	タイ	5,898,937
大韓民国	753,170	アメリカ合衆国	2,035,947	ポーランド	1,766,398	フィリピン	2,156,533
台湾	505,821	フィリピン	1,157,849	アメリカ合衆国	1,725,260	メキシコ	1,386,193

注）神戸税関のうち，中国地方5県内の税関分を合計したもの．概況品は自動車の部分品．
出所）2016年財務省「貿易統計（税関別国別概況品別表）」をもとに筆者作成．

ら，自動車産業に属する企業群は熾烈な国際競争環境下にあり，価格競争力を高めるためには，品質基準さえ満たすのであれば積極的に海外製の自動車部品を使わざるをえないからである．完成車企業がいくら心情的に地場企業や自社の立地する地域を守ろうと思っても，営利企業である限り経済合理性に反してまでそれを押し通すことは困難である．したがって完成車企業は，地場の素材・部品企業に海外展開を（明示的かどうかは別として）要請するようになり，体力のある地場企業は多国籍企業化するとともに部品供給の一部を海外生産拠点に移管するようになる．

もっとも新宅・大木［2012］らの指摘にもあるように，2000年代のわが国企業のアジアを中心とした海外進出は，最終製品をアジアで生産するものの資本財や工業用原料等の中間財は日本から輸出するという企業内国際分業体制を形成したとされるため，国内生産基盤が喪失してしまったわけではない．しかしながら産業財の生産は，一般的には労働集約的な最終製品の組立工程とは性質が異なる．国内生産拠点での雇用面に全く影響が無かったとは言えないだろう[15]．そしてこのような価格競争力の追求がなおいっそう深まれば，低付加価値品を中心に地場企業の海外生産拠点では対応しきれない品目が出始めることになる．そうして今度は，中国や韓国のよりコスト競争力に優れる民族系の素材・部品企業が選択されるようになる．こうなると地場企業は雇用量の調整だけでは済まされなくなり，倒産や廃業をともなう形で退場を強いられる．地方の自動車産業集積は，こうして再生産の契機を与えられず退潮していく危険性と隣り合わせているのである．櫛の歯が欠けるように産業集積が縮小し始めると，地方の人口はますます減少する．地方は大都市圏よりも自動車の保有率が高いため，このことがますます国内の自動車生産台数を低下させることに繋がりかねない．そして完成車企業から地場企業への発注量の減少は，産業集積内企業の体力をさらに奪い取る．地方の仕事は減少し続け，若年労働者の流出は加速していく．まさに負のスパイラルである．

ここまで，客観的な事実に基づき中国地方自動車産業に対しての懸念を指摘してきた．続く次節では，中国地方の自動車産業集積を相対視するための分類軸を提示する．

5．地域の自動車産業の類型化

本節では，中国地方の自動車産業の性格を説明するため，わが国各地に集積する地域の自動車産業をいくつかに類型化する．中小企業庁編『中小企業白書』2000年版によると，産業集積には次の4つの類型があるとされる．それらは，① 企業城下町型集積，② 産地型集積，③ 都市型複合集積，④ 誘致型複合集積である．中国地方のマツダを中核とする広島地域は典型的な①の集積に分類される．三菱自・水島は岡山県倉敷市にある水島臨海工業地帯に立地するため④の側面もあるが，三菱自・水島を頂点とする取引先は倉敷市，総社市近辺に集中的に立地するため，①と④の折衷形態ともみなすことができる．さらに①には，中核企業の分工場が本拠地から離れた遠隔地に展開することで形成される分工場型集積という派生形態がある（渡辺［1997］）．わが国の自動車産業集積は，概ね①もしくは①と④の複合のいずれかとして捉えられるのである．ただし自動車産業を念頭に置く企業城下町型集積は，中核企業の産業財（設備・治工具等の資本財及び素材・部品等の中間財）需要を集積内部で完結できるかどうかという視点で見たとき，さらに細分類して把握する必要がある．これらは以下のように類型化することができる[16]．

第1に，中核企業の産業財需要の大半を集積内部で満足することが可能な場合であり，これを本章では**域内完結型**と呼ぶことにする．具体的には，トヨタの主力完成車工場（元町，高岡，堤，田原）及び車体生産子会社・トヨタ車体の完成車工場（富士松，吉原，刈谷，やや遠方ながら三重県のいなべ，子会社の岐阜車体工業）等が集まる愛知県の西三河を中心とした広域東海圏，日産の主力完成車工場（追浜，栃木）及び車体生産子会社・日産車体の完成車工場（湘南）の立地する神奈川県と栃木県を両軸とした広域関東圏[17]，そしてホンダの東日本における主力完成車工場・埼玉製作所（狭山，寄居）が立地する北関東圏である．

第2に，前述の域内完結型とまでは言い難いが，中核企業の産業財需要を集積内部で一定程度満足することが可能な場合であり，これを**域内未成熟型**と呼ぶことにする．具体的には，マツダの本社に隣接する宇品工場を中心とした広島地域（より広域的に捉えるなら山口県の防府工場までを含む広島・山口両県と島根県の一部），ホンダの西日本における主力完成車工場・鈴鹿製作所及び車体生産子会社・ホンダオートボディーの完成車工場が立地する三重県近隣，三菱自の名古屋製作所を中心とした愛知県の岡崎市近隣，スズキの主力完成車工場（湖西，磐田，相良）が立地する静岡県西部，ダイハツの本社周辺の主力完成車工場（本社池田，京都，滋賀竜王）が立地する関西圏（大阪府，京都府，滋賀県），SUBARUの完成車工場・群馬製作所（本工場，矢島）が立地する群馬県と栃木県に跨がる両毛地域である．

そして第3に，中核企業の産業財需要が集積内部では不完全にしか満足できない場合であり，これを**域外依存型**と呼ぼう．典型的には完成車企業が展開した大規模分工場型集積を指す[18)]．具体的には，トヨタ自動車東日本を中心とした東北地方，トヨタ自動車九州，日産自動車九州（車体生産子会社・日産車体九州含む），ダイハツ九州が立地する北部九州圏，そして三菱自・水島を中心とした岡山県の倉敷・総社地域である．

これら3つの類型が成立する決定的な要因は，集積内部の中核企業及び近隣の取引先である有力部品企業に開発機能及び調達権があるかどうかという点に集約される．域内完結型の場合，トヨタや日産といった大手完成車企業の本社及び主力工場がその中核を形成するため，そこには開発機能と調達権がある．近隣の有力部品企業等も創業地や本社がここであることが多く，トヨタや日産との長期間の取引関係をつうじて高度な開発機能を有しており調達権も持っている．すなわち，集積内部の多くの企業に開発・生産・調達の一貫体制が整っていることから，最も高度な水準に発達した企業城下町型集積と言えるだろう．次の域内未成熟型の場合，中核企業も近隣の有力部品企業も開発・生産・調達の一貫体制が概ね整っているものの，域内完結型に較べるとその水準は劣る．マツダ，スズキ，ダイハツ，SUBARUは本社及び開発・生産・調達機能が集積内部に揃ってはいるものの，近隣の部品企業から調達できる中間財は限定的であり，とりわけ技術的に高度な領域の部品の多くは域外からの調達に依存している．他方の三菱自・名古屋製作所とホンダの鈴鹿製作所は，開発（ホンダは一部）・生産機能は揃っているが本社は域外にあり，近隣の部品企業の水準は域内完結型のそれに較べると劣位にある．同じ域内未成熟型といっても，そのありようは多様である．最後の域外依存型の場合，典型的には大規模な生産機能だけが付与されており集積内部での意思決定権はかなり限定されている．近隣の部品企業も地場企業というよりも中核企業の本拠地で取引する部品企業が当該地域に進出していることが珍しくない．したがって域外依存型とは，一部の地場企業を除くと集積そのものが巨大な分工場型経済圏なのである．

また中核企業の国際経営戦略，すなわち企業活動の国際化の観点からも，これらの類型間には相違点を見いだすことができる．域内完結型の場合，近隣の有力部品企業もまた相対的に企業体力に優れることが多いため，中核企業の国際展開に随伴していくことが可能である[19]．したがって中核企業は，国内で構築してきた（少なくとも競争優位に直結する決定的な領域の）部品取引システムを進出先国に移転することができるのである．つまり，産業集積の主要な部分が海外市場でも複製されているということである．これが域内未成熟型の場合，集積内部の部品企業は域内完結型のそれと較べると相対的に小規模であることが多い．畢竟，中核企業の国際展開に随伴できる企業数は限られ，またその水準にも限界がある．そのため中核企業は，国内相当水準の部品取引システムを進出先国で複製することが難しくなる．場合によっては，競争優位に直結する領域だけでも移転するために，特定の部品企業に対して直接的な支援をしなければならないということも起こりうる．これは中核企業にとって大きな負担になる．同時に，随伴進出できなかった部品企業の代替調達先を進出先国で新たに探し取引関係を結ぶ必要がある．ここで発生する探索・契約・監視にまつわる取引コストもまた中核企業に負担を強いることになる．最後に域外依存型の場合，先に指摘したようにこの類型の性質は分工場型経済圏という点にあり，その実態は国際展開と似ている部分も多い．これまでのところ域外依存型の分工場を起点にさらに国際展開を図るといった実例には乏しく，むしろこれら巨大な分工場の多くは輸出拠点として位置づけられている．

そして国・自治体や金融機関といった支援機関の観点からも，これら産業集積の類型間には違いが見られる．域内完結型の場合，実力のある中核企業と有力部品企業とによって自立的な経済活動が営まれており，その競争優位は概ね確立している．国際展開についても，前述のとおり集積内部での内発的な取り組みによって多くは推進されている．ここでは特定の有力企業が業績不振にでも転落しない限り，支援機関の貢献は限定的となる．他方で域内未成熟型の場合，支援機関の役割は極めて重要になる．集積内部での部品取引システムにはいっそうの改良の余地があるため，中核企業か部品企業かを問わず，官民一体となって集積を高度化するためのインセンティブがある．国内には域内完結型という産業集積としてのベンチマークが存在するため，目標設定やそのための手段の確立自体はそう難しいことではない．例えば支援機関が，部品企業の成長を促すために他の大手完成車企業との取引開拓を手助けすることは有効である．国際展開の局面においても，部品企業の進出を中核企業とともに支援することで貢献できる．域内未成熟型の支援機関とは，集積を量的にも質的にも成長させる存在になりうるのである．最後に域外依存型の場合，支援機関の関心は集積の量的拡大よりも質的向上が重視されることが多い．例えば北部九州圏には，トヨタ，日産，ダイハツの巨大な分工場が存在しそこでの自動車生産台数は既に中国地方を凌駕している．そのため支援機関のもっぱらの関心は，分工場としての中核企業が開発機能と調達権を保有すること，そして集積内部での部品取引システムに（中核企業の本拠地から進出してきた部品企業の分工場ではなく）地場企業をいかに組み込ませられるかということに集中する[20]．他方でここでの中核企業の完成車工場は輸出比率が高い場合が多いため，短期的には国際展開の局面で支援機関が貢献する余地には乏しい．

ここまでの類型化の議論において指摘してきたように，本書がフォーカスする中国地方の自動車産業をその集積の性格から見た場合，マツダを中核とする域内未成熟型，三菱自・水島を中核とする域外依存型という異なる特徴が併存するということになる．本書では次章以降，これら山陽３県の質的に異なる自動車産業集積の態様の解明に加え，山陰２県に立地する自動車関連企業群がこれらの集積とどのように相互作用しているのかという点に関心を持ち，分析を進めていく．

6．“地域自動車産業論”の理論的背景と本書の構成

(1)　本書の理論的背景

くり返しになるが，本書では既存の（とりわけ地方に展開する）産業集積にわが国が直面する人口減少問題を掛け合わせることで，もはや経済的な外部要因（好不況等）だけでは集積の再生産が難しいという点を強調する．ここまでの議論で指摘してきた中国地方自動車産業を取り巻く４つの懸案事項とは，大別すると，① 人口減少，②（中国地方域内の）市場規模の構造的制約，③ 次世代技術の域外依存，④ 北部九州の躍進であった[21]．これらから示唆されるのは，わが国における地域の自動車産業は構造不況業種化しようとしているということである．この主張は，CASE 等の新たなイノベーション領域の出現によって世界的には成長産業とみなされている自動車産業に対する一般的な認識とは一線を画すものである．従来の産業集積論と本書の分析視角上の大きな違いは，先

行研究がもっぱら集積内中小企業の存続に着目しそれらの量的規模をいかに維持し質的に向上させていくかという点を重視するのに対し，本書では先進国の先頭を切ってわが国が直面している人口減少問題を加味すると中核企業ですらその存立基盤を失う可能性（すなわち地方からの完全な産業の消失）にまで言及している点にある．これからの地域の自動車産業の存続を検討するためには，グローバル市場で競争する中核企業と近隣の取引先企業とを一体的に捉え，集積そのものの生き残りを企図していかねばならない．そこには企業グループ単位での経営戦略の視点を持ち込む必要性がある．言い換えると，**グローバル企業と地域経済との共生を図る**という取り組みである．筆者らは，このような自動車産業の分析における（企業グループの）経営戦略論と（集積の固有性を意識した）地域経済論とを折衷した産業集積の動態的研究のことを地域自動車産業論として提唱したい．以下，本書が進める分析の理論的背景を３つの先行研究領域（産業集積論，企業間関係論，国際経営戦略論）のサーベイから抽出し紹介する[22]．

第１に，産業集積論からの示唆である．産業集積には各々に形成過程や構成企業の顔ぶれにともなう固有性がある．そのため集積間には競争があり，集積内部の企業もその文脈において競争関係にあると位置づけられる．本書が分析対象とする中国地方には，マツダを中核企業とする広島・山口両県並びに島根県の一部までを含む広域の域内未成熟型の集積と，三菱自・水島を中核企業とする岡山県の倉敷・総社両市を中心とする域外依存型の集積とが存在する．本書はこれらの集積間の特性の違いを重視しながら，地域経済の存立の方法について議論していく．また，集積の競争力を規定するのはこれら企業群だけではない．集積が立地する自治体，そこと密接に連携する国の出先機関，さらには地場企業のファイナンスを掌握する金融機関（とりわけ地域金融機関）もまた，集積内部の企業群と相互作用することで集積のあり方を大きく左右する存在なのである．本書ではこれらを総称して支援機関と呼び，その役割と課題についても分析していく．

第２に，企業間関係論（企業グループ論）からの示唆である．産業集積，とりわけ自動車産業を典型とする企業城下町型集積に立地する企業群は，中核企業たる完成車企業との間に巨大かつ複雑な取引システムを形成している．これには素材・部品企業同士の取引関係も含まれる．本書ではこの取引システム全体を以て産業集積の競争力と認識する．そこで導入するのが「企業グループ」の概念である．企業グループには，中核企業，中核企業との間に資本・生産連関

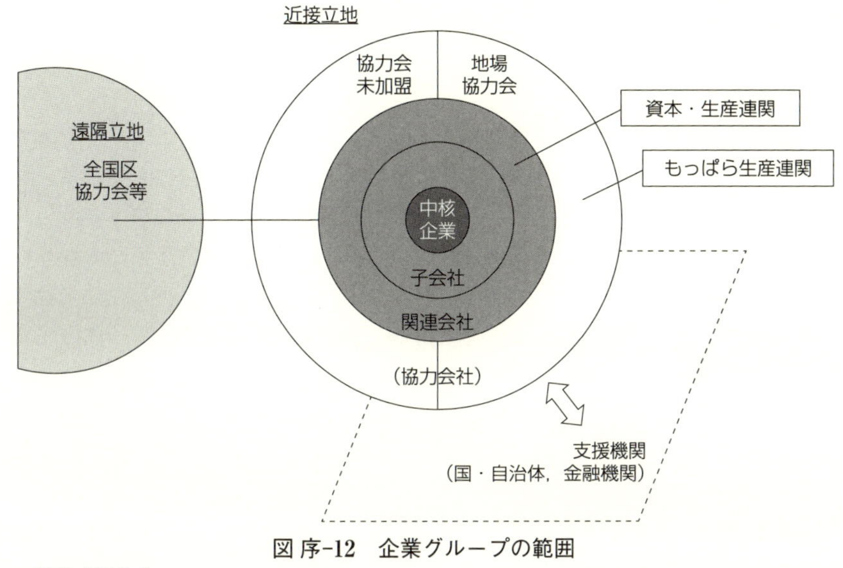

図 序-12　企業グループの範囲

出所）筆者作成.

がある子会社・関連会社，そして中核企業との間に必ずしも資本関係はないかもしれないが生産連関には含まれる協力会社が含まれる．そしてこれら企業グループの境界は，ひとまず地場企業主体の協力会組織により規定する．以上の関係性を示したのが**図 序-12** である[23]．

第 3 に，国際経営戦略論からの示唆である．集積の生殺与奪は中核企業が握っていると言っても過言ではない．とりわけ中核企業の国際展開は，集積内で相対的劣位にある中小・零細規模の企業群にとって大きな試練となる．そしてこのことは，産業集積の競争優位を維持していくことができるかどうか，もっと言えば人口減少という制約条件を鑑みると集積そのものを再生産してくことが可能かどうかという深刻な検討を利害関係者に余儀なくさせる．例えば，国内は研究開発と試作，海外は量産といった東アジアでの生産分業体制を確立したとしても，国内の量産規模は著しく縮小してしまう．量産工場の縮小や撤退は，その地方の雇用基盤を著しく毀損する．今後著しい人口減少が避けられない中国地方にとっては，量産機能の東アジア移管が不可逆的な取り組みであることを認識しておかなければならない．したがって地域自動車産業論の立場から検討すべきは，第 1 にいかにして集積内部のより多くの企業をグローバル市場に関与させることができるか，第2に労働集約的でありながらも競争力のある国内量産工場をどのようにすれば温存させることができるか[24)]という2つの論点に集約される．

なお，本書での自動車産業集積の定義とは次のようなものである．すなわち，中核企業（完成車企業）とその取引先企業（もっぱら素材・部品企業）とが近隣に立地するという地理的近接性，また中核企業と取引先企業との間に資本連関と生産連関（もしくは生産連関のみ）があるという関係的近接性という2つの要素が揃っており，なおかつこれら企業グループの生産活動を直接・間接的に支援する諸機関が付随した物理的経済活動範囲のことである．以上が，マツダと三菱自・水島を頂点とした企業グループの経営戦略論と地域経済論とを折衷した，動態的産業集積研究の枠組みである．

(2)　本書の構成

以降の章は，このような枠組みに基づき各担当者がアサインされたテーマについて調査・分析した研究の成果である．簡単に構成を述べると，**第1部「中核企業の視点」**では，マツダと三菱自の企業成立過程を分析するとともに，両中核企業の国内外における調達戦略の特徴を明らかにする．**第2部「部品企業の視点」**では，企業グループ内外の企業群の実態を明らかにする．企業グループ内は，中核企業との間に地理的近接性と関係的近接性が顕著に見られる山陽3県（もっぱら広島県，岡山県）の地場協力会組織，そして中核企業との間にはやや弱い地理的近接性と関係的近接性のうち生産連関が見られる山陰2県に立地する企業群を分析対象とする．企業グループ外は，地理的近接性も関係的近接性も希薄であり，弱い生産連関のみが見られる独立系大手部品企業を分析対象とする．**第3部「支援機関の視点」**では，中核企業並びにそれらの企業グループが地域と共生する上で触媒となる，行政（国・自治体）並びに金融機関といった支援機関と地場企業との連携の実態を明らかにする．

また本書には3つの補論があり，補論1では，マツダ，三菱自と同等規模のいわゆる中堅完成車企業を中核とする産業集積の比較対象として，群馬県のSUBARUとその近隣に展開する地場企業との関係性を分析する．補論2では，山陽3県とは瀬戸内海を挟んだ対岸に位置する四国北部が，広島県や岡山県の自動車産業集積に包摂される可能性があるかどうかを検討する．補論3は，前述のとおり先行研究の検討である．

注

1）産業集積の議論については，例えば伊丹・松島・橘川編［1998］によると，「産業集積はすぐれて地理的な概念である．ある地域への多数の企業の密集，という点が鍵になる．そのように地理的に見れば，産業集積の議論は地域経済の議論となる．しかし，それだけではない．集積している企業は，しばしば圧倒的に中小企業である．中小企業の巨大な集合が少数の大企業が集まっただけでは及びもつかぬ複雑な機能を果たし，また柔軟に変化していく．その点に着目して産業集積の機能を詳細に論じ始めれば，それは中小企業論である」（p. 4）とその性質が説明されている．企業立地×産業集積の視点が地域経済論，また中小企業×産業集積の視点が中小企業論であるとするならば，本書の取り組みはこれら両者の概念を部分的に包含し結節したアプローチとして位置づけることができる．

2）2019年1月に発覚した厚生労働省による毎月勤労統計調査の不正に対しては，この表に関係するのは全国の数値のみであること，また当該年の再集計された数値（原資料「きまって支給する給与」）との乖離が僅か0.5%であったことから，分析への影響は軽微であると判断し数値の更新は行わなかった．

3）引用するデータはやや古いが，これは筆者らの研究プロジェクト始動時に入手した最新の年次のためである．筆者らの当時の関心を示すため，あえて統計類の更新はしていない．

4）自動車産業における委託生産企業の概念とその実態については，塩地・中山編［2016］が詳しい．

5）表記の完成車生産拠点以外にも，エンジン工場や工機工場が複数ある．そしてそれぞれにサプライチェーンがあるが，調達点数や金額，種類の拡がりという点では完成車生産拠点のインパクトが最も大きい．

6）なお，山陰2県のプレゼンスはかなり小さい．そのため中国地方全体というよりも山陽3県と北部九州3県の比較とみなす方が正確かもしれない．ただし地域経済という意味では，山陰2県は山陽3県における生産活動の後背地として一定の役割が与えられているため無視することは適当ではない．詳しくは第5章で議論する．

7）岩城［2013］，p. 207参照．また岩城は，三菱自・水島も同じような比率であると指摘している．

8）目代［2013］，p. 238参照．

9）藤原［2007］，p. 211参照．

10）2016年3月18日に実施したマツダ本社・宇品工場の調査による．

11）渡辺［2011］，pp. 67-71参照．

12）前掲，p. 71参照．

13）目代［2013］，p. 235 参照.

14）愛知県には自動車以外にも国内最大の航空宇宙関連の集積があるが，金額面での貢献は圧倒的に自動車の方が大きい．したがってここでは概ね輸送機械を自動車の代理変数と見てよいだろう．

15）こういった産業財生産への移行に加えて研究開発型への転換も巷間よく言われる国内製造業の生き残りの方策であるが，中国地方ではこれへの期待は望めないであろう．人口減少の過程にある地方では，そもそも高付加価値型人材である研究者や技術者を集めることが難しいからである．広島県や岡山県の大学を卒業した若者が地元の低賃金を嫌忌して大都市部へ流出することは珍しいことではない．そして何より，研究開発だけでは雇用創出には限界があり人口減少を押しとどめる要因にはなりにくいのである．

16）以下に提示する類型内でも集積間には大きな差異がある．例えば後述する域内完結型の場合，トヨタを中核とする集積の成熟度は極めて高く，日産とホンダのそれを凌駕している．ここでの類型化は，あくまで集積の性格を便宜上区別するためのものであることに注意されたい．

17）ただし関東圏の自動車産業集積は，後述するホンダや群馬県に主力完成車工場があるSUBARUにも一部共有されているため日産固有の集積とは言い難い．それでもわが国の産業史における日産の影響力を考慮すると，この地域の集積における中核企業の筆頭を日産としても差し支えないだろう．

18）藤川［2012］は，分工場のことを「戦略的な意思決定に関わる間接部門が地理的に分離されている工場」（p. 65）と定義する．また分工場型集積の特徴として，「部品メーカーは……（中略）……自動車メーカーと同じく，生産機能に特化している『分工場』または『下請企業』が多い」（p. 54）ことを指摘している．このため，「購買機能をもたない進出企業の分工場では，たとえば有力な取引候補が近くにいようと，その情報を見過ごしがちになる」（pp. 57-58）という弱点がある．これは，分工場型集積がその地域での生産連関を十分に組織しておらず，結果として従業員の雇用の受け皿になることと地元自治体への納税以外に大きな貢献ができていないことを意味している．すなわち，真の意味での現地化とは言い難い様態なのである．

19）近年のわが国完成車企業の国際展開時には，取引先の部品企業に対しかつてほど明確な随伴進出要請をすることは少なくなっている．建前上は，「仕事の保証はできないが，一緒に来たいならご自由にどうぞ」という姿勢なのである．

20）2017 年 9 月 20 日に実施した公益財団法人九州経済調査協会へのインタビューによると，これらの点は北部九州では一貫して問題意識とされてきたが，実態として改善されているとは言い難いようである．しかしながら九州地方での自動車産業集積は徐々に広域化してきており，今や佐賀県，長崎県，宮崎県の高速道路沿いにまで関連する工場の進出が進んでいる．

21）中国地方に限ったことではないが，近年の異常気象にともなう自然災害も自動車産業のとりわけサプライチェーンにとって厄介な課題になっている．2018 年夏の西日本豪雨（平成 30 年 7 月豪雨）は，広島県，岡山県にも甚大な被害をもたらした．

22）先行研究の検討そのものは補論 3 にまとめたので，関心のある方はそちらを参照されたい．ここではそれぞれの先行研究領域から得られたエッセンスのみを提示している．

23）実際には，企業グループの範疇に含まれない独立系や外資系企業が中核企業の主力工場に近接立地している場合もあるが，これはあくまで単純化したモデルとして理解して頂きたい．

24）国内工場をどのようにして残すのかという課題は，競争優位の確立という論点だけに留まらない．一例を挙げると，日本経済新聞 2018 年 11 月 11 日朝刊には，2017 年から相次いで発覚したわが国製造企業による品質検査不正の問題が取り上げられている．そこには，「稼ぎ頭の海外を中心に新規投資を振り向ける一方，国内工場は改修に改修を重ねて運用してきた．経済産業省によれば，新設からの経過年数である『設備年齢』は大企業で 90 年度と比べて 1.5 倍に増えた」（p. 1）とある．このような無理が品質検査の不正を招いたというのである．マザー工場として優れた生産技術を生み出す拠点であるべき国内工場が，新設海外工場の設備投資のための犠牲になることが常態化するのは好ましい状況とはいえない．国内工場で働くことの魅力を高めなければ，優れた人材を惹きつけることができないからである．

第１部　中核企業の視点

第1章

中核企業の競争力形成史
――技術選択と提携による資源補完――

はじめに

中国地方の中核企業2社は，1970年代に外資と提携し，1990年代から2000年代にかけてその傘下にあった．その後，マツダはフォードから自立し，三菱自は2004年にダイムラー＝クライスラーからの経営支援が打ち切られた後，三菱グループによる経営再建を経て，日産との提携を深化させた[1]．2018年におけるマツダのグローバル生産台数は約160万台，三菱自は約146万台である．最大手であるトヨタ・グループ（トヨタ，ダイハツ，日野）のグローバル生産台数は約1057万台であった[2]．2015年におけるグローバル販売台数をみると，トヨタ・グループのシェアが11.2%であるのに対し，マツダは1.7%，三菱自は0.9%であった[3]．マツダと三菱自は，市場シェアは必ずしも大きくないものの，競争の激しい自動車産業において存続することに成功している．本章は，中核企業2社が外資依存から脱却し[4]，競争力を構築したプロセスを考察する[5]．

まず，売上高と売上高営業利益率を概観する（図1-1参照）．比較対象として，わが国最大の完成車企業であるトヨタの値を示した．マツダの特徴は，海外生産比率が低く輸出比率が高かったため[6]，為替の影響を受けやすかったことである．マツダは2011年から2012年にかけて収益性を落としたが，リーマンショック以降の円高の影響があった．ただし，タイのオートアライアンス（タイランド）の生産能力拡大，メキシコの車両組立工場の設立によって，海外生産比率を高め（2014年23%→2017年39%），近年のマツダは為替の変動に対して強くなっている．一方，三菱自は，リコール隠しの影響により2003年から2005年にかけて収益性を大きく落とした．三菱自は，2003年の時点で海外生産比率が53%と高かったため[7]，マツダと比べて円高の影響は大きくなかった[8]．

マツダと三菱自は，リーマンショック後，収益性を高めてきた．リーマンシ

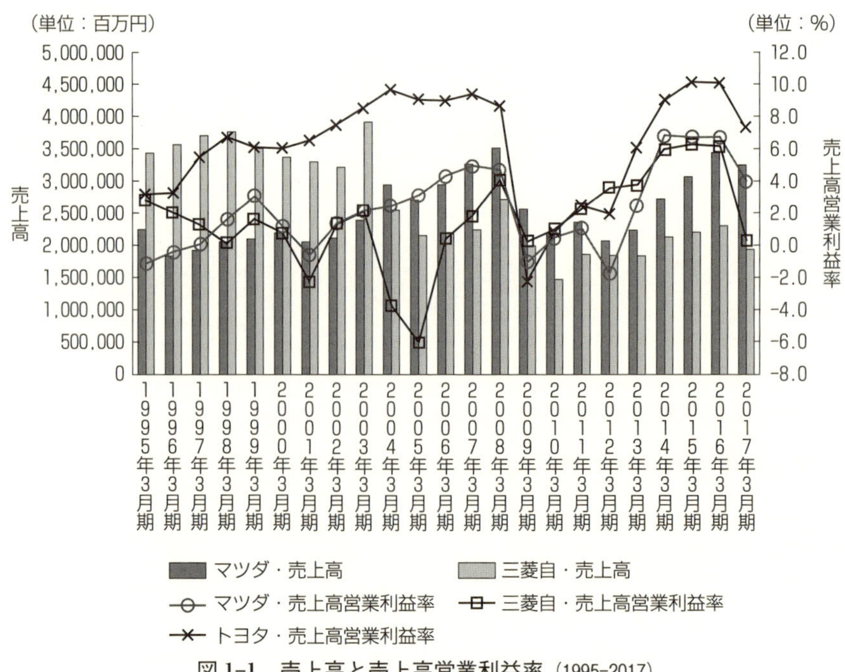

図 1-1　売上高と売上高営業利益率（1995-2017）

注）値は連結決算.
出所）有価証券報告書各年版より筆者作成.

ョック前（2002年3月期～2009年3月期）とリーマンショック後（2010年3月期～2017年3月期）の8年間の平均値で売上高営業利益率を比較すると，リーマンショック前の期間は，トヨタとの売上高営業利益率の差において，マツダ−4.7%，三菱自−7.4%であった．リーマンショック後の期間は，トヨタとの売上高営業利益率の差において，マツダ−2.7%，三菱自−2.3%へと差を縮めた．三菱自は，2016年4月に公表した燃費不正によって2017年に収益性を落としたが，経営再建以降の業績は上昇傾向にあった．

次に，研究開発費をみる（図1-2参照）．両社の売上高研究開発費率を比較すると，マツダが一貫して高かった．マツダの売上高研究開発比率はトヨタと同等の水準を維持しており，研究開発を重視してきたことがわかる．一方，三菱自の売上高研究開発費率は，2005年まで上昇傾向にあったが，その後に下降し，2%程度の水準であった．三菱自における研究開発費の減少は，後述する経営再建のプロセスにおいてプラットフォームの共通化を進めたこと[9]，また，

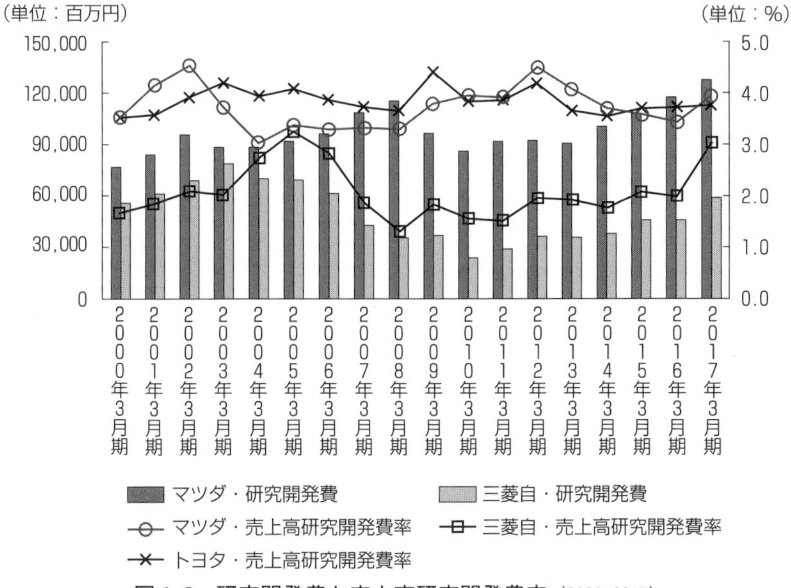

図1-2　研究開発費と売上高研究開発費率（2000-2017）

注）値は連結決算.
出所）有価証券報告書各年版より筆者作成.

経営成績の悪化によって研究開発を抑制したことが理由として考えられる．売上高研究開発費率は低下したものの，三菱自は自動車の電動化に関する研究を積極的に進めてきた．2007年から2016年におけるEV（電気自動車）やHV（ハイブリッド車）に関する公開された特許数のランキングをみると，1位トヨタ（1万1185件），2位日産（2634件），3位ホンダ（2297件），4位デンソー（1650件），5位パナソニック（1356件）に続いて，三菱自は6位（1006件）にランクインしている．9位（688件）には三菱電機もランクインしており，三菱グループは少なくない存在感を示している．三菱自と三菱電機においては，内部に動力供給源を持つ電気的推進装置に関する特許の割合が高い．三菱電機は，電池の充電関連，電池から負荷への電力給電のための回路装置に関する特許にも力を入れている．三菱自の特許の共同出願人をみると，共同出願の8割を超える大部分を占めたのは三菱自動車エンジニアリングであり[10]，三菱電機との共同出願はわずかであった[11]．マツダの特許数のランキングは13位（467件）である．マツダは，電気モータおよび内燃機関からなる混成型推進方式に関する特許の

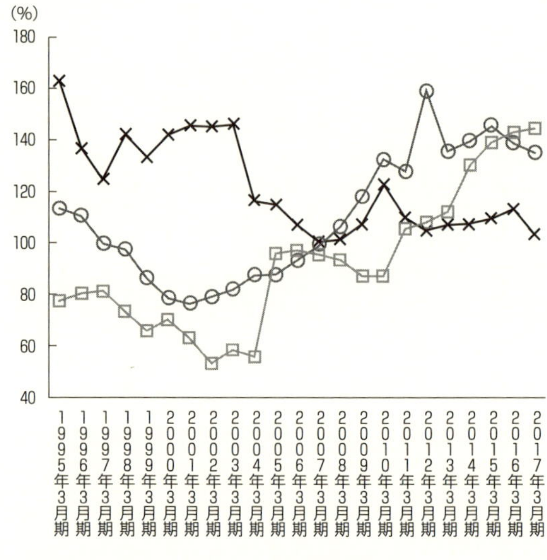
(%)
180
160
140
120
100
80
60
40
1995年3月期
1996年3月期
1997年3月期
1998年3月期
1999年3月期
2000年3月期
2001年3月期
2002年3月期
2003年3月期
2004年3月期
2005年3月期
2006年3月期
2007年3月期
2008年3月期
2009年3月期
2010年3月期
2011年3月期
2012年3月期
2013年3月期
2014年3月期
2015年3月期
2016年3月期
2017年3月期
マツダ・流動比率
三菱自・流動比率
トヨタ・流動比率

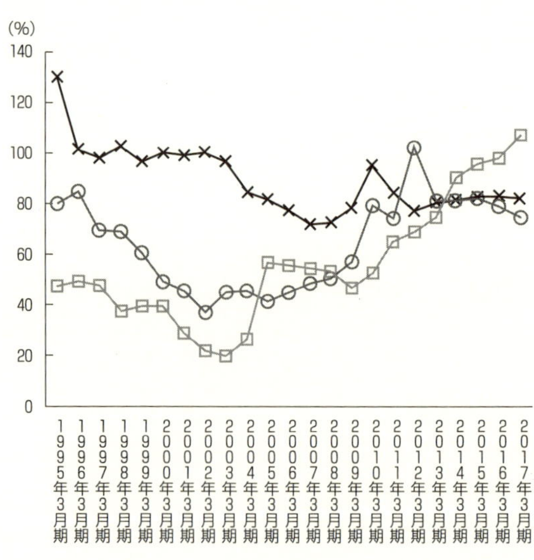
(%)
140
120
100
80
60
40
20
0
1995年3月期
1996年3月期
1997年3月期
1998年3月期
1999年3月期
2000年3月期
2001年3月期
2002年3月期
2003年3月期
2004年3月期
2005年3月期
2006年3月期
2007年3月期
2008年3月期
2009年3月期
2010年3月期
2011年3月期
2012年3月期
2013年3月期
2014年3月期
2015年3月期
2016年3月期
2017年3月期
マツダ・当座比率
三菱自・当座比率
トヨタ・当座比率

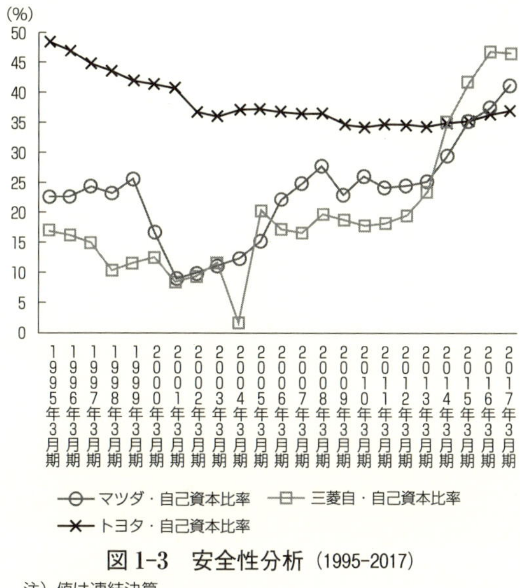

図 1-3　安全性分析（1995-2017）

注）値は連結決算.
出所）有価証券報告書各年版より筆者作成.

占める割合が高い[12]. 両社の技術選択は後述するが, 特許の観点から, 内燃機関を選択したマツダ, EV を選択した三菱自という特徴を確認できる.

図 1-3 から安全性に関する指標をみよう. 短期的な支払能力を示す流動比率において, マツダと三菱自は 2000 年代以降上昇傾向にある. マツダは 2007 年, 三菱自は 2011 年まで 100%以下であったが, その後に 100%を超えた. 同じく短期的な支払能力を示す当座比率においても, マツダは 2002 年, 三菱自は 2003 年を底として, その後は上昇傾向にある. 長期的な支払能力を示す自己資本比率をみると, マツダは 2001 年, 三菱自は 2004 年を底として[13], その後は回復傾向にあった.

以上の分析から, マツダと三菱自は, 外資との提携解消後の経営再建によって収益性と安全性を高めており, 一定の競争力を構築することに成功したと評価できる. 次節以降では, 両社が競争力を形成したプロセスを検討する.

1．マツダの経営展開

(1)　フォードとの提携解消

1994年にフォードから経営陣が送り込まれ，マツダは1996年にフォードの傘下となった[14)]．マツダの筆頭株主は2009年までフォードモーターであった．2005年の最大株主はフォードオートモーティブインターナショナル・ホールディング・エス・エル（29%）であり，4位のエフ・エル・ピー・カナダ（4.6%）は，フォードモーターの100%子会社である．フォードモーターの持株比率は，2007年33.7%，2009年14.9%，2011年3.5%，2013年2.1%と低下した．2009年の低下要因は，リーマンショックを背景とした業績悪化によってフォードがマツダの株式を売却したためである．2015年11月には2.1%の株も売却され，マツダとフォードの資本関係は解消された．フォードが筆頭株主でなくなってからは，ザ・チェース・マンハッタンバンク，日本トラスティ・サービス信託銀行が筆頭株主となった．その他の株主としては，三井住友銀行や三井住友海上火災保険など，三井住友系の金融機関が名を連ねた[15)]．

次に，マツダの役員組織を検討する．**表1-1**は，監査役を除いた取締役の構成員の推移を示したものである．2001年から2002年にかけて役員数が26人から9人に減少したのは，2002年に執行役員制度が導入されたためである．社長を確認すると，2001年はマーク・フィールズ氏（元フォードアルゼンチンS.A・マネージングディレクター），2002～2003年はルイス・ブース氏（元フォードアジアパシフィックアフリカ アンド テクニカルスタッフス プレジデント）と，フォード出身者がつとめた．2004年からはマツダ出身者が社長をつとめるようになり，2004～2008年は井巻久一氏，2009～2012年は山内孝氏，2013年～2018年は小飼雅道氏であった．2018年6月の株主総会後は，社長丸本明氏，副社長藤原清志氏という体制になっている．フォード出身者が取締役に占める比率（フォード比率）をみると，2001年に23.1%，2002年から2008年までは33.3%であったが，2009年に11.1%となり，2011年には9.1%と低下し，2012年には0%になった．フォード出身者が減る一方で，坂井一郎氏（広島高等検察庁検事長）や牟田泰三氏（広島大学学長）などの広島県関係者が取締役となった．マツダ出身者が取締役に占める比率（マツダ比率）をみると，2001年の73.1%から2002年に55.6%へと低下し，2007年までは55.6%であった．その後，2008年

66.7%，2009年77.8%と上昇している．2010年以降は70%前後で推移した．フォードが筆頭株主であった頃は，同社出身者が社長となる時期があり，フォードから派遣された役員数も少なくなかったため，フォードの影響力は強かったと推測される．ただし，マツダ出身者が取締役に占める比率は50%を超えており，フォードが筆頭株主であったときも，マツダは一定程度の自律性を保っていたと推測される．

フォードとの提携がマツダにもたらした影響を3点指摘したい．第1に，1997年頃，フォードからフォード・グループのなかでどのような個性を発揮したいかを問われたことが，マツダが自社の個性を再構築するきっかけになった．マツダは，商品特性として，際立つデザイン，抜群の機能性，反応の優れたハンドリングを目指すこととし，「Zoom-Zoom」をキャッチフレーズとした[16]．第2に，新車開発におけるプラットフォームの共通化である．フォード傘下にあったマツダでは，2002年に発売されたデミオの開発において，フィエスタのプラットフォームをベースにすることが指示された．フォードのプラットフォームを可能な限り利用することは，傘下企業への基本的な要求であったという．また，初代アクセラの開発においては，フォード，ボルボ，マツダの3社が共通したプラットフォームを利用することになった．フォードの視点に立てば，グループ企業でプラットフォームを共通化することで規模の経済を実現することができる．しかし，マツダの視点に立てば，マツダブランドの車種間での様々な共通化を図ることが困難になったため，混流生産を維持することが困難になった．また，マツダブランドの車種間での部品の共通性がなくなったため，複数車種に部品を供給する部品企業の生産性も上がりにくくなったという[17]．第3に，部品調達である．マツダは，フォードの影響で2000年頃からフル・サービス・サプライヤー（FSS）制度を導入した．FSS制度とは，設計から品質保証まで一貫して担える部品企業を育成することを意図したものである．フォードは，大きな単位で部品を発注し，その部品の開発・生産については有力部品企業に全面的に任せようという意向が強く，マツダにも共同発注を求めた．しかし，マツダは，大きな単位の部品のなかの細かな部品を供給する地場部品企業との取引関係が多数あったため，FSS制度を積極的には展開しなかった．そのため，フォード傘下時におけるマツダの部品調達の変化は限定的であった．ただし，トリビュートやBT-50などの共同開発車においては，グローバル・コングロマリット・サプライヤーを選定することがフォード出身の社長方針で

表 1-1　マツ

氏名	主な経歴
渡辺一秀 マーク・フィールズ ロバート・エル・シャンクス デービット・ジー・トーマス 藤原睦躬	マツダ・人事本部副本部長 フォードアルゼンチン S. A.・マネージングディレクター 福特六和汽車・ファイナンスオフィスディレクター フォード・フォードディビジョン オーランド リージョナル セールスマネージャー マツダ・第6営業本部副本部長
井巻久一	マツダ・技術本部副本部長
山内孝	マツダ・企画本部長
荷堂啓 長谷川鐐一 ギデオン・ウォルサーズ 松原恒夫 フィリップ・アール・マーテンス 山本健一 井上等 以南文昭 平岩重治 ポール・アール・ストークス 山木勝治 若山正純 ヤン・ブレンテブラーテン 丸本明 江川恵司 神田眞樹 保坂浩 稲本信秀 尾崎清	マツダ・国際業務本部長 住友銀行・本店支配人 フォード・プロダクト ディベロップメント スモールミディアムビークルセンター コントローラー マツダ・第3営業本部本部長 フォード・プロダクト ディベロップメント スモールアンドミディアムカービークルセンター マツダ・企画本部長 マツダ・商品開発統括センター長 マツダ・商品戦略企画部長 マツダ・海外営業本部副本部長兼欧州 R&D センター事務所長 フォード・フォード自動車事業部プロダクションパーチェシングビークルセンター3購買担当ディレクター マツダ・技術本部長 マツダ・マーケティング本部長 マツダモーターヨーロッパ GmnH・取締役社長 マツダ・主査本部主査 マツダ・企画本部長 マツダ・人事本部副本部長 マツダ・国際業務本部長，マロックス・代表取締役社長 マツダ・車体技術部，三葉工業・代表取締役社長 マツダ・企画本部長
ルイス・ブース	フォード・フォード アジアパシフィックアフリカ アンド テクニカルスタッフス プレジデント
スティーブン・ティー・オデール ジョン・ジー・パーカー ダニエル・ティー・モリス デービット・イー・フリードマン 金井誠太 ロバート・ジェイ・グラツィアノ フィリップ・ジー・スペンダー 原田裕司 羽山信宏 トーマス・エィ・エイチ・ピクストン	フォード・フォードオートモーティブオペレーションズ マーケティングアンドセールス フォード・アセアンオペレーションズ プレジデント フォード・グローバルプロダクトマーケティング フォードインド・プレジデント マツダ・執行役員 フォード・フォード南アフリカ プレジデント＆CEO オートアライアンスインターナショナル・プレジデント＆CEO 三井銀行・執行役員 マツダ・パワートレイン開発本部長 フォード・プロダクトディベロップメント エグゼクティブディレクター
小飼雅道	マツダ・執行役員防府工場長
金澤啓隆 中峯勇二 坂井一郎 牟田泰三 黒沢幸治 城納一昭 菖蒲田清孝 藤原清志	マツダ・車両コンポーネント開発本部長 オートアライアンスタイランド・社長 広島高等検察庁・検事長 広島大学・学長 マツダ・海外販売本部長 広島県・副知事 オートアライアンスタイランド・社長 マツダ・商品企画ビジネス戦略本部長
役員数（a）	
うち，マツダ（b）	
うち，フォード（c）	
うち，三井住友（d）	
うち，広島関係（e）	
マツダ比率（b÷a）	
フォード比率（c÷a）	
三井住友比率（d÷a）	
広島比率（e÷a）	

出所）マツダ株式会社『有価証券報告書』各年版より筆者作成.

ダの役員組織

2001年	2002年	2003年	2004年
代表取締役・会長 代表取締役・社長 代表取締役・専務取締役 専務取締役 専務取締役	→ 代表取締役・専務執行役員 取締役・専務執行役員 取締役・専務執行役員	→ →	→ →
専務取締役	代表取締役・副社長執行役員	→	代表取締役・社長兼 CEO
専務取締役	取締役・専務執行役員	→	→
専務取締役 専務取締役 常務取締役 常務取締役 常務取締役 常務取締役 常務取締役 常務取締役 取締役 取締役 取締役 取締役 取締役 取締役 取締役 取締役 取締役 取締役 取締役	取締役・専務執行役員 取締役・専務執行役員	 → 代表取締役・専務執行役員兼 CFO 取締役・専務執行役員	 → → 取締役・専務執行役員
	代表取締役・社長兼 CEO	→	
		取締役・専務執行役員	取締役・専務執行役員 代表取締役・副社長執行役員
26	9	9	9
19	5	5	5
6	3	3	3
1	1	1	1
0	0	0	0
73.1%	55.6%	55.6%	55.6%
23.1%	33.3%	33.3%	33.3%
3.8%	11.1%	11.1%	11.1%
0.0%	0.0%	0.0%	0.0%

表1-1　マツダの

氏名	2005年	2006年	2007年
渡辺一秀	→		
マーク・フィールズ			
ロバート・エル・シャンクス			
デービット・ジー・トーマス			
藤原睦躬	→	代表取締役・副社長執行役員	
井巻久一	→	代表取締役会長・社長兼 CEO	
山内孝	→	→	代表取締役・副社長執行役員
荷堂啓			
長谷川鐐一	→	→	→
ギデオン・ウォルサーズ	→		
松原恒夫			
フィリップ・アール・マーテンス			
山本健一			
井上等			
以南文昭			
平岩重治			
ポール・アール・ストークス			
山木勝治			取締役・専務執行役員
若山正純			
ヤン・ブレンテブラーテン			
丸本明			
江川恵司			
神田眞樹			
保坂浩			
稲本信秀			
尾崎清			
ルイス・ブース			
スティーブン・ティー・オデール			
ジョン・ジー・パーカー	→	代表取締役副会長・上席副社長執行役員	
ダニエル・ティー・モリス	取締役・専務執行役員		
デービット・イー・フリードマン		代表取締役・専務執行役員兼 CFO	
金井誠太		取締役・専務執行役員	
ロバート・ジェイ・グラツィアノ			代表取締役・副社長執行役員
フィリップ・ジー・スペンダー			
原田裕司			
羽山信宏			
トーマス・エィ・エイチ・ピクストン			
小飼雅道			
金澤啓隆			
中峯勇二			
坂井一郎			
牟田泰三			
黒沢幸治			
城納一昭			
菖蒲田清孝			
藤原清志			
役員数（a）	9	9	9
うち，マツダ（b）	5	5	5
うち，フォード（c）	3	3	3
うち，三井住友（d）	1	1	1
うち，広島関係（e）	0	0	0
マツダ比率（b÷a）	55.6%	55.6%	55.6%
フォード比率（c÷a）	33.3%	33.3%	33.3%
三井住友比率（d÷a）	11.1%	11.1%	11.1%
広島比率（e÷a）	0.0%	0.0%	0.0%

出所）マツダ株式会社『有価証券報告書』各年版より筆者作成.

役員組織（続き）

2008年	2009年	2010年	2011年
→	代表取締役会長		
→	代表取締役・社長兼 CEO	→	→
→ 取締役・専務執行役員 →	代表取締役・副社長執行役員 → 代表取締役・専務執行役員兼 CFO	→ → 取締役・専務執行役員 →	→ 代表取締役・副社長執行役員兼 CFO
→ → → 代表取締役・副社長執行役員	→ → 取締役・専務執行役員 取締役・専務執行役員	→ → 代表取締役・専務執行役員	代表取締役・副社長執行役員 → →
		取締役・専務執行役員	→
			取締役・専務執行役員 取締役・専務執行役員 取締役 取締役
9	9	9	11
6	7	7	7
3	1	1	1
0	1	1	1
0	0	0	2
66.7%	77.8%	77.8%	63.6%
33.3%	11.1%	11.1%	9.1%
0.0%	11.1%	11.1%	9.1%
0.0%	0.0%	0.0%	18.2%

表1-1　マツダの役員組織（続き）

氏名	2012年	2013年	2014年	2015年	2016年
渡辺一秀					
マーク・フィールズ					
ロバート・エル・シャンクス					
デービット・ジー・トーマス					
藤原睦躬					
井巻久一					
山内孝	→	代表取締役会長			
荷堂啓					
長谷川鐐一					
ギデオン・ウォルサーズ					
松原恒夫					
フィリップ・アール・マーテンス					
山本健一					
井上等					
以南文昭					
平岩重治					
ポール・アール・ストークス					
山木勝治					
若山正純					
ヤン・ブレンテブラーテン					
丸本明	→	代表取締役・副社長執行役員	→	→	→
江川恵司					
神田眞樹					
保坂浩					
稲本信秀		取締役・専務執行役員	→	→	→
尾崎清	→				
ルイス・ブース					
スティーブン・ティー・オデール					
ジョン・ジー・パーカー					
ダニエル・ティー・モリス					
デービット・イー・フリードマン					
金井誠太	→	代表取締役副会長	代表取締役会長	→	→
ロバート・ジェイ・グラツィアノ					
フィリップ・ジー・スペンダー					
原田裕司	→	→	→	→	→
羽山信宏					
トーマス・エィ・エイチ・ピクストン					
小飼雅道	→	代表取締役・社長兼 CEO	→	→	→
金澤啓隆	→				
中峯勇二	→	→	→	→	→
坂井一郎	→	→	→	→	→
牟田泰三	→	→	→		
黒沢幸治		取締役・専務執行役員	→		
城納一昭				取締役	→
菖蒲田清孝					取締役・専務執行役員
藤原清志					取締役・専務執行役員
役員数（a）	10	10	9	8	10
うち，マツダ（b）	7	7	6	5	7
うち，フォード（c）	0	0	0	0	0
うち，三井住友（d）	1	1	1	1	1
うち，広島関係（e）	2	2	2	2	2
マツダ比率（b÷a）	70.0%	70.0%	66.7%	62.5%	70.0%
フォード比率（c÷a）	0.0%	0.0%	0.0%	0.0%	0.0%
三井住友比率（d÷a）	10.0%	10.0%	11.1%	12.5%	10.0%
広島比率（e÷a）	20.0%	20.0%	22.2%	25.0%	20.0%

出所）マツダ株式会社『有価証券報告書』各年版より筆者作成.

あり，その方針が実行に移された[18]．

(2)　スカイアクティブ技術とモノ造り革新

2004年，マツダは，中期計画「マツダモメンタム」を策定した．マツダモメンタムにおいては，2006年度までに出荷台数年間125万台，連結営業利益1000億円以上という業績目標が掲げられた．重点ポイントとされたのは，①研究開発の強化，②主要市場の取り組み強化，③グローバル効率性の向上とシナジーの強化，④人材育成の4点である．研究開発の強化では，研究開発費を2003年度の水準に対し30%増強することが発表された．また，主要市場である北米向けにSUVモデル3車種を導入するなど，各市場のニーズに適合した新商品を導入する．さらに，研究開発，調達，生産，物流においてグローバル規模での効率性の向上とシナジー強化を目指すという計画であった[19]．研究開発を重視するマツダと逆にそれを抑制する三菱自という違いが出たのは，この頃からである（図1-2参照）．マツダの販売台数は好調であり，2006年度のマツダのグローバル販売台数130万台，連結営業利益1585億円を記録し，マツダモメンタムの業績目標は達成された．

2005年頃，マツダは環境技術の選択について検討を深めていた．2005年に京都議定書が発効し，欧州連合では二酸化炭素排出量が1km走行あたり120g以下に規制されると考えられていたが，当時のマツダは1km走行あたり180〜190gの排出量であった．マツダは輸出比率が高く，欧州への販売台数が多かったため，欧州連合の環境規制に対応した技術開発を目指す必要があったのである．当時のマツダは，HV，EV，水素のどの技術で規制をクリアするかが決まっていなかった．こうした状況のなかで，長期ビジョンを作り出すこととなり，2005年7月にプロジェクトチームが発足された．プロジェクトチームでは，分野や地域に応じて12個のクロス・ファンクショナル・チーム（CFT）を結成し，CFT6においてモノ造り革新が始動した[20]．

2007年，マツダは，中期計画「マツダアドバンスメントプラン」を策定した．同プランにおいては，2010年度に販売台数年間160万台以上，連結営業利益2000億円以上という業績目標が掲げられた．マツダは，2010年までの4年間を「モノ造り革新を中心とする構造改革を加速し，将来に向けて前進（アドバンス）する期間」とした．モノ造り革新とは，一括企画，コモンアーキテクチャー構想，フレキシブル生産の3つで構成される．一括企画とは，内燃機関，ボディー，シャシーを新しくするためには膨大な開発工数・生産工数が必要であるため，2015年までに投入するモデルを一括して企画することである．マツダは，理想とする開発コンセプトを設定し，それを全車種に展開することで開発工数・生産工数を減らすことを狙った．コモンアーキテクチャー構想とは，車種に応じて変動する部分を残す一方で，すべての車種で共通とする固定部分を設定することである．これは，部品の共用化ではなく，エンジンにおける燃焼の特性やサスペンションにおけるタイヤの動かし方などの性能の共通化であった．フレキシブル生産とは，多品種変量生産を少品種大量生産に負けない効率で実現することである．マツダは一括企画によって車種間の構造上の関係性を相似形にすることで，高効率な多品種変量生産を実現したのであった．マツダは，フレキシブル生産を実現するうえで，地場部品企業に対して計画順序生産の指導・導入を行なった．マツダは車両組立を計画順序通りに行ない，部品企業は，計画順序に基づいて生産し，部品供給を計画順序通り行うというものである．マツダは，部品企業に計画順序生産を徹底させることで，在庫削減，順序替え工数ロス撲滅，リードタイム短縮といった効果を実現できた[21]．かつてはフォードのプラットフォームとの共通化を求められ，そのために混流生産が困難になったことを考えると，モノ造り革新は大きな方針転換であったと評価できよう．

またマツダは，2007年3月，技術開発長期ビジョンとして「サステイナブル“Zoom-Zoom”」を発表し，2015年までにマツダ車の平均燃費を2008年と比べて30％向上させることを宣言した[22]．マツダは，エンジンを中心に，トラスミッション，ボディなど自動車に搭載するすべての技術を進化させることで平均燃費を向上させるとし，これらの技術群をスカイアクティブと呼んだ．当時，トヨタとホンダがHV，三菱自がEVの技術開発を推進する一方で，マツダは，環境技術の開発において遅れていた．マツダは，HVやEVの開発ではなく，内燃機関の開発を選択したのであった．ただし，トヨタやホンダがベースとなる内燃機関の技術を無視していたわけではなかったので，豊富な経営資源を背景に両方の技術開発を進めていたトヨタやホンダに対し，マツダは内燃機関の開発を優先したといえよう．マツダは，内燃機関の改善後にハイブリッドシステムなどの技術を積み上げる計画を表明し，これを「ビルディングブロック戦略」と呼んだ．マツダが独自の内燃機関開発を進めるためには，筆頭株主であったフォードから理解を得ることが必要であった．そのため，2006年

12月，執行役員を務めていた金井誠太氏がフォードを訪れた．当時，フォードはハイブリッドとエンジンのダウンサイジング化による技術開発を進めており，マツダの技術開発方針とは異なっていた．フォードはマツダの内燃機関開発が成功するとは考えていなかったようであるが，開発そのものは否定しなかったという[23]．マツダは，フォード傘下にありながらも，独自の戦略を模索していたのであった．

その後，2009年にフォード出身のローレンス・ジー・ヴァンデンアッカー本部長を退任させ，RX-8やデミオのデザインを担当した前田育男氏を昇格させた．2001年から続いていたフォード主導のデザイン体制から，マツダの生え抜きのデザイナーが主導権を握る体制へと転換したのであった[24]．マツダ車が高いデザイン性を実現するうえで，地場部品企業の貢献もあった．南条装備工業の事例を紹介したい．南条装備工業は，1960年にマツダから協力会社の指定を受け，スイッチパネル，ドア加飾などの部品を供給しており，本杢（ほんもく），本アルミ，カーボンを成型する能力に優れた地場部品企業である．南条装備工業は，「Design Driven Innovation」という方針を掲げ，アイデアのたねの発掘からデザインワークショップまでのプロセスをデザインプロセスと呼び，従来の開発プロセスに追加した．こうしたデザイン重視の製品開発により，本革の質感を再現したアームレストがマツダのアクセラに搭載された[25]．

マツダの2010年度における販売台数は119万台，連結営業利益95億円であった．マツダアドバンスメントプランで掲げた販売台数年間160万台以上，連結営業利益2000億円以上という業績目標を達成することはできなかった．2008年9月のリーマン・ブラザーズの経営破綻を契機とした経済危機によって，自動車需要が減少し，円高が急激に進んだためである．リーマンショックへの対応について，マツダは，「短期的には生産・販売・開発の全ての領域で緊急対策を実施」し，「中長期的には，引き続き，モノ造り革新を中心とする構造改革を加速し，ブランド価値とビジネス効率の向上に注力」するとした[26]．

リーマンショック以降の需要縮小と円高という経営環境のなかで，マツダは2012年に「構造改革プラン」を策定した．このプランは，モノづくり革新を継続しつつ，グローバル化を積極的に進めることを意図したものであった．業績目標としては，2016年3月期に販売台数年間170万台以上，連結営業利益1500億円以上が掲げられた．構造改革プランで提示された具体的な施策は，①スカイアクティブによるビジネス革新，②モノ造り革新によるさらなるコスト改善の加速，③ 新興国事業強化とグローバル生産体制の再構築，④ グローバルアライアンスの推進であった．①スカイアクティブは2012年2月のCX-5が第一弾であり，全販売台数に占めるスカイアクティブ技術搭載車の比率を2016年3月期に80％まで拡大する計画が示された．③ 新興国事業強化策とは，中国の販売店舗拡大，ロシアでの合弁会社設立，タイのオートアライアンス（タイランド）の生産能力拡大，メキシコの車両組立工場建設などであった．④ グローバルアライアンスの推進としては，まずトヨタからのハイブリッドシステムの技術ライセンス供与があげられ，フォードとの共同生産は様々なアライアンスの1つとして位置付けられた[27]．

2016年3月期の決算は，販売台数約153万台と目標を達成できなかったものの，連結営業利益約2268億円と大幅に目標を上回った．マツダが高い収益性を実現できた一因は，スカイアクティブ技術によってCX-5以降の新世代商品群の魅力を高め，モノづくり革新によってコスト低減を成功させたことにあったと考えられる．

(3)　トヨタとの業務資本提携

2015年5月13日，マツダとトヨタは分野を限定しない広範な協力関係の構築に向けた基本合意に達したことを発表した[28]．その後，両社は2年間に渡る協議をおこない，2017年8月4日，業務資本提携に関する合意書を締結した．業務提携の具体的な内容は，① アメリカでの完成車の生産合弁会社の設立，② EVの共同技術開発[29]，③ コネクティッド・先進安全技術を含む次世代の領域での協業，④ 商品補完の拡充の4点であった．これらの提携がマツダにとって持つ意味を考えると，まずアメリカでの完成車工場であるが，マツダにとって中国に次ぐ市場であるアメリカに完成車工場を有しておらず[30]，貿易摩擦が懸念されるアメリカでの現地生産となる．次にEVやコネクティッドに関する技術開発であるが，これらの研究開発に必要な資金は莫大な額になっており，マツダが単体で負担することは難しかったと考えられる．さらに，商品補完については，経営資源に制約のあるマツダにとっては得意分野に経営資源を集中できるというメリットがある[31]．

トヨタは，なぜ，マツダを提携相手として選択したのだろうか．トヨタにとっては，マツダからスカイアクティブ技術の供与を受けることで，ガソリン車とディーゼル車の燃費を改善することが期待できた[32]．先進国におけるEVシフトが注目を集めているが，しばらくはICV（内燃機関自動車）が主流であると考えられており，マツダの内燃機関技術はトヨタにとっても魅力であろう[33)]．また，商品群の相似形を追求することによって低コストを実現するという開発手法から学ぶこともあると考えられる．さらに，しばらくは少量生産が続くとみられるEVにおいては，混流生産を得意とするマツダの生産技術の活用可能性もある．EVは，市場拡大するまでにまだ時間がかかると予測され，1車種の年間販売台数が10万台以下になることが多いと考えられている．そのため，混流生産による多品種変量生産を得意とするマツダへの期待がある．

2．三菱自の経営展開

(1)　ダイムラー＝クライスラーとの提携解消

2000年7月28日，三菱自は，ダイムラー＝クライスラーとの提携に関する契約締結を発表した．ダイムラー＝クライスラーは，三菱自が発行する新株を引き受け，三菱自に対する34%の出資が決定した．ダイムラー＝クライスラーは三菱自の筆頭株主となった．提携の柱とされた協業プロジェクトは，三菱自の小型車技術を活かした小型車の共同開発であった．この小型車はNetherlands Car B.V.において，2004年から年間約25万台を共同生産することが計画された．また三菱自は，北米や欧州の自動車販売において，ダイムラー＝クライスラーの金融サービス子会社を活用した．提携の狙いは，三菱自はグローバルな事業拡大を推進することであり，ダイムラー＝クライスラーはアジア全域での事業基盤を強化することであった[34)]．

三菱自は，ダイムラー＝クライスラーとの提携を契機に，外注指導部門の廃止，協力会である柏会の解散など，グローバルな部品調達を推進した．さらに，水島製作所にあった一部の部品調達権や開発部門の分室を岡崎製作所に一本化した．1990年代から2000年代においては，京都製作所にいた三菱自のエンジン関係の開発スタッフの大部分が岡崎製作所（当時は名古屋製作所）へ集約された[35)]．三菱自は，開発部門を集約することで，新車開発のスピードアップを図ったのであった．一方で，三菱自の生産拠点として大きな役割を果たしたのは，戦後に小型三輪を生産し，その後は主に軽自動車を生産した水島製作所であった．水島製作所に供給する三菱自系の部品企業にとっては，三菱自の開発拠点が岡崎製作所へ集約されたため，自動車部品の開発能力を強化する場が失われ

表1-2　三菱

氏名	入社→主な経歴
園部孝	新三菱重工業入社 → 三菱自動車入社（1970年）
ロルフ・エクロート	ダイムラー・ベンツ・アーゲー入社 → ダイムラークライスラー・レイルシステムズ・ゲーエムベーハー プレジデント
宇佐美隆	三菱日本重工業社 → 三菱自動車入社（1970年）
スティーブン・エー・トーロック	クライスラー・コーポレーション → ダイムラー・クライスラー・コーポレーション シニアバイスプレジデント
ウルリッヒ・ヴァルキャ	ダイムラー・ベンツ・アーゲー → ダイムラー・クライスラー・アーゲー シニアバイスプレジデント
緑川淳二	三菱重工業 → 三菱自動車入社（1970年）
矢島弘	三菱重工業 → 三菱自動車入社（1970年）
谷正紀	三菱重工業 → 三菱自動車入社（1970年）
マンフレッド・ビショフ	ダイムラー・ベンツ・アーゲー → ダイムラー・クライスラー・アーゲー マネージメントボードメンバー
西岡喬	新三菱重工業 → 三菱重工業取締役社長
佐々木幹夫	三菱商事 → 三菱商事取締役社長
岩國頴二	不明 → フォード自動車（日本）取締役社長
橋本圭一郎	三菱銀行 → 東京三菱銀行本部審議役
ルーディガー・グルーペ	メッサーシュミット ベルコーブローム → ダイムラー・クライスラー・アーゲー マネージメントボードメンバー
岡崎洋一郎	三菱重工業 → 三菱重工業取締役
古川洽次	三菱商事 → 三菱商事取締役・副社長執行役員
多賀谷秀保	三菱自動車 → 三菱自動車経営戦略室戦略企画室チームリーダー
市川秀	三菱銀行 → 千代田化工建設専務取締役
貴島彰	三菱重工業 → 三菱自動車入社（1970年）
張不二夫	三菱自動車販売 → 三菱自動車入社（1984年）
益子修	三菱商事 → 三菱商事自動車事業本部長
エクハート・コーデス	ダイムラー・ベンツ・アーゲー → ダイムラー・クライスラー・アーゲー マネージメントボードメンバー
安東泰志	三菱銀行 → フェニックス・キャピタル代表取締役
春日井霹	三菱重工業 → 三菱重工業工作機械事業部長
前田眞人	三菱重工業 → 三菱自動車入社（1970年）
青木則雄	三菱重工業 → 三菱重工業本部副事業部長
春成敬	三菱商事 → 三菱商事自動車事業本部自動車第二部長
相川哲郎	三菱自動車 → 三菱自動車乗用車開発本部 A&B 開発センター長
矢嶋英敏	日本航空機製造 → 島津製作所代表取締役・会長
橋本光夫	三菱重工業 → 三菱自動車入社（1970年）
菊池一之	三菱商事 → 三菱商事自動車事業本部副本部長
青砥修一	三菱重工業 → 三菱重工業相模原製作所企画経理部長
松本伸	三菱自動車 → 三菱自動車水島製作所組立工作部長
太田誠一	三菱自動車 → 三菱自動車乗用車開発本部エンジン設計部長
黒田浩	三菱自動車 → 三菱自動車乗用車開発本部ボデー設計部長
上杉雅勇	三菱自動車 → 三菱自動車商品戦略本部長
二木史郎	三菱自動車 → 三菱自動車生産統括部門長
中尾龍吾	三菱自動車 → 三菱自動車開発統括部門長
福田滝太郎	三菱自動車 → 三菱自動車品質統括部門長
服部俊彦	三菱自動車 → 三菱自動車アジア・アセアン本部長
泉澤清次	三菱重工業 → 三菱重工業技術本部技術企画部長
坂本春生	通商産業省 → 通商産業省大臣官房企画室長
田畑豊	三菱銀行 → 東京三菱銀行営業審査部次長
安藤剛史	三菱自動車 → MMTh 取締役副社長
宮永俊一	三菱重工業 → 三菱重工業取締役・社長
新浪剛史	三菱商事 → ローソン代表取締役・社長
山下光彦	日産自動車 → 日産自動車取締役・副社長
白地浩三	三菱商事 → 三菱商事執行役員・自動車事業本部長
池谷光司	三菱銀行 → 三菱東京 UFJ 銀行専務執行役員・営業第一本部長
小林健	三菱商事 → 三菱商事取締役・社長
役員数（a）	
うち，三菱自（b）	
うち，ダイムラー（c）	
うち，三菱重工業（d）	
うち，三菱商事（e）	
うち，三菱銀行（f）	
三菱自比率（b÷a）	
ダイムラー比率（c÷a）	
三菱グループ比率（(d+e+f)÷a）	

出所）三菱自動車工業株式会社『有価証券報告書』各年版より筆者作成.

自の役員組織

2001年	2002年	2003年	2004年	2005年	2006年	2007年	2008年	2009年
取締役社長	取締役会長	→						
取締役執行副社長	取締役社長	→						
取締役執行副社長 取締役 取締役 取締役 取締役 取締役 取締役 取締役 取締役	→ 取締役執行副社長 取締役執行副社長 取締役執行副社長 → → → → 取締役	 → → → → → 取締役執行副社長 取締役執行副社長 取締役	 → → → 取締役会長 取締役副会長	 取締役会長 → →	 → →	 → →	 → →	 → →
			取締役社長					
			常務取締役 常務取締役 常務取締役	→ →	→ →	→ →	→ 	→
			常務取締役	取締役社長	→	→	→	→
			取締役 取締役	 取締役副社長 常務取締役 常務取締役 常務取締役	 → → → →	 → → → →	 取締役副社長 →	 → →
				常務取締役	→	→	→	→
				取締役	→ 常務取締役	→ → 常務取締役	→ → → 取締役 取締役 取締役 取締役	→ → → → → → 取締役
11	11	10	12	12	12	13	14	14
5	4	1	3	3	4	3	6	6
4	4	5	2	1	0	0	0	0
1	1	1	2	3	3	3	2	2
1	1	1	3	3	3	5	4	4
0	0	1	2	1	1	1	1	1
45.5%	36.4%	10.0%	25.0%	25.0%	33.3%	23.1%	42.9%	42.9%
36.4%	36.4%	50.0%	16.7%	8.3%	0.0%	0.0%	0.0%	0.0%
18.2%	18.2%	30.0%	58.3%	58.3%	58.3%	69.2%	50.0%	50.0%

表 1-2　三菱自の役員組織（続き）

氏名	2010年	2011年	2012年	2013年	2014年	2015年	2016年
園部孝							
ロルフ・エクロート							
宇佐美隆							
スティーブン・エー・トーロック							
ウルリッヒ・ヴァルキャ							
緑川淳二							
矢島弘							
谷正紀							
マンフレッド・ビショフ							
西岡喬	→	→	→	→			
佐々木幹夫	→	→	→	→	→	→	
岩國顕二							
橋本圭一郎							
ルーディガー・グルーベ							
岡崎洋一郎							
古川洽次							
多賀谷秀保							
市川秀	取締役副社長	→	→	→			
貫島彰							
張不二夫							
益子修	→	→	→	→	取締役会長兼 CEO	→	→
エクハート・コーデス							
安東泰志							
春日井霹							
前田眞人	→						
青木則雄							
春成敬	→	取締役副社長	→	→	→	→	
相川哲郎	→	→	→	→	取締役社長兼 COO	→	
矢嶋英敏	→	→	→	→			
橋本光夫							
菊池一之							
青砥修一	常務取締役	→	→	→	→	→	
松本伸							
太田誠一	→	常務取締役	→				
黒田浩	→						
上杉雅勇	常務取締役	取締役副社長	→	→	→	→	
二木史郎	取締役						
中尾龍吾		取締役	→	常務取締役	取締役副社長	→	
福田滝太郎		取締役	→				
服部俊彦				取締役	→	→	取締役専務執行役員
泉澤清次				取締役	→	→	
坂本春生				取締役	→	→	→
田畑豊					常務取締役	→	
安藤剛史					取締役	→	取締役専務執行役員
宮永俊一					取締役	→	→
新浪剛史					取締役	→	→
山下光彦							取締役副社長執行役員
白地浩三							取締役副社長執行役員
池谷光司							取締役副社長執行役員
小林健							取締役
役員数（a）	13	12	12	13	14	14	10
うち，三菱自（b）	6	5	5	5	5	5	2
うち，ダイムラー（c）	0	0	0	0	0	0	0
うち，三菱重工業（d）	2	2	2	2	3	3	1
うち，三菱商事（e）	3	3	3	3	4	4	4
うち，三菱銀行（f）	1	1	1	1	1	1	1
三菱自比率（b÷a）	46.2%	41.7%	41.7%	38.5%	35.7%	35.7%	20.0%
ダイムラー比率（c÷a）	0.0%	0.0%	0.0%	0.0%	0.0%	0.0%	0.0%
三菱グループ比率((d+e+f)÷a)	46.2%	50.0%	50.0%	46.2%	57.1%	57.1%	60.0%

出所）三菱自動車工業株式会社『有価証券報告書』各年版より筆者作成.

た．この頃，三菱自は，自社への依存度の高い水島製作所周辺の部品企業に対し，三菱自への依存度を4割以下に抑えるよう指導した[36)]．三菱自の指導により，水島製作所近隣の三菱自系の部品企業は，三菱自への依存からの脱却を意識することになった[37)]．

三菱自は，2003年1月にトラック・バス事業を分社化し，三菱ふそうトラック・バス株式会社（以下，三菱ふそう）を設立することで経営資源を乗用車事業へ集中させた．そして，2003年3月に三菱ふそう株式の43%をダイムラー＝クライスラーへ，15%を三菱グループに売却した．さらに，2004年3月に22%，2005年3月に20%の三菱ふそうの株式をダイムラー＝クライスラーへ売却し，三菱自は三菱ふそうとの資本関係を解消した．当時の三菱自動車工業社長兼CEOのロルフ・エクロート氏は，三菱ふそう株の売却によって得られる資金で乗用車開発への投資を強化すると発表した[38)]．

しかし，三菱自とダイムラー＝クライスラーの提携は，三菱自の2000年と2004年の二度に渡るリコール隠しが一因となり，2005年11月に解消された．三菱自の北米事業が失敗したことも提携解消の一因であった．三菱自は，3つのゼロキャンペーン（頭金ゼロ・金利ゼロ・購入半年まで支払いゼロ）を行なっていたが，資金回収に失敗したため，多額の金融支援が必要となったのである．ダイムラー＝クライスラーは支援を打ち切り，経営再建は三菱グループに託された[39)]．2005年以降，三菱重工業，三菱商事，三菱東京UFJ銀行（当時）のいわゆる三菱御三家が大株主の地位を占めた[40)]．

三菱自の経営再建は，三菱グループに委ねられた．**表1-2**は，監査役を除いた取締役の構成員の推移を示したものである．社長を確認すると，2001年は三菱重工業から独立した1970年から三菱自にいた園部孝氏であった．ダイムラー＝クライスラーとの提携期だった2002～2003年は，ダイムラー＝クライスラー出身のロルフ・エクロート氏（元ダイムラー＝クライスラー・レイルシステムズ・ゲーエムベーハー プレジデント）が社長をつとめた．2004年は三菱自出身の多賀谷秀保氏，2005～2013年は三菱商事出身の益子修氏，2014～2016年は三菱自出身の相川哲郎氏であった．燃費不正問題の責任を取って相川氏が辞任したため，2016年6月以降は益子修氏が再び社長をつとめている．次に取締役をみると，ダイムラー出身者が取締役に占める比率（ダイムラー比率）は，2001～2002年に36.4%，2003年には50%を占めたが，2004年に16.7%，2005年には8.3%と低下し，2006年には0%になった．ダイムラー出身者が減る一方で，三菱重工業，三菱商事，三菱東京 UFJ 銀行の出身者が増加した．三菱自を除いた三菱グループ出身者が取締役に占める比率（三菱グループ比率）は，2001 年には 18.2％であったが，2003 年に 30.0％，2004 年に 58.3％と上昇し，それ以降は 50～60％程度で推移した．ダイムラー＝クライスラーが筆頭株主であった頃は，ダイムラー＝クライスラー出身者が社長であり，取締役も少なくなかった．提携解消後は，三菱グループの持株比率と役員数が増加した．

(2)　三菱自の経営再建

2005 年 1 月 28 日，三菱自は「三菱自動車再生計画」を発表した．前年の 2004 年 5 月 21 日に事業再生計画を発表したばかりであったが，リコール問題の影響による販売台数の低下は著しく，経営成績が悪化していた．そのため，事業再生のために確保していた資金を有利子負債等の返済に充当せざるを得ない状況となり，三菱自は深刻な資金不足に陥った．追加対策が不可欠となった三菱自は，新たな経営計画を発表したのであった[41]．

リコール隠しを契機とした経営再建の局面において，その後の三菱自に大きな影響を与えた意思決定がなされた．第 1 に，EV 商品化の決定である．三菱自において当時開発本部長を務めた吉田裕明氏によれば，ダイムラーとの提携中，研究機能はダイムラー＝クライスラーに集約され，三菱自は量産開発への注力を余儀なくされていた．そのため，ダイムラー＝クライスラーとの提携解消後，三菱自には研究部門の人員がほとんど残っていなかった．そこで，これまで続けてきたリチウムイオン二次電池と永久磁石式同期モーターの技術蓄積を活かすことのできる EV 開発が決定された[42]．第 2 に，日産との提携の深化である．三菱自動車再生計画では，2003 年に開始した OEM 供給を拡大させることが決められた[43]．日産への OEM 供給は，リコール隠しによって自社ブランドでの販売が苦しい状況において，国内生産拠点の稼働率を高める効果が期待された．第 3 に，プラットフォームの削減と共通化である．この頃，15 あったプラットフォームを 2010 年度までに 6 まで削減することが発表された．その方法の 1 つとして，プラットフォームの共通化が推進された．2005 年以降に発売されたアウトランダー，ランサー，ギャラン，デリカのプラットフォームは，基本的に同じであった．経営再建を目指すなかで莫大な投資を実現することはできないため，プラットフォームの整理を行なったのであった．プラットフォームの共通化は，生産拠点間の車種移管を容易にすることにもつながった．[44] 第4に，常務取締役・商品開発本部長に就任した相川哲郎氏が，三菱らしいクルマの開発を提唱し，ランサーエボリューションに代表されるスポーツの要素と，パジェロに代表されるSUVを三菱自再建の旗印として掲げたことである．三菱自は，2006年度には当期利益で黒字化を実現し，三菱自動車再生計画で2006年度に掲げた目標を達成した．収益改善の理由としては，プラットフォームを共通化した車種の販売台数拡大と日産へのOEM供給による国内生産拠点の稼働率向上があげられる．[45]

2008年2月29日，三菱自は，中期経営計画「ステップアップ2010」を発表した．ステップアップ2010で掲げた販売台数や業績目標は，同年に発生したリーマンショックの影響で達成できなかった．しかし，経営再建のプロセスで決定した戦略は継続して採用された．電気自動車i-MiEVの投入，世界戦略車としてのSUVの投入，日産との合弁会社設立の合意などである．i-MiEVは，2009年に販売開始された世界初の量産型EVである．EVの主要部品であるリチウムイオン二次電池，モーター，インバーターについては，三菱自は素材・部品企業と共同で専門チームを結成してコスト低減を実現した．[46] 世界戦略車としてのSUVとは，新型SUVのパジェロスポーツ，新型SUVのRVRである．日産との合弁会社とは，軽自動車の企画・開発を担うNMKVのことである．[47]

2011年2月29日，三菱自は，中期経営計画「ジャンプ2013」において，2013年度の業績目標として売上高2兆5000億円，営業利益900億円を目指すことを発表した．ジャンプ2013において「戦略の核」の1つとして位置づけられたのが，環境対応への経営資源の集中であった．三菱自は，EVとPHV（プラグインハイブリッド車）の開発を加速し，2015年度までに8車種を投入する計画を発表した．[48] 取締役の中尾龍吾氏は，「軽自動車や小型車はEV，SUVのような重量のある車はPHVを展開する」と述べた．[49] 2011年にはミニキャブMiEV，2012年にはミニキャブトラックMiEVが水島製作所で生産開始され，水島製作所は2012年にEVの生産累計3万台を達成した．[50] i-MiEVの生産拠点として水島製作所が選択された理由は，水島製作所で生産していたiの生産ラインを活用することができたからである．iはリアエンジンであるため前方にスペースがあり，EVのバッテリーやモーターを載せるレイアウトに適していた．また，日産のようにEV専用プラットフォームを開発・生産するだけの経営資源の余裕がなかったことも，三菱自において既存の生産ラインにおける混流生産が選択された一因であった[51]. 2013年に発売された世界初のSUVタイプのPHVであるアウトランダーPHEVは岡崎製作所で生産された. 岡崎製作所では, アウトランダー, アウトランダーPHEV, RVRの混流生産が行われた.

NMKVは2011年6月に設立された. NMKVの資本金は1000万円で, 出資比率は日産50%, 三菱自50%であった. 三菱自は, 日産から軽自動車の生産を受託することで工場の稼働率向上を実現したのであった[52]. 軽自動車の組立ラインは, 搬送ピッチが普通車と異なるなど独自の特徴を有している. そのため, 軽自動車の受託生産は水島製作所が担った[53]. NMKVでは, 日産の購買力を活用することでより安く製造することが目指された. 具体的には, カルソニックカンセイがカーエアコンを受注するなど日産を主な供給先とする部品企業約15社の製品が新規で採用され[54], コストの安い海外製部品の採用割合が30%まで高められた[55]. 部品調達網の再構築は, 三菱自のコスト競争力を高めることに貢献したと考えられるが, 三菱自の地場部品企業にとっては受注量の減少につながった[56].

三菱自の2013年度の決算は, 売上高2兆934億円, 営業利益1234億円であった. 売上高の目標こそ達成できなかったものの, 営業利益, 経常利益, 当期純利益において過去最高益を更新し, 利益目標も達成することができた. グローバル販売台数の約6割はピックアップトラックとSUVであった[57]. ピックアップトラックとSUVの生産においては, 約42万台の生産能力（2018年）を有するミツビシ・モーターズ・タイランド（以下, MMTh）が大きな役割を果たした[58]. 1987年に発足したMMThは, 1995年にピックアップトラックの生産を集中的に行なう拠点となった. その後, 1997年のアジア通貨危機を契機に輸出拠点として成長してきた[59]. 現在のMMThは, SUVのパジェロスポーツ, ピックアップトラックのトライトンなどを生産している.

(3)　日産との資本業務提携

三菱自は, 2013年11月6日, 中期経営計画「ニューステージ2016」を発表した[60]. 2016年度の業績目標は, 売上高2兆3500億円, 営業利益1400億円であった. しかし, 三菱自の2016年度の決算は, 売上高1兆9066億円, 営業利益51億円であり, ニューステージ2016の数値目標を達成することはできなかった. その大きな要因は, 軽自動車の共同開発で合意していた日産から燃費に関する指摘を受け[61]，三菱自と日産の合同再試験を実施したことで燃費不正が発覚したからである．2016年4月に公表した燃費不正を契機に，三菱自の国内販売台数は急激に減少した．

2016年5月12日，三菱自は，日産と資本業務提携に関する基本合意書の締結を結んだことを発表した．三菱自は，日産との提携によって，将来の競争力に対する資本市場からの信頼を回復できること，不正行為を行なった開発部門の意識改革が期待できること，商品力を強化するとともに高付加価値部品などの購買を強化することができると述べた．三菱自は，日産に対して総議決権数の34%にあたる株式を発行し，その傘下に入った[62]．

日産は，なぜ三菱自を傘下に組み込んだのだろうか．日産と三菱自の関係は，少なくとも2003年まで遡ることができる．2003年3月，日産は三菱自から軽商用車のOEM調達において基本合意に達した．日産は，国内販売をテコ入れするために2002年4月にスズキから軽乗用車のOEM調達を開始し，軽自動車事業に参入した．国内市場における軽自動車需要のさらなる高まりのなかで，スズキの余力がなくなっていたため，日産は三菱自からの軽商用車の調達を決定したのであった[63]．その後も，日産は国内市場向けに三菱自からの軽自動車のOEM調達を拡大していった．さらに日産は，NMKVを通じて軽自動車の商品企画とデザインへの関与を深めていった．2013年11月には，スズキからの軽乗用車のOEM調達を打ち切り，日産が軽自動車の自社生産を開始することが発表された．日産の狙いは，国内市場の約4割を占める軽自動車の販売台数を増加させること，また新興国における燃費規制の強化を背景に小型車の需要が世界的に高まることが予測されたため，小型車の生産ノウハウを蓄積することであった[64]．日産にとって三菱自は，自社ブランドの軽自動車を一定のコスト競争力で生産してくれる企業であり，国内市場で出遅れていた軽自動車事業の提携相手として無くてはならない存在であった[65]．

また日産にとっては，三菱自の東南アジア事業も魅力であった．2012年7月，日産は，東南アジア市場での販売台数を約3倍の50万台に引き上げること，市場シェアを15%以上に拡大する計画を発表した．2010年頃の日産は，トヨタだけでなく，ホンダや三菱自よりも東南アジアでの市場シェアが小さかった[66]．東南アジアで優位に立つトヨタを追撃するうえで，日産は三菱自をグループ傘下に収める強い誘因があった．日産は，（たった）約2370億円で三菱自の発行済株式の34%を取得し，その結果グループの生産台数を百数十万台上乗せするのみならず，不得意としていた東南アジア市場を手に入れることに成功したのであった．

三菱自の東南アジア事業においては，三菱商事の果たしている役割が小さくない．2017年4月に生産を開始した三菱自のインドネシア子会社の出資構成は，三菱自51%，三菱商事40%，現地企業9%である．アジアでの輸入販売や金融面での支援をしてきた三菱商事は，積極的に自動車事業へと進出している．さらに2018年3月21日，三菱商事は，三菱自への株式公開買い付けの成立を発表し，三菱自への出資比率を9.24%から20%へ高めた．これにより三菱自に対する出資比率が最も高い三菱グループの企業は，三菱重工業から三菱商事へと移った．日産の傘下に入ってからも三菱商事との関係が強化されたのは，以上の背景に基づいている．

小　　括

マツダと三菱自が外資依存から脱却し，競争力を構築したプロセスをまとめよう．まず，外資依存からの脱却である．マツダの場合は，フォードの経営悪化が直接的な要因であった．一方で三菱自は，ダイムラー＝クライスラーが三菱自のリコール隠しを嫌ったことが大きな要因であった．そういう意味では，マツダと三菱自の両社ともに，能動的に外資による支配から逃れたというより，支配企業側の論理で関係が解消されたといえよう．

外資との提携関係が失われ，両社は競争力を再構築する必要に迫られた．中堅完成車企業である両社は，大手完成車企業と比べて経営資源の制約が大きい．両社の競争力構築は，環境技術について選択と集中を実行する一方で，提携によって資源補完をすることで実現された．まず環境技術の選択と集中であるが，マツダは内燃機関を磨き上げ，ICV（内燃機関車）に特化した．トヨタとホンダがHV，三菱自がEVの技術開発を推進している状況のなか，HV・EV開発で追いかけるのではなく，内燃機関の燃費効率を極限まで高めることを選択したのであった[67]．一方，三菱自は電動車（EV，PHEV）に特化した．三菱自は，ダイムラーとの提携解消後，研究部門の人員がほとんど残っていないなか，これまで続けてきたリチウムイオン二次電池と永久磁石式同期モーターの技術蓄積を活かせる電動車の開発を選択したのであった[68]．

提携による資源補完であるが，マツダはトヨタとの関係を深めてきた[69]．内燃機関を選択したマツダは，ハイブリッドシステムをトヨタから調達し，相対的に手薄になったEV開発においてもトヨタと協力している．さらに，貿易摩擦が懸念されるアメリカにおいてトヨタとの生産合弁会社の設立を実現し，莫大な資金が投じられている先進安全技術についてもトヨタとの連携を選択した．一方で三菱自は，2003年以降，主に軽自動車において日産との関係を深めてきた．2011年に設立したNMKVでは，軽自動車の部品調達において日産の購買力を活用した．2016年の資本業務提携以降は，購買だけでなく研究開発においても日産への依存を高めている．また三菱自は，東南アジアでの事業活動において三菱商事の支援を受けてきた．新興国を中心に需要が爆発的に増加し，電動化や自動運転など技術の戦線が拡大するなか，技術選択と提携による資源補完は重要な経営課題であった．

両社の新車開発，生産，部品調達については，共通点と相違点をみてとることができる．新車開発について，マツダはコモンアーキテクチャ構想に基づいた一括企画を実行した．全ての車種で共通する固定部分を作るとともに，車種ごとに変動する部分を残すことで，商品群の相似形を追求したのであった．マツダは，初期開発にかかる費用は大きいが，個別の製品の独自性を高い水準で維持することを重視した．一方，三菱自は，プラットフォームの共通化によって開発費を抑えた．三菱自は，個別の製品の独自性は低くなるものの，開発費を抑えることを重視したのであった．なぜ，両社は異なる開発アプローチを選択したのだろうか．1つの理由として，競争力を再構築するタイミングにおいて両社が置かれていた状況の違いを指摘することができる．マツダは，フォード傘下にありながらもモノ造り革新に着手しており，着々と競争力を構築していた．三菱自は，研究開発機能をダイムラー＝クライスラーに取り上げられた状況で提携関係が解消され，さらには北米事業の失敗によって資金的余裕がないなかでの再出発とならざるをえなかった．こうした条件の違いが，マツダに積極的な研究開発を選択させることを可能にした一方で，三菱自にコスト削減を優先させる戦略を選択させたと考えられる．

生産方式については，両社ともに混流生産を進化させてきた．マツダは，車種を相似形にしたことで，高効率な多品種変量生産を実現した．さらに，地場部品企業に計画順序生産を徹底させることで，在庫削減，順序替え工数ロス撲滅，リードタイム短縮といった効果を実現した．三菱自は，水島製作所においてｉとi-MiEVを，岡崎製作所においてアウトランダーとアウトランダー

PHEV を混流生産できるようにしてきた．個別車種の販売台数が大量であれば専用ラインを構築することが経済合理的であるかもしれないが，両社にとっては，需要の変動に柔軟に対応できる混流生産の方がより効率的であったと評価できる．

部品調達については，マツダは，フォード傘下にあったときも地場部品企業との取引関係を維持し，その後も地場部品企業を重視した．広島にはマツダの生産拠点ばかりでなく開発拠点もあるため，地場部品企業とのコミュニケーションは容易である．マツダを最重要顧客と考え，貢献しようという意欲の強い地場部品企業も多い．現時点でのマツダの地場部品企業からの調達比率は，金額ベースで 40％弱である．モノ造り革新の実現において地場部品企業の協調的な関係が役立ったように，マツダにとって地場部品企業は重要な存在である．一方，三菱自は，ダイムラー＝クライスラーとの提携の際にグローバルな部品調達を推進し，提携解消後も，海外からの部品調達を増やしてきた．開発拠点を岡崎に統合したことで，岡山で地場部品企業とともに新しい付加価値を議論する場が失われた．リコール隠しや燃費不正問題も重なり，地場部品企業は多大な影響を受けてきた．現時点の三菱自・水島の地場部品企業からの調達比率は金額ベースでわずか７～８％である[70]．オープンな部品調達を志向する三菱自は，日産の傘下に入ることで 2017 年以降は購買業務を統合し，よりグローバルでオープンな調達へと移行している．

グローバル企業である両社と地域経済は，どのように共生していけるのだろうか．両社は，地域経済にとっては少なくない影響を与えるが，グローバルな自動車市場のなかでは相対的に規模の小さい完成車企業である．両社は，生き残るため，投資する技術や提携先を見極め，開発，生産，調達を進化させてきた．両社に対し，コストなどを度外視して地域経済を優先させることを要求することは困難であろう．地域経済には，両社の戦略を十分に理解したうえでその競争力構築に貢献するという視点が求められよう．

注

1）三菱自については，なぜ不正を行ってしまったのかという観点から過去を振り返ることも重要であると考えるが，本章の議論はそうした問題意識に基づいたものではない．不正の経緯を整理したものとして，日経ビジネス・日経オートモーティブ・日経トレンディ編［2016］が参考になる．

2）各社ニュースリリース参照.

3）フォーイン［2016］参照.

4）フォード傘下以降のマツダを対象とした研究としては，2000年代前半におけるマツダの購買活動とサプライヤーの対応を論じた山崎［2005］，1990年代後半から2000年代前半におけるマツダのグループ再編を論じた山崎［2006］，コモンアーキテクチャーの特徴を論じた目代・岩城［2013］があげられる．ダイムラー＝クライスラー傘下入り以降の三菱自を対象とした研究としては，生産システムの柔軟性を論じた富野［2002］，2000年代前半の企業統治を分析した吉田・ビーブンロット［2006］があげられる.

5）完成車企業の競争力については深層の競争力を分析する立場が有力であるが（藤本［2003]），そこまで踏み込んだ分析を行なうことはできなかった．本章では，外資に依存していた両社が経営成績を改善し，自動車産業において存続しているという点に着目して，競争力構築という言葉を使用している.

6）マツダの海外生産比率が低かった要因としては，フォードとの提携関係が一因となり，自律的な海外展開を行うことができなかったこと，国内生産を重視していることが挙げられる．現在も，国内生産90万台というコミットメントを掲げている（2017年9月19日におけるマツダへのヒアリングにもとづいている).

7）2003年の海外生産比率は，トヨタ43%，マツダ23%であった（各社プレスリリースなど参照).

8）ただし，2000年代において三菱自の海外生産比率は高まらず，50%程度で推移した．三菱自は，中国，タイ，ロシアでの生産能力を拡大したが，オーストラリア，アメリカ，オランダから撤退したためである.

9）完成車企業の研究開発費においてプラットフォームの開発にかかる費用が占める割合は大きい（2018年9月18日におけるマツダへのヒアリングにもとづいている).

10）三菱自動車エンジニアリングは，1977年に設立された三菱自の100%子会社である．三菱自から委託を受け，自動車の設計や開発，実験などを行なっている．三菱自動車エンジニアリングは，燃費不正問題の対象となった軽自動車について，その開発を担っていた（特別調査委員会［2016］参照).

11）三菱電機の総売上高に占める三菱自への売上高は1%程度であり（アイアールシー［2017］，p. 272参照），三菱電機の研究開発活動は三菱自のためだけに行われているわけではない.

12）インパテック株式会社［2017］，p. 49，p. 90，p. 143参照.

13）三菱自における2004年3月期の固定比率の急激な減少は，後述する北米事業の失敗が一因であった．三菱自は，北米において多額の資金回収に失敗したため，多額の貸倒損失が発生したのであった.

14)「金井会長が語るマツダ変革への挑戦 vol. 3」『日経ビジネス』日経 BP，2018 年 3 月 5 日，p. 66 参照.

15) マツダ株式会社『アニュアルレポート』各年版参照.

16)「金井会長が語るマツダ変革への挑戦 vol. 3」前掲，pp. 66-69 参照.

17) 宮本［2015]，pp. 82-100 参照.

18) 2016 年 10 月 11 日における東友会協同組合，2017 年 9 月 19 日におけるマツダへのヒアリングにもとづいている.

19) マツダ株式会社「2004 年度上期，大幅増収増益」ニュースリリース第 1795 号，2004 年 11 月 9 日参照.

20)「金井会長が語るマツダ変革への挑戦 vol. 4」『日経ビジネス』日経 BP，2018 年 3 月 12 日，pp. 72-75 参照.

21) マツダ OB 提供資料（2010 年 8 月提供).

22)「Zoom-Zoom」というコンセプトは，2000 年にマツダのブランドイメージを検討する際に出てきた（「金井会長が語るマツダ変革への挑戦 vol. 1」『日経ビジネス』日経 BP，2018 年 2 月 19 日，pp. 60-63 参照).

23) 宮本［2015]，pp. 100-105 参照.

24) 前田育男氏の就任以後，マツダのデザインは極めて高い評価を得た．例えば，4 代目のロードスターは，「2016 ワールド・カー・オブ・ザ・イヤー」と「2016 ワールド・カー・デザイン・オブ・ザ・イヤー」を受賞した．CX-3 は，「カースタイリング カーデザイン大賞」を受賞し，「2016 ワールド・カー・デザイン・オブ・ザ・イヤー」のファイナリストに選ばれた（日経デザイン・廣川［2017])．マツダ車のブランドを高めるうえでは，2014 年 7 月 31 日に公表された新世代店舗も貢献したと考えられる．新世代店舗は，マツダのデザイン本部が監修したもので，黒と木目によって高級感が演出されている．2017 年 9 月末の時点で，118 店が新世代店舗であった（『日経速報ニュースアーカイブ』2017 年 10 月 25 日参照).

25) アイデアのたねを発掘する段階では，グラスやアクセサリーなどの製作もおこない，製品開発のヒントを得る．コンセプトを立案する段階では，簡易形状で様々な色を試すことや，製品形状で色の確認を行なった（南条装備工業株式会社提供資料（2017 年 6 月 28 日）参照).

26) マツダ株式会社『アニュアルレポート』2009 年 3 月期参照.

27) マツダ株式会社『アニュアルレポート』2012 年 3 月期参照.

28)『日本経済新聞』朝刊，2015 年 5 月 14 日，p. 3 参照.

29) 2017 年 9 月 28 日，マツダは，トヨタとデンソーとともに EV に関する新会社設立を発表した．社名はEVシー・エー・スピリットであり，出資比率は，トヨタ90%，マツダ5%，デンソー5%である．技術者は40人程度であり，EVの基盤技術の共同開発を始める．(『日本経済新聞』朝刊，2017年9月29日，p.15参照)．

30）マツダは，1984年11月にアメリカのミシガン州での生産を決定し，1987年に操業を開始した．しかし，1990年代後半以降に稼働率の低下が深刻となり，2011年に撤退した．アメリカへの進出と撤退については，菊池［2017］，pp.93-95参照．

31）トヨタ自動車株式会社・マツダ株式会社「トヨタとマツダ，業務資本提携に関する合意書を締結――クルマの新しい価値創造と持続的成長を目指し具体的な協業がスタート――」2017年8月4日参照．

32）『日本経済新聞』朝刊，2015年5月9日，p.1参照．

33）『日経産業新聞』2017年8月7日，p.1参照．

34）なおこの提携は，トラック・バス事業の分野を含むものではなかった（三菱自動車工業株式会社「三菱自動車とダイムラー・クライスラー，提携に関する契約を締結」2000年7月28日参照)．

35）2017年8月25日における三菱自・京都製作所へのヒアリングにもとづいている．現在，三菱自は，京都製作所のそばに京都研究所を構えている．京都研究所では，エンジンの先行開発と試験がおこなわれている．京都研究所は，エンジンの量産をおこなっている京都工場とのあいだで，設計と量産の橋渡しをおこなう役割を果たしている．

36）協同組合ウイングバレイ・山陽新聞社編［2007］，pp.37-38参照．

37）2016年12月12日におけるヒルタ工業へのヒアリングにもとづいている．

38）三菱自動車工業株式会社「三菱自動車，ダイムラー・クライスラーに三菱ふそう株の22%を売却へ」2004年1月15日参照．

39）協同組合ウイングバレイ編［2016］，pp.47-48参照．

40）三菱自動車工業株式会社『アニュアルレポート』各年版参照．

41）三菱自動車工業株式会社「三菱自動車，新経営計画『三菱自動車再生計画』を発表」2005年1月28日参照．

42）「成功の本質 Vol.49 アイ・ミーブ／三菱自動車」『Works』16(1)，『日刊自動車新聞』2012年2月16日参照．

43）三菱自は，2003年3月から軽商用車のミニキャブを日産へ供給し始めた．

44）2018年11月19日における三菱自・水島へのヒアリングにもとづいている．

45）三菱自動車工業株式会社「新中期経営計画『ステップアップ2010』2008年2月29日参照．

46）『日刊自動車新聞』2009年7月14日，オンライン版参照．

47）三菱自動車工業株式会社「アニュアルレポート2011」2011年3月期，株式会社

NMKV「軽自動車事業に関わる合弁会社の事業概要について――新会社の名称は『株式会社 NMKV』――」2011年6月20日参照).

48) 三菱自動車工業株式会社「三菱自動車中期経営計画『ジャンプ2013』」2011年1月20日参照.
49)『日経産業新聞』2012年9月6日, p. 14参照.
50) 三菱自動車工業株式会社水島製作所提供資料（2017年8月24日).
51) 2018年11月19日における三菱自へのヒアリングにもとづいている.
52) 2014年頃において, 水島製作所の生産ラインは日産へ供給する車が大部分を占めたという（「企業研究 三菱自動車」『日経ビジネス』日経BP, 2014年12月15日, pp. 80-83参照).
53) 2018年11月19日における三菱自へのヒアリングにもとづいている. 三菱自は, 日産の追浜工場で成果の挙がったセット・パーツ・サプライシステムを水島製作所に導入するなど, 日産の生産管理の優れたところを吸収した. セット・パーツ・サプライシステムとは, 車両1台分の部品を台車にセットしてからラインサイドに供給する仕組みのことである.
54)『日刊自動車新聞』2013年5月20日, オンライン版参照.
55)『日刊自動車新聞』2013年6月7日, オンライン版参照.
56) 2016年頃における協同組合ウイングバレイ加盟企業13社において, 三菱自への依存度が高いのは3社程度にとどまるという（2016年12月12日におけるヒルタ工業へのヒアリングにもとづいている).
57) 三菱自動車工業株式会社「アニュアルレポート2014」2014年3月期参照.
58) 三菱自動車工業株式会社「ミツビシ・モーターズ・タイランド, 累計生産台数500万台を達成」2018年6月4日, ニュースリリース参照.
59)『日本経済新聞』朝刊, 2018年6月5日, p. 10参照.
60) 三菱自動車工業株式会社「三菱自動車中期経営計画『ニューステージ2016』」2013年11月6日参照.
61) 2015年10月, 三菱自は, 軽自動車EVについて日産との共同開発で合意したことを発表した（日産自動車株式会社・三菱自動車工業株式会社・株式会社NMKV「日産自動車, 三菱自動車, NMKV, 次期型軽自動車の企画・開発で基本合意」2015年10月16日参照).
62) 三菱自動車工業株式会社「資本業務提携に関する基本合意書の締結及び第三者割当による新株式発行に係る発行登録並びに主要株主, 筆頭株主及びその他の関係会社の異動に関するお知らせ」2016年5月12日参照.
63)『日本経済新聞』朝刊, 2004年10月30日, p. 11参照.

64)『日本経済新聞』朝刊，2013年11月9日，p.1参照.

65) 三菱自の燃費不正問題は軽自動車において発覚したが，燃費向上技術をめぐる激しい競争が繰り広げられている軽自動車開発において，三菱自は，限られた研究開発資源で日産の期待に応えなければいけないという立場にあった.

66)『日経産業新聞』2012年7月10日，p.12参照.

67) 研究や先行開発として，当時，マツダが内燃機関を選択したという意味である．量産開発の局面において選択と集中を実行する，つまり，マツダが開発をやめて完全に他社に任せるという技術は少ないという（2017年9月19日におけるマツダへのヒアリングにもとづいている）.

68) EVの開発を選択した三菱自は，三菱商事とともに出資したリチウムエナジージャパンからリチウムイオン電池を調達するなど，三菱グループからの支援も受けてきた.

69) 近年の両社の関係深化に直接に関係するものではないかもしれないが，かつて両社は，ロータリーエンジンを生産するための合弁会社を計画したり，流通網を共用したりしたこともあった（菊池［2016］）.

70) 2018年11月19日における三菱自・水島へのヒアリングにもとづいている.

第 2 章

国内部品調達

――系列の選抜と系列外への依存――

はじめに

本章の目的は，中国地方における中核企業 2 社の国内部品調達の特徴を明らかにすることである[1]．序章で論じられたように，中核企業は自動車部品，資材・素材，設備・要具などを調達しているが，本章は地域経済への影響力が大きい自動車部品取引に焦点を絞る．そのなかでも，国内工場へ供給される部品取引のみを分析対象とする．国内部品調達を分析する意義を 2 点指摘したい．第 1 に，中核企業 2 社の国内生産台数はグローバル生産のうちの少なくない量を占めていることである．マツダのグローバル生産能力は約 183 万台（トヨタとの共同出資の拠点を除く）であり，そのうち日本の生産能力は約 99 万台と約 55％を占める（図 2-1 参照）．一方，三菱自の 2018 年における国内生産台数は約 59 万台であり，グローバル生産台数の約 47％を占める（図 2-2 参照）．第 2 に，中核企業は国内の部品調達構造を海外において可能な限り再現しようとするた

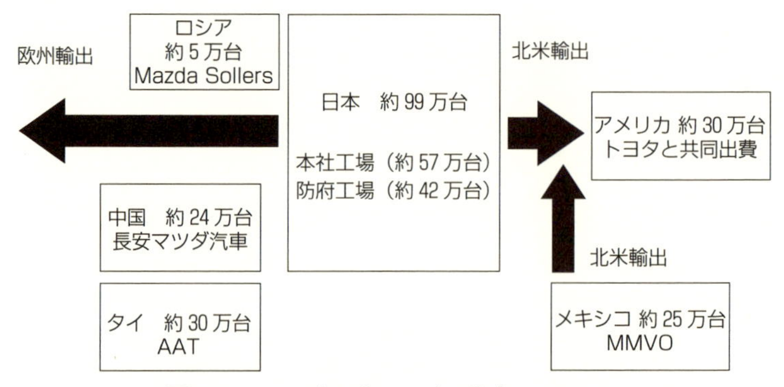

図 2-1　マツダのグローバル生産（生産能力）

出所）有価証券報告書，ウェブサイトなどより筆者作成．

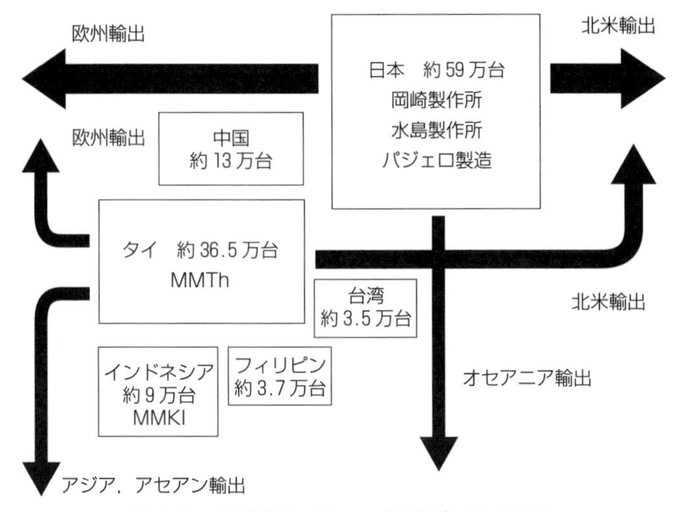

図2-2　三菱自のグローバル生産（生産実績）

出所）有価証券報告書，ウェブサイトなどより筆者作成.

め，海外部品調達構造に対して国内部品調達構造が一定の影響を与えていると考えられるからである.

中核企業2社の国内部品調達構造の分析にあたり，本章はトヨタと日産を比較対象とする[2)]．両社を比較対象とする理由は2点ある．第1に，トヨタと日産はグローバル自動車産業を牽引する日系の上位自動車企業だからである．上位完成車企業を比較対象とすることで，中堅完成車企業であるマツダと三菱自の特徴が観察できよう．第2に，近年，マツダはトヨタと，三菱自は日産と関係を深めているからである．マツダは，2015年5月にトヨタと分野を限定しない広範な協力関係の構築に向けた基本合意に達したことを発表し，トヨタとの関係を深めている．一方，三菱自は，2016年5月に日産と資本業務提携に関する基本合意書を締結したことを発表し，日産との関係を深めている．中核企業2社の部品調達構造が，提携先の影響を受けているかどうかを検討したい.

本章で構築したデータベースと部品企業の系列の判定基準について説明したい．資料としては，アイアールシー『自動車部品200品目の生産流通調査』の2018年版を用いた[3)]．具体的には，資料に記載された各社の200品目の調達先と調達量，該当部品における部品企業のシェアを入力して，データベースを作成した．データベースの作成後，部品企業の系列を判定した．系列判定においては，アイアールシー『日産自動車グループの実態』2018年版，アイアールシー『デンソーグループの実態』2016年版，アイアールシー『マツダグループの実態』2015年版，各社ウェブサイトを利用した．判定基準は２つであり，どちらかの基準に該当すれば系列と判定している．１つ目は，資本関係による判定である．特定の親企業（もしくは親企業の系列）が20%以上の株式を保有する場合である．２つ目は，取引関係（供給量全体に占める割合）による判定である．特定の完成車企業関連の取引がおおむね60%以上であり，かつ，他の完成車企業との取引関係がほぼ無い場合，系列と判定した．ただし，三菱自については，三菱金曜会加盟企業（及びその子会社等）とウイングバレイ加盟企業を，判定基準に関係なく三菱G（Gはグループの略）と判定した．三菱自は，1970年6月に三菱重工業から分離独立したという経緯を持っており，旧・三菱財閥の系譜にある企業と深い関係を有しているためである．ウイングバレイ加盟企業を三菱自の系列と判定する理由は，ウイングバレイのルーツが，オート三輪を生産していた三菱重工業の水島製作所に部品を供給する企業群が1962年に設立した水島機械金属工業団地協同組合にあるためである．以上の判定により，本章では，マツダ系，三菱G，トヨタ系，日産系，外資系と分類した．その後，以上のどれにも該当しない部品企業をその他と分類した．本章の判定基準は，おおむね，序章で導入された企業グループ概念を系列とみなすものである．

１．国内部品調達構造の概観

以下では，中核企業２社の国内部品調達構造を分析する．まず，中核企業２社の１部品当たり調達企業数，１部品あたりの部品企業の供給シェア，内製部品の特徴を指摘する．

(1)　１部品あたりの調達企業数

図2-3は１部品あたりの調達企業数である．マツダは2005年2.5社，2014年2.2社，2017年2.1社，三菱自は2005年2.6社，2014年2.5社，2017年2.3社，トヨタは2005年2.8社，2014年2.6社，2017年2.4社，日産は2017年2.6社であった．各社の共通点は，１つの部品を２～３社から調達しているということである．また，この15年間で各部品の調達企業数を減らす傾向にあった．マツダにおいて調達企業数が減少したことについては，一括企画の影

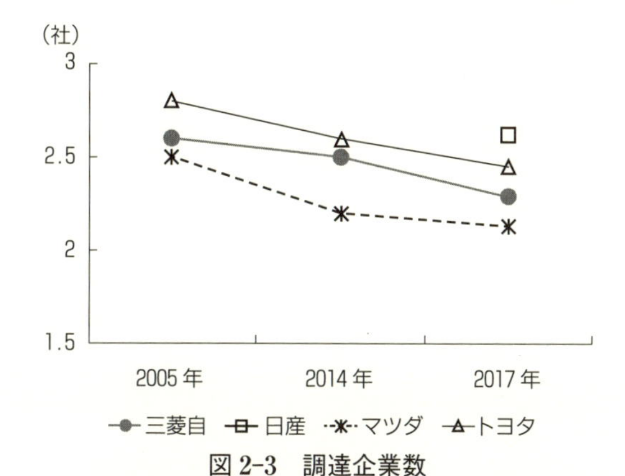

図2-3　調達企業数

注）2005年と2014年の値は，『自動車部品200品目の生産流通調査』の2005年版と2014年版を用いた．2005年と2014年の値は，200品目のうち，2005年と2014年の両時点で確認できる部品約180点を分析したものである．2017年の値は，データが取得できた約190点の部品に分析を加えており，2005年と2014年とは分析対象が若干異なっている．

出所）菊池・佐伯［2017］，『自動車部品200品目の生産流通調査』2018年版，『デンソーグループの実態』2016年版，『日産自動車グループの実態』2018年版，『マツダグループの実態』2015年版，各社ウェブサイトより筆者作成．

響があったと考えられる．一括企画とは，内燃機関，ボディー，シャシーを新しくするためには膨大な開発工数・生産工数が必要となるため，2015年までに投入するモデルを一括して企画したことである．マツダは，一括企画により，車種ごとに部品の構造が異なってしまうことを避け，部品の共通構造を維持したのであった．三菱自は，2014年度に開始した「中期経営計画ニューステージ2016」において，2013年度時点で9種類あるプラットフォームを2016年度に7種類，車種数を18から13に整理する計画を進めた[4]．プラットフォームと車種の整理にともない，調達部品のモジュール化と部品企業の絞り込みを行なった．マツダと三菱自は，トヨタと日産に比べ，調達先数がやや少ない．

(2)　1部品あたりの部品企業の供給シェア

次に，部品企業のシェアを検討する．本章では，主要200品目の各部品において最大の供給者である部品企業のことをトップシェア・サプライヤーと呼び，分析する．トップシェア・サプライヤーの供給シェアの平均値は，トヨタ79.6%，マツダ81.4%，日産75.1%，三菱自75.1%であった[5]．4社に共通しているのは，トップシェア・サプライヤーの供給シェアが高いことである．4社とも平均して2～3社から調達しているものの，最大調達先から約8割を調達している．完成車企業の部品調達構造は，先行研究が指摘してきた通り複社発注を維持しており[6)]，特定の1社への依存度が高い．こうした傾向は，各完成車企業が進めているプラットフォーム戦略やモジュール化と無関係ではないであろう．

(3)　完成車企業の内製部品

表2-1は各完成車企業の内製部品である．完成車企業は，今後の鍵となる技術に関連する部品や製造技術まで含めて技術をストックすべき部品は内製を選択するし，すでに設備投資をしていることからその設備を有効活用するために内製を維持するケースもある．2017年の資料に掲載された196部品のうち各完成車企業が内製した部品点数は，トヨタ44部品，マツダ16部品，日産17部品，三菱自18部品であり，トヨタの内製比率が突出して高く，マツダ，日産，三菱自の3社は内製比率の水準において同程度であった．各社ともにエンジン本体部品は内製する傾向にある．各社の特徴として，マツダの内製はパワートレイン部品に多く，日産の内製はエンジン吸・排気系部品，HV／EV用主要部品に多く，三菱自の内製はエンジン動弁系部品，エンジン潤滑・冷却系部品，ブレーキ部品に多いことが指摘できる．HV／EV用主要部品の内製状況をみると，マツダは内製しておらずトヨタとの提携によって補完している．日産は，システム制御ECU，インバーター，エンジン補助／駆動用モーターを内製し，三菱自はEV用駆動ユニットを内製している．

表2-2は，トップシェア・サプライヤーの系列と各完成車企業の内製をクロス集計したものである．トヨタと他3社との違いは，内製する部品点数の量だけではない．トヨタが内製する部品は，トヨタ系のトップシェア・サプライヤーも供給していることが多いことである．トヨタが内製関与している17品目とは，エンジン本体部品のシリンダーライナー，クランクシャフト，シリンダーヘッドカバー，エンジン動弁系部品のバルブシート，エンジン燃料系部品のフューエルタンク，エンジン吸・排気系部品のインテークマニホールド，ターボチャージャー，エキゾーストマニホールド，触媒コンバーター，パワートレイン部品のAT，メカニカルLSD，ステアリングジョイント，ブレーキ部品のABS，ESC，外装品のサンルーフ，ラジエーターグリル，車体電装品のキ

表 2-1　各完成車企業の内製部品（2017年）

		トヨタ	マツダ	日産	三菱自
エンジン本体部品	エンジンブロック	○	○	○	○
	シリンダーライナー	○	—	—	—
	クランクシャフト	○	○	○	○
	コネクティングロッド	○	○	○	○
	シリンダーヘッド	○	○	○	○
	シリンダーヘッドカバー	○	—	—	—
	シリンダーヘッドボルト	○	—	—	—
	フライホイール	—	—	○	—
	エンジン A'ssy	○	○	○	○
エンジン動弁系部品	カムシャフト	○	○	○	—
	バルブシート	○	—	—	—
	タイミングクランクプーリー	○	○	—	—
	タイミングカムプーリー	○	—	—	—
	バルブリフター	—	—	—	○
	可変バルブタイミングユニット	○	—	—	○
	可変バルブリフト機構	○	—	—	○
エンジン燃料系部品	フューエルタンク	○	—	—	—
エンジン吸・排気系部品	インテークマニホールド	○	—	○	—
	ターボチャージャー	○	—	—	—
	エキゾーストマニホールド	○	○	○	○
	触媒	—	—	○	—
	触媒コンバーター	○	—	○	—
エンジン潤滑・冷却系部品	オイルパン	—	—	—	○
	オイルポンプ	—	—	—	○
ハイブリッド車／電気自動車用主要部品	システム制御 ECU	○	—	○	—
	インバーター	○	—	○	—
	エンジン補助／駆動用モーター	○	—	○	—
	ハイブリッドトランスミッション	○	—	—	—
	電気自動車用駆動ユニット	—	—	—	○
パワートレイン部品	MT	—	○	—	○
	AT	○	○	—	—
	CVT	○	—	—	—
	トルクコンバーター	○	—	—	—
	トランスファ	○	○	—	—
	デファレンシャル	○	○	○	○
	メカニカル LSD	○	—	—	—
	パッシブ・カップリング	○	—	—	—
	等速ジョイント	○	—	—	—
	ステアリングコラム	○	—	—	—
	ステアリングジョイント	○	—	—	—
	ステアリングナックル	○	○	○	○
サスペンション部品	フロントサスペンション・ロアアーム／リンク	○	—	—	—
	フロントサスペンション・アッパーアーム／リンク	○	—	—	—
	リヤサスペンション・ロアアーム／リンク	○	—	—	—
	リヤサスペンション・アッパーアーム／リンク	○	○	—	—
ブレーキ部品	ABS	○	—	—	—
	ESC	○	—	—	—
	ブレーキディスクローター	—	—	—	○
	ブレーキドラム	—	—	—	○
外装品	樹脂バンパー	○	○	—	○
	サンルーフ	○	—	—	—
	ラジエーターグリル	○	—	—	—
内装品	インストルメントパネル	○	—	—	—
車体電装品	キーレスエントリーシステム	○	—	—	—

出所）図 2-3 と同じ.

表 2-2　トップシェア・サプライヤーの系列と各完成車企業の内製

トヨタ		内製判定		
		なし	あり	合計
トップシェア・サプライヤー	トヨタ系	121	15	136
	外資系	1	0	1
	その他	30	2	32
合　計		152	17	169

日　産		内製判定		
		なし	あり	合計
トップシェア・サプライヤー	トヨタ系	17	0	17
	日産系	13	0	13
	三菱G	5	0	5
	外資系	40	4	44
	その他	104	1	105
合　計		179	5	184

マツダ		内製判定		
		なし	あり	合計
トップシェア・サプライヤー	トヨタ系	32	0	32
	マツダ系	46	1	47
	三菱G	8	1	9
	外資系	20	0	20
	その他	69	2	71
合　計		175	4	179

三菱自		内製判定		
		なし	あり	合計
トップシェア・サプライヤー	トヨタ系	38	2	40
	日産系	2	1	3
	三菱G	36	2	38
	外資系	29	1	30
	その他	73	3	76
合　計		178	9	187

出所）図 2-3 と同じ.

ーレスエントリーシステムである．トップシェア・サプライヤーが他社系であるときではなくトヨタ系であるときに内製していることからは，技術戦略上で重要な部品はトヨタ系の部品企業から調達しており，さらに，内製することで部品企業に緊張感を与えていると示唆される．一方，日産においては，外資系部品企業から調達する部品について内製している．日産は重要部品を外資系部品企業から調達していると推測される．マツダと三菱自は，内製する部品のトップシェア・サプライヤーが系列外であることが多い．中堅完成車企業である両社は，研究開発に投じられる経営資源が限られているため，トヨタのように重要部品を積極的に内製し，自社系列のトップシェア・サプライヤーを内製補完的に位置づけるのではなく，部品企業に依存せざるをえない場合も多いと考えられる．

2．国内部品調達構造の系列分析

本節では，トップシェア・サプライヤーの系列に着目して分析を行なう．繰り返しになるが，トップシェア・サプライヤーとは，主要 200 品目の各部品において最大の供給者である部品企業のことである．

(1)　トップシェア・サプライヤーの系列

図 2-4 は，完成車企業別にトップシェア・サプライヤーの系列判定を行ったものである．各完成車企業による内製の量が最大のシェアを占める場合，内製としている．トップシェア・サプライヤーをみると，トヨタにおいては，内製を含む自社系列がトップシェア・サプライヤーの 8 割以上を占める．その他に分類される独立系部品企業がトップシェアを獲得する比率は低く，外資系部品企業がトップシェアになることはほとんどない．マツダにおいてはマツダ系 25%，トヨタ系 17%，外資系 10%，内製 6 %であった．三菱自においては三菱G 19%，トヨタ系 20%，外資系 15%，内製 5 %であった．マツダと三菱自の両社における共通点として，内製を含む自社系列は 4 分の 1 程度であること，トヨタ系が 2 割程度存在すること，その他に分類される部品企業がトップシェア・サプライヤーであることが多いことが挙げられる．日産においては，日産系がわずか 7 %であり，大部分を外資系とその他に分類される独立系部品企業等から調達している．日産は，系列への依存度の低い完成車企業である．ただし，日産に供給する代表的な独立系部品企業は，日立オートモティブシステムズ，日立化成，日立金属などの日立グループである．日産と日立製作所はかつての日産コンツェルンの有力事業会社であり，資本関係はなくとも，密接な関

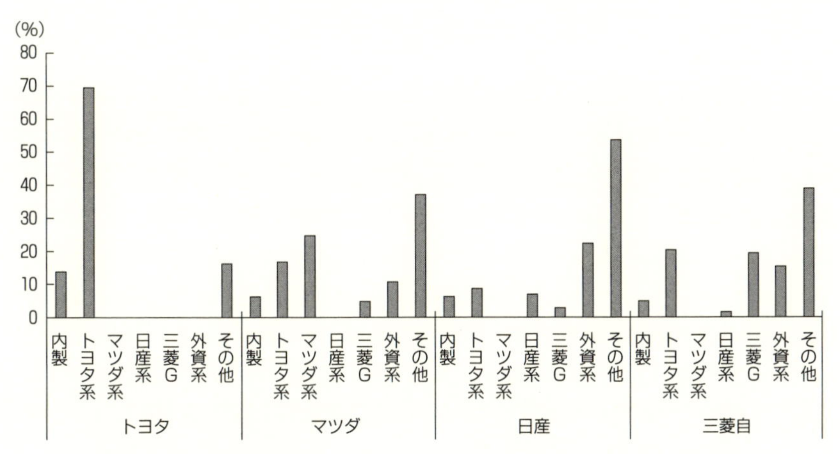

図 2-4　完成車企業別トップシェア・サプライヤーの系列（2017年）

出所）図 2-3 と同じ．

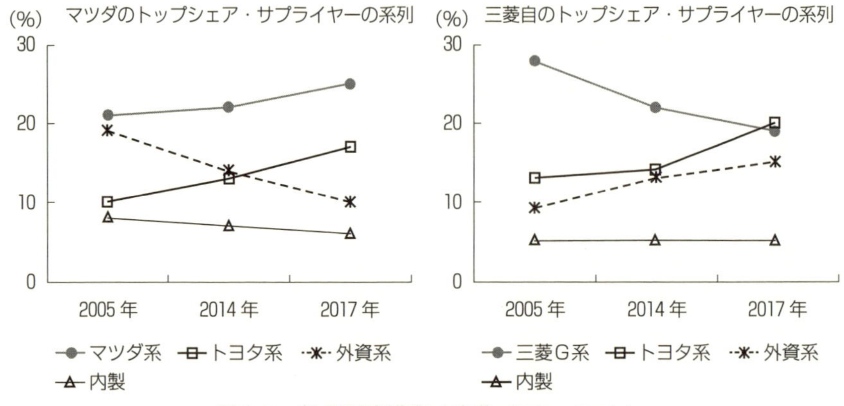

図 2-5　部品調達構造の変化（2005〜2017年）

出所）図 2-3 と同じ.

係にあったと推測される．本章の判定基準では独立系となるが，この点については慎重な評価が求められよう．

マツダと三菱自の調達先は，どのように変化してきたのだろうか（**図 2-5** 参照）．まずマツダをみると，2005年においてはマツダ系21%，トヨタ系10%，外資系19%，内製8%，2014年においてはマツダ系22%，トヨタ系13%，外資系14%，内製7%であったから，この15年間ほどのあいだでマツダは，マツダ系とトヨタ系への依存度を高め，外資系への依存度を低めた．マツダにおいては，フォード傘下時，一部の部品において外資系部品企業との取引を強制された経緯もあった．その後，フォードの影響力が落ちるにつれ，マツダは外資系部品企業との取引関係を見直したのであった[7)]．次に三菱自をみると，2005年においては三菱G 28%，トヨタ系13%，外資系9%，内製8%，2014年においては三菱G 22%，トヨタ系14%，外資系13%，内製5%であったから，この15年間ほどのあいだで三菱自は，三菱Gへの依存度を低め，トヨタ系と外資系への依存度を高めた．両社の異同として，マツダは地場の部品企業を中心とした自系列部品企業の活用が増加した一方で，三菱自は地場の部品企業を中心とした自系列部品企業の活用が減少したことがあげられる．

(2)　トップシェア・サプライヤーとしての品目数上位企業の系列

表 2-3 からトップシェア・サプライヤーとしての品目数の多い部品企業を確認する．トヨタの特徴は，上位10社がトヨタ系の部品企業で独占されている

表 2-3　トップシェア・サプライヤーとしての品目数上位10社

順位	トヨタ					順位	マツダ				
	部品企業	系列	資本金(億円)	品目数	割合		部品企業	系列	資本金(億円)	品目数	割合
1位	デンソー	トヨタ	1,875	20	10.2%	1位	デンソー	トヨタ	1,875	16	8.4%
2位	アイシン精機	トヨタ	450	17	8.7%	2位	三菱電機	三菱G	1,758	8	4.2%
3位	東海理化	トヨタ	229	10	5.1%	3位	ダイキョーニシカワ	マツダ	54	7	3.7%
4位	アドヴィックス	トヨタ	122	9	4.6%	4位	デルタ工業	マツダ	0.9	6	3.1%
4位	豊田合成	トヨタ	280	9	4.6%	5位	コンチネンタル・オートモーティブ	外資	53	5	2.6%
6位	ジェイテクト	トヨタ	456	7	3.6%	6位	日立オートモティブシステムズ	その他	150	4	2.1%
7位	愛三工業	トヨタ	105	6	3.1%	6位	ユーシン	その他	136	4	2.1%
7位	トヨタ紡織	トヨタ	84	6	3.1%	6位	日本ブレーキ工業	その他	5	4	2.1%
9位	アイシン高丘	トヨタ	54	4	2.0%	6位	東京濾器	その他	20	4	2.1%
9位	小糸製作所	トヨタ	143	4	2.0%	6位	オートテクニカ	マツダ	0.3	4	2.1%
上位10社合計				92	46.9%	上位10社合計				62	32.5%

順位	日産					順位	三菱自				
	部品企業	系列	資本金(億円)	品目数	割合		部品企業	系列	資本金(億円)	品目数	割合
1位	カルソニックカンセイ	外資/日産	16	14	7.1%	1位	三菱電機	三菱G	1,758	8	4.1%
2位	日立オートモティブシステムズ	その他	150	13	6.6%	2位	デンソー	トヨタ	1,875	7	3.6%
3位	日立化成	その他	155	7	3.6%	3位	ヒルタ工業	三菱G	1	6	3.1%
4位	愛知機械工業	日産	85	6	3.1%	4位	オートリブKK	外資	5	6	3.1%
5位	マーレフィルターシステムズ	外資	38	5	2.6%	5位	曙ブレーキ工業	その他	199	5	2.6%
5位	ボッシュ	外資	170	5	2.6%	5位	アイシン精機	トヨタ	450	5	2.6%
7位	三菱電機	三菱G	1,758	4	2.0%	7位	水島プレス工業	三菱G	0.45	4	2.0%
7位	ミツバ	その他	99	4	2.0%	7位	フタバ産業	トヨタ	168	4	2.0%
7位	三井金属アクト	その他	30	4	2.0%	7位	ダイヤメット	三菱G	48	4	2.0%
7位	日立金属	その他	263	4	2.0%	7位	ジェイテクト	トヨタ	456	4	2.0%
上位10社合計				66	33.7%	上位10社合計				53	27.0%

注）外資系企業の資本金は日本法人のものである．カルソニックカンセイは，2017年3月に米投資ファンドKKR（CKホールディングス）傘下となったが，データ集計時点での取引関係はかつての親会社である日産の影響が大きいため，系列を「外資／日産」とした．CKホールディングスは，2018年10月にFCA Italy傘下であったマニエッティ・マレリの買収を発表し，マニエッティ・マレリCKホールディングスへと社名変更する．

出所）図2-3と同じ．

ことである．マツダにおいては，マツダ系は3社であり，その他の独立系部品企業などが活用されている．資本金の比較からも明らかなように，マツダ系の部品企業の規模は小さい．外資系であるコンチネンタル・オートモーティブからは，ディスクブレーキキャリパー，ブレーキマスターシリンダー，ブレーキブースター，ABS，ESCなどのブレーキ部品を調達している[8]．

日産の特徴は，日産系の部品企業が1社のみであり，外資系と独立系からの調達が多いことである．カルソニックカンセイはアメリカの投資ファンドであるKKR（CKホールディングス）の傘下であり，同社からは，エンジン吸・排気系部品であるインタークーラー，エキゾーストマニホールド，エキゾーストパイプ，触媒コンバーター，マフラーなどを調達している．外資系であるボッシュからは，ブレーキマスターシリンダー，ブレーキブースター，ABS，ESCなどのブレーキ部品を調達している．三菱自は，三菱Gが4社で，トヨタ系の部品企業を活用している．資本金の比較から，三菱電機を除くと，三菱Gの部品企業の規模は小さいことがわかる．外資系であるオートリブKKからは，シートベルト，シートベルトプリテンショナー，運転席用エアバッグモジュール，助手席用エアバッグモジュール，カーテンレール式サイド用エアバッグモジュールなどの内装品を調達している．マツダと三菱自が外資系から調達しているブレーキ関連部品は自動運転との関係も深く，外資系部品企業が日系完成車企業の新技術関連部品の一端を担っていると考えられる．また，トヨタと日産の分業構造は重なり合わないこと，マツダと三菱自はトヨタ系を活用していることもわかる．

部品調達構造全体において上位10社が占める割合をみると，トヨタが突出している．トヨタは，自系列の部品企業から大量に調達するという特徴を有している．トヨタは，2019年にデンソー，アイシン精機，ジェイテクト，アドヴィックスの4社で自動運転技術の開発新会社を設立することを発表しており，外資系部品企業とは一定の距離を保っているようである．以上の分析を整理すると，自動車の電動化や自動運転の技術に関連する部品を系列内で調達するトヨタと，それらの部品について系列外への依存を高める3社が対照的である．これらの部品群は，トヨタ系とドイツ企業を中心とする外資系とのあいだでの競争が激しくなっている．

大手部品企業であるボッシュ，コンチネンタル，デンソー，三菱電機などの連結売上高は，マツダや三菱自よりも大きい（**図2-6**参照）．ボッシュとコンチネンタルは，デジタル地図の大手企業であるヒアにそれぞれ5％出資するなど，自動運転に不可欠な技術の獲得にも意欲的な部品企業である[9)]．2017年度のボッシュの研究開発費はおよそ9000億円であり，トヨタの1兆円に迫る勢いである．これらのいわゆるメガ・サプライヤーは，特定の完成車企業だけに売上を依存しているわけではない．例えばデンソーであるが，トヨタ・グループ

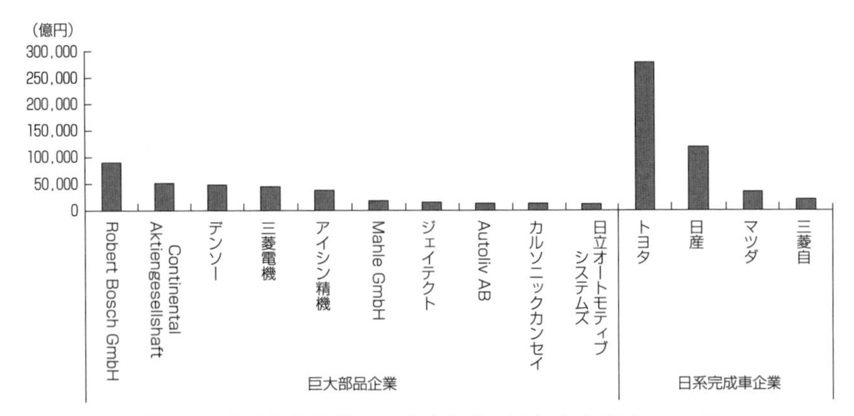

図2-6　大手部品企業，完成車企業の連結売上高（2016年度）

出所）各社有価証券報告書などより作成.

（トヨタ，ダイハツ，日野）への依存度は約4割である．近年のデンソーは，トヨタ・グループ以外への供給量を増加させており，トヨタ・グループへの売上依存度を低下させている（2012年46.9%→2013年44.6%→2014年42.1%[10]）．トヨタ・グループ以外の完成車企業は，デンソーを活用した製品開発をおこなうことが可能となっている．例えばマツダは，高価な尿素SCRを使わずに2020年からヨーロッパで始まる排ガス規制を達成できる排気量1.8Lのディーゼルエンジンを開発したが，デンソーの燃料噴射装置が燃費性能を高めることに貢献した．

こうした状況のなかで，完成車企業においては，メガ・サプライヤーとの関係をどのように構築するかが重要な経営課題となっている．筆者らのヒアリングによれば，とりわけ外資系メガ・サプライヤーは，高い研究開発能力を持つものの，完成車企業と共同して部品を開発しようという意識は低いという．そのため，完成車企業が外資系メガ・サプライヤーと取引関係を構築する場合は，部品企業を誘導するというよりも，すでに部品企業が開発した部品を組み込むという発想が重要になる[11]．もちろん，外資系メガ・サプライヤーに依存することのリスクも存在する．外資系メガ・サプライヤーは，多くの完成車企業にとって魅力的な存在であり，引く手あまたである．そのため，外資系メガ・サプライヤーにとって規模の大きくない完成車企業との取引は必ずしも重要ではなく，いざというときに工数を割いてくれるかがわからないためである[12]．外資系メガ・サプライヤーの1つの特徴は，投入する経営資源と得られる利益について部品取引ごとに検討していることだという．そのため，外資系メガ・サプライヤーと安心して取引するためには，契約で取引相手を縛るか，差別化された部品の供給を受けるためにそれ相応の費用を払うことが重要になる．完成車企業は，外資系メガ・サプライヤーのスタンスを理解しておく必要がある.[13]

3．提携の影響

マツダ=トヨタ，日産=三菱自の提携は，部品調達構造にどのような影響を与えたのだろうか．トヨタとマツダ，日産と三菱自の部品調達構造がどの程度に共通しているのかを確認しよう[14]．まずトヨタとマツダであるが，約190品目中，特定の部品においてトップシェア・サプライヤーが同じなのは23品目で，全体の約1割であった．最も共通していた部品企業は8品目のデンソーであり，続いて，2品目のジェイテクト，椿本チェインである[15]．次に日産と三菱自を比較すると，トップシェア・サプライヤーが同じなのは36品目であり，全体の約2割である．最も共通していた部品企業は，4品目の三菱電機，曙ブレーキ工業，エクセディであった．続いて，2品目のジヤトコ，アイシン精機，オートリブKK，小糸製作所，臼井国際産業である[16]．日産=三菱自のほうが，トヨタ=マツダよりも，共通のトップシェア・サプライヤーの数が多い．2011年6月，三菱自と日産は合弁会社NMKVを設立し，NMKVでは日産の購買力を活用することでより安く製造することを目指してきた．こうしたことも一因となり，両社共通の部品企業からの調達が増加したと考えられる．

マツダとトヨタ，日産と三菱自の部品調達構造が収斂していく場合[17]，最も影響を受けると考えられるのが規模の小さい中国地方の地場部品企業である．**表2-4**は，マツダにおけるマツダ系トップシェア・サプライヤーの供給部品と当該部品におけるトヨタのトップシェア・サプライヤー，三菱自における三菱Gトップシェア・サプライヤーの供給部品と当該部品の日産のトップシェア・サプライヤーを示したものである．多数の地場部品企業は，ボディー系の板金部品，エンジン，トランスミッション周りの機械加工部品，内外装部品を担当している．トヨタ系や日産系の部品企業の規模は概して大きいため，マツダ系や三菱Gの部品企業は，自社に優位性のある技術を高めながらも，不足する技術があれば他社から補完しながら競争力のある部品を供給する必要があるかもしれない．また，自動車の電動化が進むなか，エンジン，トランスミッション周りの機械加工部品の調達量は減少することが予測されているが[18]，これまで通り

表 2-4　マツダ＝トヨタ，日産＝三菱自の部品調達構造比較
：地場部品企業に着目して

マツダ 調達先	部　品	トヨタ 調達先
ダイキョーニシカワ	オイルストレーナー	三　五
ダイキョーニシカワ	ステアリングコラムカバー	豊田合成
ダイキョーニシカワ	ラジエーターグリル	豊田合成
ダイキョーニシカワ	リヤ・ルーフスポイラー	アイシン精機
ダイキョーニシカワ	インストルメントパネル	内　製
ダイキョーニシカワ	グローブボックス	小島プレス工業
ダイキョーニシカワ	リヤパッケージトレイ	タケヒロ
デルタ工業	MT シフトレバー	万能工業
デルタ工業	AT シフトレバー	東海理化
デルタ工業	ヘッドレスト	イノアック
デルタ工業	シート	トヨタ紡織
デルタ工業	シートトラック	トヨタ紡織
デルタ工業	シートリクライナ	トヨタ紡織
オートテクニカ	オイルパン	アイシン精機
オートテクニカ	パーキングブレーキレバー・ペダル	豊田鉄工
オートテクニカ	クラッチペダル	豊田鉄工
オートテクニカ	ブレーキペダル	豊田鉄工

三菱自 調達先	部　品	日　産 調達先
三菱電機	EGR バルブ	三菱電機
三菱電機	スターター	三菱電機
三菱電機	オルタネーター	三菱電機
三菱電機	電動パワーステアリング・モーター	三菱電機
三菱電機	システム制御 ECU	内　製
三菱電機	フラッシャー	カルソニックカンセイ
三菱電機	カーオーディオ	クラリオン
三菱電機	ナビゲーションシステム	クラリオン
ヒルタ工業	リヤサスペンション・ロアアーム／リンク	ヨロズ
ヒルタ工業	リヤサスペンション・アッパーアーム／リンク	日本軽金属
ヒルタ工業	フロントサスペンション・ロアアーム／リンク	日本軽金属
ヒルタ工業	パーキングブレーキレバー・ペダル	大塚工機
ヒルタ工業	クラッチペダル	エフテック
ヒルタ工業	ブレーキペダル	エフテック
水島プレス工業	ステアリングコラム	エヌエスケー・ステアリングシステムズ
水島プレス工業	ステアリングシャフト	エヌエスケー・ステアリングシステムズ
水島プレス工業	ステアリングジョイント	エヌエスケー・ステアリングシステムズ
水島プレス工業	ドアヒンジ	三井金属アクト
ダイヤメット	バルブシート	日立化成
ダイヤメット	バルブガイド	日立化成
ダイヤメット	タイミングクランクプーリー	日立化成
ダイヤメット	タイミングカムプーリー	日立化成

出所）図 2-3 と同じ.

ものづくりを重視するか，制御技術などへ展開するかということも重要な経営課題となるであろう．

小　　括

本章では，中核企業2社の国内部品調達を検討してきた．国内生産台数において圧倒的な存在であるトヨタは，自系列の部品企業から集中的な調達を行なっている．系列部品企業との取引については，例えば，先端的な技術に関連した高い技術力を持つ部品企業，在庫を最小にするための生産同期化を受け入れてくれる部品企業との取引など，長期的で協調的な取引関係が特徴であると考えられる．トヨタは，自系列部品企業との取引が極めて多いという点で，独自の部品調達構造を有している．

トヨタと対極的な部品調達構造を有しているのが日産である．日産は，外資系部品企業や独立系部品企業を主要な部品調達先としている．外資系部品企業との取引については，外資系部品企業が，完成車企業との共同開発ではなく，開発したシステムを販売する傾向にあることを鑑みると，市場取引に近いと評価できよう．日産の部品調達は，他社と比べて，市場取引のような性格の取引が多くなっていると考えられる．

マツダと三菱自は，トヨタほど系列企業からの調達が多くないが，日産ほどに外資系部品企業や独立系部品企業からの調達が多くない．そういう意味で，マツダと三菱自は，トヨタと日産の中間的な特徴を有している．ただし，両社が現在の部品調達構造に至った歴史的経緯は異なる．すなわち，マツダにおいては，フォードの影響力が落ちるにつれて外資系部品企業との取引関係を整理し，優れた地場部品企業を中心とするマツダ系部品企業を選抜して取引関係を深めた．地場部品企業は，第1章で議論したように，マツダの計画順序生産を実現するためにも貢献してきた．一方，三菱自は，トヨタ系部品企業と外資系部品企業の活用を推進するなかで，地場部品企業を含む三菱Gの部品企業を選抜してきたのであった[19)]．2000年代前半に経験した経営危機以降，三菱自は，経営資源の不足を背景に，システム部品企業への依存を高めていると考えられる．両社の部品調達の特徴は，系列外部品企業への依存を深める一方で，系列部品企業の選抜を進めてきたことにあると評価できよう．

中国地方における中核企業2社は，相対的に少ない経営資源を節約するために外資系メガ・サプライヤーや大手部品企業を活用する必要性に迫られる一方で，地場部品企業からの調達を通じて産業集積の発展に多大な影響を与える立場にある．終章で指摘される通り，中国地方における自動車産業の再生産のためには，中核企業だけでなく地場企業も含めて，競争力のある国内量産工場を維持することが重要である．中核企業には，競争力構築に貢献する地場部品企業を見極めて関係を維持すること，中国地方の地場部品企業には，急激な人口減少による人材獲得難を克服し，中核企業からの高まる要求に対応することが求められている．

注

1）完成車企業の部品調達に関する研究は膨大な蓄積を有している．代表的な業績として，浅沼［1997］，藤本［1997］，藤本・西口・伊藤編［1998］が挙げられよう．近年は，国内地域別（藤原［2007］，折橋・目代・村山［2013］），階層別や海外展開（清編［2011］，清編［2016］），電動化（佐伯［2012］，佐伯［2015］）などに着目して，多くの成果が挙げられている．しかし，管見の限り，マツダや三菱自の部品調達の全体像を対象とした分析は十分に蓄積されていない．以上の研究史を踏まえ，本章では，両社がどのような部品調達構造を有し，上位完成車企業とどのような相違があるのかに着目する．

2）本章が分析対象とするトヨタ，マツダ，日産，三菱自の国内生産台数によって，日系完成車企業の国内生産台数の約6割をカバーしている．

3）200品目は，資料を刊行している株式会社アイアールシーが，生産量や技術動向を考慮して重要性の高い品目を選択している．

4）三菱自動車工業株式会社「三菱自動車中期経営計画『ニューステージ2016』」2013年11月6日参照．

5）各社の供給シェアの標準偏差は，トヨタ19.1，マツダ20.1，日産19.1，三菱自20.1であった．

6）伊丹［1988］などを参照．

7）2018年9月18日におけるマツダへのヒアリングにもとづいている．

8）独コンチネンタルと日清紡との合弁企業であり，以前はコンチネンタル・テーベスという名称であった．日独合弁であるが，コンチネンタルの冠企業であり外資系とみなしている．

9）コンチネンタルは，電動化や自動運転に対応するため，2018年7月に組織再編を発表した．電動車の駆動装置を担当するパワートレイン部門を分社して機動力を高め，部品部門は，従来の車体制御部門（ブレーキ，センサーなど）と内装部門（カーナビゲーション）を再編し，「自動運転」と「つながるクルマ」へと事業名を変更した．

10）マツダへの依存度は2.4%，三菱自への依存度1.2%である．『デンソーグループの実態調査』p. 72参照．

11）2017年9月19日におけるマツダへのヒアリングにもとづいている．

12）2018年11月19日における三菱自へのヒアリングにもとづいている．

13）2018年12月11日におけるマツダへのヒアリングにもとづいている．

14）近能善範氏は，各完成車企業の部品調達構造において同一サプライヤーがどれくらい共有されているのかを把握するため，「オーバーラップ比率」という指標を用いた研究を行なっている（近能［2004］参照）．この「オーバーラップ比率」は，供給する部品に関わらず，同一サプライヤーから何らかの部品を調達していれば，共有しているサプライヤーとしてカウントしている．本章は，特定の部品を同一の部品企業から調達している場合だけをカウントして，各完成車企業の部品調達構造の共通性をみている．

15）そのほか，TPR，バンドー化学，愛三工業，日本サーモスタット，GSユアサ，豊田自動織機，プライムアースEVエナジー，ハイレックスコーポレーション，豊田合成，共和産業，小糸製作所が1品目で共通している．

16）そのほか，大同メタル工業，マーレフィルターシステムズ，タマダイ，カルソニックカンセイ，日立オートモティブシステムズ，日本サーモスタット，ミツバ，日立化成，KYB，住友理工，ベバスト・ジャパン，豊和繊維工業，共和産業が1品目で共通している．

17）三菱自は，ルノー＝日産＝三菱自の連名で2018年に発表した中期計画「アライアンス 2022」において，計画終了時までにグループ全体で年間1400万台以上の販売を見込み，そのうち900万台を4つの共通プラットフォームで生産することを発表している．共通プラットフォームの利用によって部品調達構造が収斂する可能性もあるだろう．ただし，2019年1月にルノーの新CEOに就任したスナール氏は数値目標の見直しを示唆しているため，3社連合のプラットフォーム戦略の見とおしは不透明である．

18）ただし，マツダについては，内燃機関の進化をベースに電気駆動システムを追加するという環境技術戦略を志向しているため，地場部品企業が供給している内燃機関の部品はしばらく残るであろう（2018年9月18日におけるマツダへのヒアリングにもとづいている）．

19）地場部品企業からトヨタ系部品企業へと取引先が転換した例として，トランスミッションを挙げることができる．三菱自は，以前，トランスミッションを内製しており，その一部を地場部品企業へ外注していた．しかし近年は，それらの部品をアイシン

AW などへ発注しているという（2018年11月19日における三菱自へのヒアリングにもとづいている）.

第3章

海外部品調達
——海外拠点での系列取引の再現性——

はじめに

本章の目的は，海外におけるマツダと三菱自の現地調達の構造を明らかにすることである．完成車企業の海外生産は活発に行われており，それに合わせて多くの部品企業が海外に進出している．しかしながら，マツダ，三菱自などの中堅規模の完成車企業の現地調達に関する研究は不十分な状況となっている[1)]．第1に海外におけるマツダ，三菱自の調達構造が十分に明らかになっていない．すなわち，部品企業の生産品目や系列関係などの全体像が明らかになっていないのである．第2に国内との調達構造の違いが十分に比較されていない．すなわち，国内の調達構造が海外でどの程度再現されているのかが明らかになっていないのである．

そこで，本章では海外におけるマツダと三菱自の現地調達の構造について明らかにする．特に，二次資料の分析と事例研究を通じてマツダと三菱自の部品企業の生産品目や系列関係などの現地調達の全体像を明らかにする．また，トヨタと日産の国内外の調達構造との比較を通じて大手完成車企業と中堅完成車企業の調達構造には，どのような違いがあるかについても考察する．

1．マツダ，三菱自の海外生産拠点

本章では，二次資料に基づいてマツダと三菱自の海外生産拠点の概要について考察する．

(1)　マツダの海外生産拠点

マツダは，世界に7カ所の生産拠点を設立している（**表3-1**参照）．生産規模

表 3-1　マツダの海外生産拠点

国　名	現地法人名	従業員数	生産開始年	生産車種	生産台数（2017年度）
メキシコ	マツダメヒコビークルオペレーション	5,200名	2014年	デミオ，アクセラ，トヨタ社向けOEM車両	180,445
ロシア	マツダソラーズマヌファクトゥリングルース	458名	2012年	CX-5，アテンザ	—
中　国	一汽乗用車有限公司	—	2003年	アテンザ，CX-4	124,257
	長安マツダ汽車有限公司	3,684名	2007年	アクセラ，CX-5	192,716
	長安フォードマツダエンジン有限公司	1,448名	2007年	自動車用エンジン	—
タ　イ	オートアライアンス（タイランド）	7,001名	1998年	デミオ，アクセラ，CX-3，BT-50	133,188
	マツダパワートレインマニュファクチャリング（タイランド）	933名	2015年	自動車用トランスミッション	—
ベトナム	タコ プレミアム オート アッセンブリー カンパニー	—	2011年	デミオ，アクセラ，アテンザ，CX-5	2,064
マレーシア	マツダ・マレーシア	89名	2012年	アクセラ，CX-5	—

注）「—」で表示している箇所は非公表となっている．
出所）マツダ［2018］，pp. 27-31.

が最も大きな工場は中国にあり，２拠点の合計で約 32 万台の自動車を生産している．２番目に生産台数が多いのはメキシコである．2014 年に生産を開始した新しい工場であるが，約 18 万台を生産する大規模な工場となっている．次いで，生産台数が多いのがタイである．生産台数は３番目であるが，従業員数は 7001 名と海外生産拠点で最も多くなっている．

海外の主要３工場は，それぞれ異なる目的を持っている．中国は，中国市場向けの生産拠点となっている．タイは，タイを含む東南アジアへの供給拠点である．メキシコは，北米，中南米，欧州への供給拠点であり日本に次ぐ第２の輸出拠点と位置づけられている[2)]．

北米は販売台数が最も多い重要市場であるが，北米には生産拠点が設立されていない[3)]．かつては，フォードとの合弁企業である Auto Alliance International（AAI）においてマツダ６（アテンザ）を生産していた．しかしながら，リーマン・ショックにより中型車の需要が減ったことで業績が悪化した．その結果，

2012年に北米の現地生産から撤退することになった[4)].

現在，重要市場である北米に対しては日本とメキシコから輸出された自動車が販売されている．このことはマツダの海外生産の特徴の１つだといえる．

(2)　三菱自の海外生産拠点

三菱自は，世界に８カ所の完成車の生産拠点を設立している（表3-2参照）．生産規模が最も大きな工場はタイにあり，約37万台の自動車を生産している．次いで生産台数が多いのは中国であり，２工場の合計で約10万台を生産している．それに次ぐのがインドネシアであり，２工場の合計で約９万台を生産している．タイでの海外生産が圧倒的に多いことがわかる．三菱自はASEANを中心としたアジアを主力市場としているのである．

(3)　両社の海外生産拠点の特徴

本節では，マツダと三菱自の海外生産拠点の状況を確認した．マツダの特徴として，タイの重要性を指摘することができる．タイには完成車工場とエンジン，トランスミッション工場の２つの工場が設立されている．海外におけるトランスミッションの生産拠点はタイだけである．そのためトランスミッションは，日本とタイの２カ国から世界各国のマツダの完成車工場に供給されている．

タイの生産台数は３番目であるが，中国とメキシコに比べて生産開始は早い．そのためタイは，海外工場における長男として位置づけられている．マツダの海外工場において現地化は最も進んでいる．タイの成果をメキシコへ移転するなどの役割も担っている[5)]．すなわち，タイは海外工場の中では主導的な立場となっているのである．

三菱自もまた，マツダ同様にタイの重要性が高い．タイの工場は生産規模が圧倒的に大きく，三菱自にとって最も重要な拠点であるといえる．また，インドネシアの生産台数も多く，ASEANが重要な市場となっていることがわかる．

マツダと三菱自の海外展開には進出先の構成に違いがあったが，両社とも海外生産を積極的に進めていた．その一方で，これまでの研究では両社の現地調達の構造が十分に明らかにされてこなかった．

表3-2　三菱自の海外生産拠点

国名	社名	生産車種	生産台数(2017年度)
ロシア	ピーシーエムエー・ルス	パジェロスポーツ	957
中国	ハルピン東安汽車発動機製造有限公司	自動車エンジンおよびトランスミッションの製造・販売	—
	瀋陽航天三菱汽車発動機製造有限公司	自動車エンジンの製造・販売	—
	東南（福建）汽車工業有限公司	ギャランフォルティス，ランサー，ギャラン，ジンガー	1,872
	広汽三菱汽車有限公司	RVR，パジェロスポーツ，アウトランダー	98,283
台湾	中華汽車工業股份有限公司	ジンガー，ベリカ，デリカ，デリカトラック，シャリオグランディス，アウトランダー，ギャラン，ギャランフォルティス，コルトプラス	34,379
タイ	ミツビシ・モーターズ（タイランド）・カンパニー・リミテッド	トライトン，パジェロスポーツ，ギャランフォルティス，ミラージュ，アトラージュ	365,212
	エムエムティエイチ・エンジン・カンパニー・リミテッド	自動車エンジン・プレス部品の製造	—
フィリピン	ミツビシ・モーターズ・フィリピンズ・コーポレーション	アドベンチャー，デリカ，ミラージュ，アトラージュ	36,964
	エイシアン・トランスミッション・コーポレーション	自動車トランスミッションの製造	—
ベトナム	Vina Star Motors Corporation	自動車及び部品の製造・販売	—
インドネシア	P.T. Mitsubishi Motors Krama Yudha Indonesia	パジェロスポーツ，エクスパンダー	53,667
	P.T. Krama Yudha Ratu Motors	コルト，デリカトラック	35,183
	P.T. Mitsubishi Krama Yudha Motors and Manufacturing	自動車部品の製造	—

注）「—」で表示している箇所は非公表となっている.
出所）三菱自動車［2018］，pp. 14-21.

2．現地調達の構造

(1)　マツダ

（i）品目

ここでは，二次資料を用いてマツダの現地調達の構造について考察する．分析資料としてアイアールシー発行の『マツダグループの実態 2015 年版：日本事業とグローバル戦略』を用いる．

まず，マツダの調達先企業が部品の品目別にどの国に展開しているのか確認する．**表 3-3** にはマツダに納入している全ての部品企業を集計しているが，マツダ系部品企業だけが対象ではない．

タイは 107 件の拠点があり，ハイブリッド車／電気自動車用主要部品以外の全ての品目が生産されている．自動車を生産するための部品企業の取引関係が

表 3-3　マツダの調達先企業の取扱品目

品目／国名	エンジン本体部品	エンジン動弁系部品	エンジン燃料系部品	エンジン吸・排気系部品	エンジン潤滑・冷却系部品	エンジン電装品	ハイブリッド車／電気自動車用主要部品	パワートレイン部品	ステアリング部品	サスペンション部品	ブレーキ部品	ホイール・タイヤ	外装品	内装品	車体電装品	用品	合計	
																	件数	構成比（%）
インドネシア			1	1	1								1	1			5	2.0
タ　イ	11	1	5	12	6	3		3	5	3	8	5	21	18	4	2	107	43.0
フィリピン						1											1	0.4
ベトナム								1									1	0.4
マレーシア													1	2			3	1.2
メキシコ	2	1	1	3	2			1	1	5	4		8	8	1		37	14.9
韓　国													1				1	0.4
台　湾				1	1	3		2					2	2	2		13	5.2
中　国	7	4	2	4	2	4		4	1	4	5	3	17	13	6	5	81	32.5
合　計	20	6	9	21	12	11		11	7	12	17	8	51	44	13	7	249	100.0

出所）アイアールシー［2015a］から筆者作成．

網羅的に構築されているといえる．内装品の中にはシートやインストルメントパネルが含まれている．エンジンやシート，インストルメントパネルなどは重量物であり輸送コストが高くなるため，完成車組立工場に近接していることが望ましい．これらの部品企業も進出しており，タイについては部品企業の集積にある程度の厚みがある．

中国は81件の拠点があり，タイと同様にハイブリッド車／電気自動車用主要部品以外の全ての品目が生産されている．中国の生産台数は約32万台であり，タイの約13万台よりも多い．しかしながら，進出する部品企業数は少なくなっている．そのため，タイの方が部品企業の集積度が高いといえる．

メキシコは37件の拠点があり，エンジン電装品，ハイブリッド車／電気自動車用主要部品，ホイール・タイヤ，用品を除いた部品が全て生産されている．メキシコの生産台数は約21万台であるにもかかわらず，約32万台の中国，約13万台のタイと比較すると部品企業の集積度が高いとはいえない．

タイ，中国，メキシコ以外の国においては，完成車企業の内製領域の拡張，日本を含む他国からの輸入部品，日系等の現地法人や民族系部品企業からの調達などが考えられる．しかし，本資料においては日系部品企業と日本法人のある外資系部品企業しか掲載されておらず詳細は不明である．

（ⅱ）系列関係

ここでは，マツダがどの完成車企業の系列部品企業[6)]から調達をしているのか考察する（**表3-4**参照）．また，国内の部品企業の系列関係と比較することによって，海外の調達構造と国内のそれとの間にどのような違いがあるのか明らかにする．なお，海外の部品企業についてはアイアールシー発行の『マツダグループの実態2015年版：日本事業とグローバル戦略』，国内の部品企業については『自動車部品200品目の生産流通調査2018年版』を用いる．

最初に海外全体の部品企業の状況を確認する．海外のマツダ系の部品企業は38件しかなく，全体の15.3%に過ぎない．その内訳は外装品が13件，内装品が12件，エンジン吸・排気系部品が7件，サスペンション部品が3件，エンジン潤滑・冷却系部品が2件，用品が1件となっている．内装品には重量物であるシートも含まれている．マツダ系の部品企業の進出は少ないが，エンジン関連部品やシートなどの重要な部品を供給する部品企業は進出している．

次に多いのがトヨタ系の部品企業の30件である．しかしながら，その内訳

表 3-4　マツダの調達先企業の系列

国名	系列名	エンジン本体部品	エンジン動弁系部品	エンジン燃料系部品	エンジン吸・排気系部品	エンジン潤滑・冷却系部品	エンジン電装品	ハイブリッド車／電気自動車用主要部品	パワートレイン部品	ステアリング部品	サスペンション部品	ブレーキ部品	ホイール・タイヤ	外装品	内装品	車体電装品	用品	合計 件数	合計 構成比（%）
インドネシア	トヨタ系			1														1	20.0
	マツダ系				1	1								1	1			4	80.0
合　計				1	1	1								1	1			5	100.0
タ　イ	トヨタ系			1	2	1				2		1	1	1	3	1		13	12.1
	日産系										1			1				2	1.9
	マツダ系				3	1					1			3	3			11	10.3
	その他	9	1	3	5	1	3		3	3	1	7	4	16	12	3	2	73	68.2
	外　資	2		1	2	3												8	7.5
合　計		11	1	5	12	6	3		3	5	3	8	5	21	18	4	2	107	100.0
フィリピン	三菱G						1											1	100.0
合　計							1											1	100.0
ベトナム	その他								1									1	100.0
合　計									1									1	100.0
マレーシア	マツダ系														1			1	33.3
	その他													1	1			2	66.7
合　計														1	2			3	100.0
メキシコ	トヨタ系									1					1			2	5.4
	日産系										1			1				2	5.4
	マツダ系				1						1			4	2			8	21.6
	その他	2	1	1	2	1			1		3	4		2	5	1		23	62.2
	外　資					1								1				2	5.4
合　計		2	1	1	3	2			1	1	5	4		8	8	1		37	100.0
韓　国	その他													1				1	100.0
合　計														1				1	100.0

出所）アイアールシー［2015a］［2018］から筆者作成.

表 3-4　マツダの調達先企業の系列（続き）

国名	系列名	エンジン本体部品	エンジン動弁系部品	エンジン燃料系部品	エンジン吸・排気系部品	エンジン潤滑・冷却系部品	エンジン電装品	ハイブリッド車／電気自動車用主要部品	パワートレイン部品	ステアリング部品	サスペンション部品	ブレーキ部品	ホイール・タイヤ	外装品	内装品	車体電装品	用品	合計 件数	合計 構成比（%）
台湾	トヨタ系						1		1					2	1			5	38.5
	マツダ系														1			1	7.7
	その他						2		1							2		5	38.5
	外資				1	1												2	15.4
合計					1	1	3		2					2	2	2		13	100.0
中国	トヨタ系			1			1		1	1				1	2	2		9	11.1
	マツダ系				2						1			5	4		1	13	16.0
	三菱G						1										2	3	3.7
	その他	6	4	1	2	2	2		3		3	5	3	9	7	3	2	52	64.2
	外資	1												2		1		4	4.9
合計		7	4	2	4	2	4		4	1	4	5	3	17	13	6	5	81	100.0
海外	トヨタ系			3	2	1	2		2	4		1	1	4	7	3		30	12.0
	日産系										2			2				4	1.6
	マツダ系				7	2					3			13	12		1	38	15.3
	三菱G						2										2	4	1.6
	その他	17	6	5	9	4	7		9	3	7	16	7	29	25	9	4	157	63.1
	外資	3		1	3	5								3		1		16	6.4
合計		20	6	9	21	12	11		11	7	12	17	8	51	44	13	7	249	100.0
国内	トヨタ系	1	4	9	4	4	3	6	11	4	2	7	2	4	3	6	1	71	18.3
	日産系								2									2	0.5
	マツダ系	8	3	1	5	6			5	2	6	3	1	9	20		1	70	18.0
	三菱G		2	3	2		3			1					2	2		15	3.9
	その他	10	17	5	8	6	6		10	14	8	16	9	14	12	10	1	146	37.5
	外資	8	6	3	1	6			11	4	3	14		3	14	9	3	85	21.9
合計		27	32	21	20	22	12	6	39	25	19	40	12	30	51	27	6	389	100.0

出所）アイアールシー［2015a］［2018］から筆者作成.

はマツダ系とは大きく異なっている．内装品が7件，外装品とステアリング部品が4件ずつ，エンジン燃料系部品と車体電装品が3件ずつ，エンジン吸・排気系部品とエンジン電装品とパワートレイン部品が2件ずつ，エンジン潤滑・冷却系部品とホイール・タイヤとブレーキ部品が1件ずつとなっている．マツダ系の部品企業は外装品と内装品が25件と半数以上を占めていたが，それと比較して品目の偏りが少なくなっている．また，マツダ系部品企業が供給していないエンジン燃料系部品，エンジン電装品，パワートレイン部品，ステアリング部品，ブレーキ部品を供給していることも大きな違いである．いずれも自動車の重要な部品であり，海外においてトヨタ系部品企業の重要度が高いことがわかる．

圧倒的に多いのは，その他に分類される部品企業である．全ての品目に渡りマツダに部品を供給している．この理由として考えられるのは，他の完成車企業も海外に進出しているということである．そのため，日本での系列関係とは異なる取引を海外で行っているのである．日本では特定の完成車企業としか取引をしていなくても海外ではマツダに供給している部品企業も存在している[7)]．

次に国別の調達先企業の状況を確認する．タイでは三菱グループ（三菱G）以外の全ての系列の部品企業から部品を調達している．トヨタ系13件，マツダ系11件，日産系2件，外資系8件，その他73件となっている．マツダ系部品企業の品目を見ると，エンジン吸・排気系部品，エンジン潤滑・冷却系部品，サスペンション部品，外装品，内装品の5種類しかない．一方で，トヨタ系部品企業は9品目の部品を供給している．タイにおいてはトヨタをはじめとする他社系列からの調達に依存していることがわかる．

中国では日産系以外の全ての系列の部品企業から部品を調達している．マツダ系13件，トヨタ系9件，三菱グループ3件，その他が52件となっている．マツダ系はトヨタ系よりも件数は多いが，品目は5種類であり，そのうち外装品と内装品が9件と半数以上を占めている．一方で，トヨタ系からは7品目を調達している．タイと同様にトヨタ系の部品企業の重要度が高いことがわかる．

メキシコでは三菱グループを除いた部品企業から調達している．マツダ系8件，トヨタ系と日産系と外資系2件，その他23件となっている．

最後に調達構造の国内と海外の比較を行う．国内の調達構造と比較すると，海外のそれとの間には系列の構成比と品目に大きな違いが見られる．系列の構成比を見ると，その他の系列が国内37.5%に対して海外が63.1%と大幅に多くなっている．一方で，トヨタ系，マツダ系，三菱グループの構成比率は下がっている．自社系列の部品企業が国内18.0%に対して海外が15.3%と少なくなっている．国内も自社系列からの調達は少ないが，海外はそれ以上に少なく，系列を超えた取引が行われている．

品目ではトヨタ系からとマツダ系からの調達には大きな違いが見られる．トヨタ系の部品企業からの調達では国内と海外で品目に大きな違いが見られない．海外でトヨタ系から調達していない品目は，エンジン本体部品，エンジン動弁系部品，ハイブリッド車／電気自動車用主要部品，サスペンション部品，用品だけである．それ以外の部品は国内と同様に部品企業が海外に進出している．すなわち，国内と比べて海外の方が若干件数は減っているものの，海外でトヨタ系から調達している品目に大きな違いは見られないのである．

一方で，マツダ系の部品企業は海外においては生産品目の種類が大幅に少なくなっている．海外に進出していない品目としてエンジン本体部品，エンジン動弁系部品，エンジン燃料系部品，エンジン電装品，パワートレイン部品，ステアリング部品，ブレーキ部品，ホイール・タイヤ，車体電装品がある．また，国内では内装品と外装品の合計が29件であり，マツダ系の41%を占めている．しかし，海外では内装品と外装品の合計が25件であり，マツダ系の66%を占めている．すなわち，マツダ系の部品企業で海外に進出しているのは外装品と内装品を供給している部品企業が大半であり，エンジン，パワートレイン，ブレーキ等に関する部品企業の多くは国内にとどまっているのである．

これらのことからマツダの調達構造は国内と海外で大きく異なったものとなっていることがわかる．国内でも自社系列からの調達は多くないが，海外ではさらに少なくなっている．特に，自社系列からの調達が数量だけでなく品目も少なくなっていることは大きな特徴である．すなわち，海外においては調達構造の再現性が低くなっているのである．

（iii）中国地方の部品企業

マツダは広島県に本社を置く企業である．国内の組立工場は広島県，山口県といった中国地方にある．そのため，広島県を中心とした中国地方の部品企業と強いつながりを持つ完成車企業なのである．そこで，マツダの地元である中国地方に本社がある部品企業の海外進出状況について確認する．**表3-5**で集計しているのは中国地方に本社がある部品企業であり，マツダ系部品企業だけが

表 3-5　中国地方に本社がある部品企業のマツダとの取引

県名・国名		エンジン本体部品	エンジン動弁系部品	エンジン燃料系部品	エンジン吸・排気系部品	エンジン潤滑・冷却系部品	エンジン電装品	ハイブリッド車／電気自動車用主要部品	パワートレイン部品	ステアリング部品	サスペンション部品	ブレーキ部品	ホイール・タイヤ	外装品	内装品	車体電装品	用品	合計 件数	合計 構成比（%）
岡山	タ　イ										1			2	1			4	36.4
	メキシコ										1			1				2	18.2
	中　国	1									1		1	2				5	45.5
合　計		1									3		1	5	1			11	100.0
広島	インドネシア				1	1								1	1			4	10.0
	タ　イ				3				1					2	3			9	22.5
	ベトナム								1									1	2.5
	マレーシア														1			1	2.5
	メキシコ				1						1			4	2	1		9	22.5
	台　湾														1	1		2	5.0
	中　国				2									6	4	1	1	14	35.0
合　計					7	1			2		1			13	12	3	1	40	100.0
海外	インドネシア				1	1								1	1			4	7.8
	タ　イ				3				1		1			4	4			13	25.5
	ベトナム								1									1	2.0
	マレーシア														1			1	2.0
	メキシコ				1						2			5	2	1		11	21.6
	台　湾														1	1		2	3.9
	中　国	1			2						1		1	8	4	1	1	19	37.3
合　計		1			7	1			2		4		1	18	13	3	1	51	100.0
国内	岡　山		1		3				1	1			1	1	1			9	10.3
	広　島	9	3	1	5	6			8	3	7	4	1	8	21	1	1	78	89.7
合　計		9	4	1	8	6			9	4	7	4	2	9	22	1	1	87	100.0

出所）アイアールシー［2015a］［2018］から筆者作成.

対象ではない.

分析の結果，岡山県の企業が11件，広島県の企業が40件進出していることがわかった．マツダの地元である広島県の企業が多い．広島県の企業は外装品が13件で最も多く，内装品が12件，エンジン吸・排気系部品が7件となっている．この3品目で80%を占めている．内装品には，シートを製造するデルタ工業やインストルメントパネルを製造するダイキョーニシカワ，エンジン吸・排気系部品にはヒロテックといったマツダ系の主要な部品企業が含まれている．品目は少ないが重量物かつ大物の部品を扱う企業は海外に進出している．また，進出先は中国14件，タイとメキシコが9件ずつとなっており，マツダの重要な生産拠点近くに進出していることがわかる．

岡山県の企業は，外装品5社，サスペンション3件であり進出数は少ない．また，エンジン，インストルメントパネル，シートなどの重要部品を納入している企業は存在せず，軽量な部品を納入する企業が中心である．進出先は，中国，タイ，メキシコとなっており，広島の部品企業と同様にマツダの重要拠点の近くに進出している．

(2)　三菱自

(ⅰ) 品目

ここでは，三菱自の調達先企業が部品の品目別にどの国に展開しているのか確認する．**表3-6**では三菱自に納入している全ての部品企業を集計しているが，三菱グループの部品企業だけが対象ではない．分析資料としてアイアールシー発行の『三菱自動車グループの実態2014年版』を用いる．

タイについては，111件の拠点があり，ハイブリッド車／電気自動車用主要部品を除いた全ての品目が生産されている．マツダと同様に自動車を生産するための取引関係が網羅的に構築されているといえる．マツダと異なるのは内装品の中には重量物であるシートやインストルメントパネルが含まれていないことである．日本もしくは他国からの輸入，日系等の現地法人や民族系部品企業からの調達が考えられる．

インドネシアは28件の拠点があった．エンジン関連部品が9件，外装品が5件，内装品が4件，ブレーキ部品が3件，ステアリング部品が2件，サスペンション部品が1件となっている．タイほどではないが，インドネシアもある程度の部品企業が集積している．タイとは異なり，シートを供給する部品企業

表3-6　三菱自の調達先企業の取扱品目

品目＼国名	エンジン本体部品	エンジン動弁系部品	エンジン燃料系部品	エンジン吸・排気系部品	エンジン潤滑・冷却系部品	エンジン電装品	ハイブリッド車／電気自動車用主要部品	パワートレイン部品	ステアリング部品	サスペンション部品	ブレーキ部品	ホイール・タイヤ	外装品	内装品	車体電装品	用品	合計	
																	件数	構成比（%）
インドネシア	1		3	1	1	3			2	1	3	1	5	4	3		28	17.9
カンボジア															1		1	0.6
タイ	8	5	4	8	6	5		10	9	6	7	8	14	14	6	1	111	71.2
フィリピン	1		2		1			1		1	1		1	2	2		12	7.7
ベトナム	1					1									1		3	1.9
マレーシア									1								1	0.6
合計	11	5	9	9	8	9		11	12	8	11	9	20	20	13	1	156	100.0

出所）アイアールシー［2014］から筆者作成.

が2件含まれている．したがってインドネシアには，タイとは異なる取引関係が構築されているのである．

（ii）系列関係

ここでは，三菱自がどの完成車企業の系列部品企業から調達をしているのか考察する（**表3-7**参照）．最初に海外全体の部品企業の状況を確認する．海外ではトヨタ系の部品企業が30件と最も多くなっている．ステアリング部品が5件，エンジン潤滑・冷却系部品と外装品が4件ずつ，車体電装品とパワートレイン部品が3件ずつとなっている．トヨタ系からは特定の品目に偏ることなく幅広い品目の部品を調達している．

三菱グループの部品企業は10件しかなく，全体の6.4%に過ぎない．その内訳はサスペンション部品が3件，エンジン吸・排気系部品と内装品が2件ずつとなっている．ただ，この中には三菱重工業や三菱電機などの他社にも多くの部品を供給している大手部品企業が含まれている．両社は三菱グループの企業ではあるが，三菱自が固有に組織する系列とは言い難い．そのため，三菱自の直接的な系列といえる部品企業はさらに少ないことになる．

表 3-7　三菱自の調達先企業の系列

国名・系列名	品目	エンジン本体部品	エンジン動弁系部品	エンジン燃料系部品	エンジン吸・排気系部品	エンジン潤滑・冷却系部品	エンジン電装品	ハイブリッド車／電気自動車用主要部品	パワートレイン部品	ステアリング部品	サスペンション部品	ブレーキ部品	ホイール・タイヤ	外装品	内装品	車体電装品	用品	合計 件数	合計 構成比（%）
インドネシア	トヨタ系			1	1	1	1			1		1			1			7	25.0
	マツダ系													1				1	3.6
	その他	1		2			2			1	1	2	1	4	3	2		19	67.9
	外　資															1		1	3.6
合　計		1		3	1	1	3			2	1	3	1	5	4	3		28	100.0
カンボジア	その他															1		1	100.0
合　計																1		1	100.0
タ　イ	トヨタ系	1			1	2	1		3	4			1	3	1	2		19	17.1
	日産系								1									1	0.9
	マツダ系													1				1	0.9
	三菱G				2		1				3			1	2		1	10	9.0
	その他	6	4	4	5	2	3		6	4	3	7	7	9	10	4		74	66.7
	外　資	1	1			2				1					1			6	5.4
合　計		8	5	4	8	6	5		10	9	6	7	8	14	14	6	1	111	100.0
フィリピン	トヨタ系			1		1								1		1		4	33.3
	その他	1		1					1		1	1			2	1		8	66.7
合　計		1		2		1			1		1	1		1	2	2		12	100.0
ベトナム	その他	1					1									1		3	100.0
合　計		1					1									1		3	100.0
マレーシア	その他									1								1	100.0
合　計										1								1	100.0
海　外	トヨタ系	1		2	2	4	2		3	5		1	1	4	2	3		30	19.2
	日産系								1									1	0.6
	マツダ系													2				2	1.3
	三菱G				2		1				3			1	2		1	10	6.4
	その他	9	4	7	5	2	6		7	6	5	10	8	13	15	9		106	67.9
	外　資	1	1			2				1					1	1		7	4.5
合　計		11	5	9	9	8	9		11	12	8	11	9	20	20	13	1	156	100.0
国　内	トヨタ系	4	7	12	8	2	2		14	7	3	8	4	12	14	7	1	105	24.4
	日産系								3									3	0.7
	マツダ系													2				2	0.5
	三菱G	2	5	2	4	3	3	1	1	7	8	3		5	12	1	3	60	13.9
	その他	23	15	8	10	15	5	6	15	12	6	11	10	20	19	14	2	191	44.3
	外　資	5	7		4	3	1	1	13	3	1	7		2	16	5	2	70	16.2
合　計		34	34	22	26	23	11	8	46	29	18	29	14	41	61	27	8	431	100.0

出所）アイアールシー［2014］［2018］から筆者作成.

三菱自は，部品企業の数においても品目においても，自社系列よりもトヨタ系列の部品企業に依存していることがわかる．マツダ以上にトヨタ系列の部品企業の重要度が高くなっているのである．

次に国別の部品企業の状況を確認する．タイではここで挙げた全ての系列の部品企業から調達している．トヨタ系が19件，三菱グループが10件，外資系が6件，日産系とマツダ系が1件ずつ，その他が74件となっている．インドネシアでは，トヨタ系が7件，マツダ系と外資系が1件，その他が19件となっている．トヨタ系の部品企業にかなり依存した調達構造になっているといえる．

圧倒的に多いのは，その他に分類される部品企業である．全ての品目に渡り三菱自に部品を供給している．その他の部品企業からの調達が多いのはマツダと同様の理由だと考えられる．すなわち，海外では日本での系列とは異なる企業と取引しているのではないかということである．

最後に調達構造の国内と海外の比較を行う．国内の調達構造と比較すると，海外のそれとの間には系列の構成比と品目に大きな違いが見られる．系列の構成比を見ると，その他の系列が国内44.3%に対して海外が67.9%と大幅に多くなっている．一方で，トヨタ系，三菱グループの構成比率は下がっている．自社系列の部品企業が国内13.9%に対して海外6.4%とかなり少なくなっている．国内も自社系列からの調達は少ないが，海外はそれ以上に少なく，系列を超えた取引が行われている．

品目では，海外の三菱グループが供給できる範囲は小さい．三菱グループは国内では15品目を供給しているが，海外では6品目と大幅に少なくなっている．一方で，トヨタ系は海外でも品目はあまり変わらない．トヨタ系は国内では15品目を供給しているが，海外では12品目となっている．マツダ系部品企業と同様に三菱グループの部品企業の多くは国内にとどまっているのである．

これらのことから三菱自の調達構造は国内と海外で大きく異なったものとなっていることがわかる．国内でも自社系列からの調達は多くないが，海外ではさらに少なくなっている．特に，自社系列からの調達が数量だけでなく品目も少なくなっていることは大きな特徴である．すなわち，調達構造の再現性が低くなっているのである．マツダも三菱自も海外においては他系列に大きく依存した取引関係を構築しているということである．

（iii）中国地方の部品企業

三菱自の中国地方における生産拠点は，岡山県倉敷市にある水島製作所である．そのため，三菱自はマツダと同様に岡山県を中心とした中国地方の部品企業と強いつながりのある完成車企業である．そこで，水島製作所が立地する中国地方に本社がある部品企業の進出状況について確認する．**表 3-8** で集計しているのは中国地方に本社がある部品企業であり，三菱グループの部品企業だけが対象ではない．

岡山県の部品企業はタイに 11 件，広島県の部品企業がタイ，インドネシアに１件ずつの合計 13 件が進出している．水島製作所のある岡山県の企業が多い．岡山県の部品企業はサスペンション部品が３件で最も多く，パワートレイン部品，内装品が２件ずつとなっている．マツダと同様に中国地方の中でも完成車企業の生産拠点がある県の部品企業の方が海外展開を進めている．

表 3-8　中国地方に本社がある部品企業の三菱自との取引

県名・国名 ＼ 品目		エンジン本体部品	エンジン動弁系部品	エンジン燃料系部品	エンジン吸・排気系部品	エンジン潤滑・冷却系部品	エンジン電装品	ハイブリッド車／電気自動車用主要部品	パワートレイン部品	ステアリング部品	サスペンション部品	ブレーキ部品	ホイール・タイヤ	外装品	内装品	車体電装品	用品	合計 件数	合計 構成比（%）
岡山	タ　イ	1			1				2		3		1	1	2			11	100.0
合　計		1			1				2		3		1	1	2			11	100.0
広島	インドネシア													1				1	50.0
	タ　イ													1				1	50.0
合　計														2				2	100.0
海外	インドネシア													1				1	7.7
	タ　イ	1			1				2		3		1	2	2			12	92.3
合　計		1			1				2		3		1	3	2			13	100.0
国内	岡　山	2		1	5	2			2	5	6	3	1	3	10			40	83.3
	広　島	3				1			1					3				8	16.7
合　計		5		1	5	3			3	5	6	3	1	6	10			48	100.0

出所）アイアールシー［2014］［2018］から筆者作成．

表 3-9　マツダ，三菱自双方のタイ拠点に納入する中国地方の部品企業

県名・国名＼品目		エンジン本体部品	エンジン動弁系部品	エンジン燃料系部品	エンジン吸・排気系部品	エンジン潤滑・冷却系部品	エンジン電装品	ハイブリッド車／電気自動車用主要部品	パワートレイン部品	ステアリング部品	サスペンション部品	ブレーキ部品	ホイール・タイヤ	外装品	内装品	車体電装品	用品	合計 件数	合計 構成比（%）
岡山	タイ													1				1	50.0
広島	タイ													1				1	50.0
合　計														2				2	100.0

出所）アイアールシー［2014］［2015a］から筆者作成.

（iv）両社に納入する中国地方の部品企業

ここまでマツダと三菱自の調達先企業の海外進出状況を見てきたが，両社の国内生産拠点がある広島県と岡山県の部品企業がそれぞれの顧客の海外拠点近くに進出していることが明らかになった．広島県と岡山県は隣接した県であり互いの移動は容易である．そこで，マツダと三菱自の両方の海外拠点に納入している中国地方の部品企業がどの程度あるのか考察する（**表 3-9** 参照）.

分析の結果，マツダと三菱自双方の海外拠点に納入しているのは，いずれもタイにおいて岡山県企業１件，広島県企業１件の計２件だけであった．具体的には，岡山県の片山工業と広島県の西川ゴム工業の２社である.

母国では中国地方という同じ地域内に隣接していながら，マツダを中心とした広島県の企業と三菱自を中心とした岡山県の企業とは，海外でも別個に集積を形成していると考えられる．これは序章でも指摘があった国内の調達構造と同様の傾向を示している．すなわち多くの部品企業は，国内・海外とも（少なくとも直接的には）近隣のマツダか三菱自のいずれかとしか取引をしていないのである.

(3)　トヨタ

ここでは，トヨタの国内外の調達構造の分析を通じてマツダ，三菱自両社のそれとの違いについて明らかにする．ここまでの議論において，マツダ，三菱自がトヨタ系の部品企業に大きく依存していることが分かったが，それでは逆

表3-10　トヨタの調達先企業の系列関係

国名・系列名＼品目		エンジン本体部品	エンジン動弁系部品	エンジン燃料系部品	エンジン吸・排気系部品	エンジン潤滑・冷却系部品	エンジン電装品	ハイブリッド車／電気自動車用主要部品	パワートレイン部品	ステアリング部品	サスペンション部品	ブレーキ部品	ホイール・タイヤ	外装品	内装品	車体電装品	用品	合計 件数	合計 構成比（%）
インドネシア	トヨタ系	3	1	2	4	3	1		5	3	2	2	1	2	5	2	1	37	40.2
	マツダ系													1				1	1.1
	その他	6	3	3	1	1	4		3	1	3	4	2	12	6	3		52	56.5
	外　資	1														1		2	2.2
合　計		10	4	5	5	4	5		8	4	5	6	3	15	11	6	1	92	100.0
タイ	トヨタ系	3	3	2	8	6	1		5	3		7	1	3	4	2	1	49	42.6
	マツダ系													1				1	0.9
	その他	3	7	2	4		4		1	1	3	7	7	9	10	5	2	65	56.5
合　計		6	10	4	12	6	5		6	4	3	14	8	13	14	7	3	115	100.0
メキシコ	トヨタ系		1	1					1			1		3	4	1		12	29.3
	日産系													1				1	2.4
	マツダ系				1							1		3	2		1	8	19.5
	三菱G					1								1				2	4.9
	その他		1			1				1	1	1	2	3	4	2	1	17	41.5
	外　資					1												1	2.4
合　計			2	1	1	3			1	1	1	3	2	11	10	3	2	41	100.0
中国	トヨタ系	10	5	7	10	7	3	2	10	7	5	7	4	10	15	3	6	111	50.5
	日産系										1							1	0.5
	マツダ系													1				1	0.5
	三菱G										1							1	0.5
	その他	7	6	4	2	1	2		3		6	5	10	15	25	12	4	102	46.4
	外　資		1											2	1			4	1.8
合　計		17	12	11	12	8	5	2	13	7	13	12	14	28	41	15	10	220	100.0
海外	トヨタ系	16	10	12	22	16	5	2	21	13	7	17	6	18	28	8	8	209	44.7
	日産系										1			1				2	0.4
	マツダ系				1							1		6	2		1	11	2.4
	三菱G					1					1			1				3	0.6
	その他	16	17	9	7	3	10		7	3	13	17	21	39	45	22	7	236	50.4
	外　資	1	1			1								2	1	1		7	1.5
合　計		33	28	21	30	21	15	2	28	16	22	35	27	67	76	31	16	468	100.0
国内	トヨタ系	19	14	14	23	13	5	9	26	13	8	14	5	24	41	14	5	247	57.4
	日産系																	0	0.0
	マツダ系					1								1				2	0.5
	三菱G			1							3							4	0.9
	その他	15	9	3	6	8	5	1	7	7	9	11	11	17	16	8	3	136	31.6
	外　資	1			3		1		1	1	1	9	1	3	14	5	1	41	9.5
合　計		35	23	18	32	22	11	10	34	21	21	34	17	45	71	27	9	430	100.0

出所）アイアールシー［2015b］［2015c］［2016b］［2018］から筆者作成.

にトヨタの海外拠点はもっぱらどこの系列から部品を調達しているのかを確認しようとするものである．またトヨタはマツダの提携相手でもあるため，その影響も関心がある．なお，海外についてはマツダと三菱自の重要拠点となっているインドネシア，タイ，メキシコ，中国のみを分析対象としている．また，国内はアイアールシー発行の『自動車部品 200 品目の生産流通調査 2018 年版』から集計した．海外はアイアールシー発行の『日本部品メーカーの全世界部品納入実態調査 2017 年版』，『タイ・インドネシア自動車産業の実態 2015 年版』，『メキシコ・ブラジル自動車産業の実態 2015 年版』から集計している．

最初に海外の調達構造について確認する（**表 3-10** 参照）．海外全体では 468 件の部品企業から部品を調達している．その内訳は，トヨタ系が 209 件で 44.7%，その他が 236 件で 50.4%となっており，（三菱自の筆頭株主でありトヨタと同じく大手完成車企業の系列である）日産系，マツダ系，三菱グループの部品企業からの調達はわずかである．

国内では，トヨタ系が 247 件で 57.4%，その他が 136 件で 31.6%を占めている．海外と同様に日産系，マツダ系，三菱グループの部品企業からの調達はかなり少ない．海外のトヨタ系部品企業の数は国内よりも少ないが，全ての品目をトヨタの海外拠点に供給している．すなわち，国内と似通った調達構造が海外に移転・複製されているのである．トヨタはマツダ，三菱自とは異なり，海外における調達構造の再現性が高いといえる．

(4)　日産

ここでは，日産の国内外の調達構造の分析を通じてマツダ，三菱自両社のそれとの違いについて明らかにする．日産は 2016 年から三菱自の筆頭株主となっているため比較対象とした．なお，海外についてはマツダと三菱自の重要拠点となっているインドネシア，タイ，メキシコ，中国のみを分析対象としている．また，国内はアイアールシー発行の『自動車部品 200 品目の生産流通調査 2018 年版』から集計した．海外はアイアールシー発行の『日本部品メーカーの全世界部品納入実態調査 2017 年版』，『タイ・インドネシア自動車産業の実態 2015 年版』，『メキシコ・ブラジル自動車産業の実態 2015 年版』から集計している．

最初に海外の調達構造について確認する（**表 3-11** 参照）．海外全体では 432 件の部品企業から調達している．その内訳は，トヨタ系が 61 件で 14.1%，日産

表3-11　日産の調達先企業の系列関係

国名	系列名＼品目	エンジン本体部品	エンジン動弁系部品	エンジン燃料系部品	エンジン吸・排気系部品	エンジン潤滑・冷却系部品	エンジン電装品	ハイブリッド車／電気自動車用主要部品	パワートレイン部品	ステアリング部品	サスペンション部品	ブレーキ部品	ホイール・タイヤ	外装品	内装品	車体電装品	用品	合計 件数	合計 構成比（%）
インドネシア	トヨタ系			1		1	1				1		1				1	6	15.8
	日産系										1			1				2	5.3
	マツダ系													1				1	2.6
	三菱G						1											1	2.6
	その他	2					3		2	1	1	1	2	7	7			26	68.4
	外資															1	1	2	5.3
合計		2		1		1	5		2	1	3	1	3	9	7	1	2	38	100.0
タイ	トヨタ系			1	2				2	2			1	1	1	1		11	9.2
	日産系								1		2			1				4	3.4
	マツダ系								1					1				2	1.7
	三菱G				1	1	1									1	1	5	4.2
	その他	6	5	5	5	3	3		2	5	2	7	4	13	15	6	2	83	69.7
	外資	2		1	2	3						1			1	2	2	14	11.8
合計		8	5	7	10	7	4		6	7	4	8	5	16	17	10	5	119	100.0
メキシコ	トヨタ系		1	1		1			1	1				1	1	1		8	12.9
	日産系								1		2			1				4	6.5
	マツダ系													1				1	1.6
	三菱G						1										1	2	3.2
	その他	2	3	2	1	3	1		1	2	2	7	3	7	7	2		43	69.4
	外資				1	1									1		1	4	6.5
合計		2	4	3	2	5	2		3	3	4	7	3	10	9	3	2	62	100.0
中国	トヨタ系	4	2	3	4	1			5	3		2	1	3	5	3		36	16.9
	日産系			2					1		1			3				7	3.3
	マツダ系													1	1			2	0.9
	三菱G						1				1	1		1				4	1.9
	その他	7	8	5	6	5	5		2	8	7	13	10	22	36	11	4	149	70.0
	外資					2								3	6	1	3	15	7.0
合計		11	10	10	10	8	6		8	11	9	16	11	33	48	15	7	213	100.0
海外	トヨタ系	4	3	6	6	3	1		8	6	1	2	3	5	7	5	1	61	14.1
	日産系			2					3		6			6				17	3.9
	マツダ系								1					4	1			6	1.4
	三菱G				1	1	4				1	1		1		1	2	12	2.8
	その他	17	16	12	12	11	12		7	16	12	28	19	49	65	19	6	301	69.7
	外資	2		1	3	6						1		3	8	4	7	35	8.1
合計		23	19	21	22	21	17		19	22	20	32	22	68	81	29	16	432	100.0
国内	トヨタ系	1	1	7	6	4	1	1	11	9		7	2	8	8	4		70	14.1
	日産系	12	1	1	1	2		4	6		4			2	2	1		36	7.3
	マツダ系					1								2	1			4	0.8
	三菱G		1	1	1		2		1	1	2							9	1.8
	その他	19	18	12	10	13	7	5	15	18	10	18	13	26	40	8	4	236	47.7
	外資	6	7	5	13	7	3	3	26	3	3	13		9	27	12	3	140	28.3
合計		38	28	26	31	27	13	13	59	31	19	38	15	47	78	25	7	495	100.0

出所）アイアールシー［2015b］［2015c］［2016b］［2018］から筆者作成.

系が17件で3.9%，その他が301件で69.7%となっている．大手完成車企業の日産といえども自社系列の部品企業からの調達は少なく，トヨタ系とその他の系列からの調達が多い．

国内では，外資系からが140件で28.3%，トヨタ系が70件で14.1%，日産系が36件で7.3%，その他が236件で47.7%となっている．国内においては，海外とは異なり外資系部品企業からの調達が多い．このことは，日産が同社筆頭株主のルノーと購買部門を統合していることによる影響が大きいのだろう．また，国内においても自社系列の部品企業からの調達は多くない．国内・海外とも自社系列の部品企業からの調達が少ないのは，2000年以降の「日産リバイバルプラン」で進められた系列解体の帰結なのである．

(5)　中堅完成車企業（マツダ，三菱自）と大手完成車企業（トヨタ，日産）の比較

ここでは，マツダ，三菱自，トヨタ，日産の国内外の調達構造を比較する（表3-12参照）．これまで見てきたように，マツダと三菱自は海外においては自社系列の部品企業からの調達が少ない．一方で，トヨタ系をはじめとする他系列からの調達が多くなっている．

品目においてもマツダと三菱自は自社系列の部品企業からの調達は限られたものとなっている．一方で，トヨタ系の部品企業からの調達品目は国内と海外とで大きな違いはなく幅広い．

マツダと三菱自は，国内においても自社系列からの調達は多くないが，海外においてはその傾向がさらに顕著になっている．海外では国内以上にトヨタ系をはじめとする他系列への依存度が高くなっているのである．すなわち，マツダ，三菱自ともに海外における調達構造の再現性が低いのである．

トヨタの調達構造は国内外において大きな違いは見られない．海外の方がトヨタ系列からの調達は少なくなっているが，それでも44.7%を占めており自社系列の部品企業から多くを調達していることがわかる．また，品目においても国内と海外で大きな違いは見られない．海外においても，国内と同様に全品目にわたって自社系列の部品企業から調達している．トヨタの調達構造の再現性は高いと評価できよう．

日産の調達構造は国内と海外において違いが見られた．国内・海外とも自社系列の部品企業からの調達は少ないものの，大きく違う点は外資系部品企業か

表 3-12　マツダ，三菱自，トヨタ，日産の国内・海外での調達先比較

国名・系列名 ＼ 品目			エンジン本体部品	エンジン動弁系部品	エンジン燃料系部品	エンジン吸・排気系部品	エンジン潤滑・冷却系部品	エンジン電装品	ハイブリッド車／電気自動車用主要部品	パワートレイン部品	ステアリング部品	サスペンション部品	ブレーキ部品	ホイール・タイヤ	外装品	内装品	車体電装品	用品	合計 件数	合計 構成比（%）
マツダ	海外	トヨタ系			3	2	1	2		2	4		1	1	4	7	3		30	12.0
		日産系										2			2				4	1.6
		マツダ系				7	2					3			13	12		1	38	15.3
		三菱G						2										2	4	1.6
		その他	17	6	5	9	4	7		9	3	7	16	7	29	25	9	4	157	63.1
		外　資	3		1	3	5								3		1		16	6.4
	合　計		20	6	9	21	12	11		11	7	12	17	8	51	44	13	7	249	100.0
	国内	トヨタ系	1	4	9	4	4	3	6	11	4	2	7	2	4	3	6	1	71	18.3
		日産系								2									2	0.5
		マツダ系	8	3	1	5	6			5	2	6	3	1	9	20		1	70	18.0
		三菱G		2	3	2		3			1					2	2		15	3.9
		その他	10	17	5	8	6	6		10	14	8	16	9	14	12	10	1	146	37.5
		外　資	8	6	3	1	6			11	4	3	14		3	14	9	3	85	21.9
	合　計		27	32	21	20	22	12	6	39	25	19	40	12	30	51	27	6	389	100.0
三菱自動車	海外	トヨタ系	1		2	2	4	2		3	5		1	1	4	2	3		30	19.2
		日産系								1									1	0.6
		マツダ系													2				2	1.3
		三菱G				2		1				3			1	2		1	10	6.4
		その他	9	4	7	5	2	6		7	6	5	10	8	13	15	9		106	67.9
		外　資	1	1			2				1					1	1		7	4.5
	合　計		11	5	9	9	8	9		11	12	8	11	9	20	20	13	1	156	100.0
	国内	トヨタ系	4	7	12	8	2	2		14	7	3	8	4	12	14	7	1	105	24.4
		日産系								3									3	0.7
		マツダ系													2				2	0.5
		三菱G	2	5	2	4	3	3	1	1	7	8	3		5	12	1	3	60	13.9
		その他	23	15	8	10	15	5	6	15	12	6	11	10	20	19	14	2	191	44.3
		外　資	5	7		4	3	1	1	13	3	1	7		2	16	5	2	70	16.2
	合　計		34	34	22	26	23	11	8	46	29	18	29	14	41	61	27	8	431	100.0

出所）アイアールシー［2014］［2015a］［2015b］［2015c］［2016b］［2018］から筆者作成.

表 3-12　マツダ，三菱自，トヨタ，日産の国内・海外での調達先比較（続き）

国名・系列名		品目	エンジン本体部品	エンジン動弁系部品	エンジン燃料系部品	エンジン吸・排気系部品	エンジン潤滑・冷却系部品	エンジン電装品	ハイブリッド車／電気自動車用主要部品	パワートレイン部品	ステアリング部品	サスペンション部品	ブレーキ部品	ホイール・タイヤ	外装品	内装品	車体電装品	用品	合計 件数	合計 構成比（%）
トヨタ自動車	海外	トヨタ系	16	10	12	22	16	5	2	21	13	7	17	6	18	28	8	8	209	44.7
		日産系										1			1				2	0.4
		マツダ系				1							1		6	2		1	11	2.4
		三菱G					1					1			1				3	0.6
		その他	16	17	9	7	3	10		7	3	13	17	21	39	45	22	7	236	50.4
		外資	1	1			1								2	1	1		7	1.5
	合計		33	28	21	30	21	15	2	28	16	22	35	27	67	76	31	16	468	100.0
	国内	トヨタ系	19	14	14	23	13	5	9	26	13	8	14	5	24	41	14	5	247	57.4
		日産系																	0	0.0
		マツダ系					1								1				2	0.5
		三菱G			1							3							4	0.9
		その他	15	9	3	6	8	5	1	7	7	9	11	11	17	16	8	3	136	31.6
		外資	1			3		1		1	1	1	9	1	3	14	5	1	41	9.5
	合計		35	23	18	32	22	11	10	34	21	21	34	17	45	71	27	9	430	100.0
日産自動車	海外	トヨタ系	4	3	6	6	3	1		8	6	1	2	3	5	7	5	1	61	14.1
		日産系			2					3		6			6				17	3.9
		マツダ系								1					4	1			6	1.4
		三菱G				1	1	4				1	1		1		1	2	12	2.8
		その他	17	16	12	12	11	12		7	16	12	28	19	49	65	19	6	301	69.7
		外資	2		1	3	6						1		3	8	4	7	35	8.1
	合計		23	19	21	22	21	17		19	22	20	32	22	68	81	29	16	432	100.0
	国内	トヨタ系	1	1	7	6	4	1	1	11	9		7	2	8	8	4		70	14.1
		日産系	12	1	1	1	2		4	6		4			2	2	1		36	7.3
		マツダ系					1								2	1			4	0.8
		三菱G		1	1	1		2		1	1	2							9	1.8
		その他	19	18	12	10	13	7	5	15	18	10	18	13	26	40	8	4	236	47.7
		外資	6	7	5	13	7	3	3	26	3	3	13		9	27	12	3	140	28.3
	合計		38	28	26	31	27	13	13	59	31	19	38	15	47	78	25	7	495	100.0

出所）アイアールシー［2014］［2015a］［2015b］［2015c］［2016b］［2018］から筆者作成.

らの調達であった．国内は外資系部品企業からの調達が28.3%を占めているが，海外では8.1%と大きく下がっている．一方で，海外においてはその他の部品企業の比率が大きくなっていた．

このように中堅完成車企業であるマツダ，三菱自と大手完成車企業であるトヨタ，日産の国内外の調達構造には大きな違いがあることが明らかになった．また，大手完成車企業間にも違いが見られた．海外で国内相当の調達構造を概ね再現できるのは，トヨタ固有の特徴と言っても差し支えないだろう．マツダと三菱自は，自社系列企業の海外展開力が乏しいことから，海外において国内の調達構造を十分に再現できていないのである．

3．マツダ・タイ拠点の事例研究

本節では，２工場の事例に基づいてタイにおけるマツダの現地調達戦略の実態について明らかにする．マツダは，タイにおいて完成車工場である Auto Alliance Thailand（AAT）とエンジン，トランスミッション工場である Mazda Powertrain Manufacturing Thailand（MPMT）を設立している．本節では，両工場がどのような方針で現地調達を進めてきたのかについて考察する．

マツダのタイ拠点を対象とする理由は，同社の全海外工場の中でタイ拠点が主導的な立場にあり，エンジン，トランスミッション，完成車まで全てを生産している唯一の海外拠点ということにある．前述したようにタイの完成車工場は，海外工場の長男という位置づけになっている．中国，メキシコの工場と比べると生産台数は少ないが，生産開始年は早い．そのため，中国，メキシコの工場に比べると海外における生産，現地調達の経験は長い．また，完成車工場に加えて，海外で唯一のトランスミッション工場も設立されている．このように海外拠点の中でもオペレーションの歴史が長いことから，そこでの特徴を抽出することで，中堅完成車企業における海外現地調達の進化のためのアプローチをより正確に把握できると考えられる．以上の理由からマツダのタイの２工場を事例研究の対象としている．

(1)　**Auto Alliance Thailand（AAT）の事例**

（ｉ）概要

AATは，1995年にマツダとフォードの合弁企業として設立された．当初は

表 3-13　AAT の概要

名　称	AutoAlliance (Thailand) Co.,Ltd.（略称：AAT）
所在地	ラヨーン県イースタン・シーボード工業団地
生産開始時期	1998年５月（1995年11月設立）
従業員数	7,001名
生産台数	133,138台
主な生産車種	デミオ，アクセラ，CX-3，BT-50
資本構成	マツダ 50%，フォード 50%

（2018年３月31日時点）

出所）マツダ株式会社ウェブサイト（http://www.mazda.com/ja/about/profile/activity/asia/）.

ピックアップトラックのみを生産していたが，2009 年から乗用車の生産を開始している．2018 年時点の生産車種は，デミオ，アクセラ，CX-3，ピックアップトラックの BT-50 となっている（**表 3-13** 参照）．なお，BT-50 はフォード・レンジャーの OEM である．AAT では，BT-50 を除くと日本と同一車種を生産している．ただしデミオに関しては，現地市場ニーズに合わせて国内では生産・販売のないセダンタイプも生産されている．

（ⅱ）部品企業との関係

部品企業との関係における特徴は，① マツダ系部品企業に対して随伴進出の要請をしなかったこと，② A-ABC（ASEAN Achieve Best Cost）活動による支援が行われていること，③ 日本とは異なる取引関係があるという３点を挙げることができる．

第１に，AAT の設立に際して，マツダから部品企業に対して明示的に進出を要請することはなかった．各部品企業が自社の判断でタイ進出を決定したことになる．筆者の調査においても，各部品企業の進出年は AAT が完成車の生産を開始した 2009 年前後に集中しておらず随伴進出ではなかったことがわかる[8]．しかし，部品企業に対する支援が全くなかったわけではなく，次に見る A-ABC 活動のような AAT による日系，民族系を問わない現地部品企業への直接的な支援や新車立上げ時に必要となる技術上のアドバイスをすることはある[9]．

第２に，A-ABC 活動を通じた部品企業への支援である．マツダは，2013 年

2月からA-ABC活動を開始した．これは，AATのものづくりのエキスパートが部品企業の工場を訪問して，マツダ生産方式の考え方を基本にモノづくりの無駄・問題点を抽出し，改善策の検討・実施に協働で取り組む活動である[10]．

第3に，日本とは異なる取引関係がある．前述のように日本では取引がないが，タイでは取引のある部品企業が存在している．他系列の部品企業との取引については，バンコク日本人商工会議所自動車部会のネットワークを通じたAATからの開拓と他系列部品企業からのコンタクトという2通りがある[11]．タイにおいては日本よりもマツダ系部品企業からの調達が少なくなっており，日本とは異なる取引関係が構築されているのである[12]．

(2)　Mazda Powertrain Manufacturing Thailand（MPMT）の事例

(i)概要

MPMTは，2015年にマツダが100%出資しトランスミッション専用工場として設立された．2018年時点ではエンジンの生産も行っている（表3-14参照）．年間生産台数は，トランスミッションが約40万基，エンジンが約10万基となっている．

MPMTを設立する契機となったのが，第6世代商品群に搭載されるSKYACTIV（スカイアクティブ）技術の実用化である．マツダは従来から国内でトランスミッションを内製していたが，一部は部品企業からも調達していた．しかし，SKYACTIV仕様のトランスミッションの内製をさらに進めることとしたため，生産能力を増強する必要が生じたのである[13]．海外初のトランスミッションの生産地にタイが選ばれたのは，当地に自動車部品企業が数多く集積していたためである．

表3-14　MPMTの概要

名　称	Mazda Powertrain Manufacturing (Thailand) Co., Ltd（略名：MPMT）
所在地	チョンブリ県
生産開始時期	2015年1月
従業員数	933名
主な生産車種	自動車用トランスミッション，エンジン
資本構成	マツダ 100%

（2018年3月31日時点）

出所）マツダ株式会社ウェブサイト（http://www.mazda.com/ja/about/profile/activity/asia/）．

現地調達率は，エンジンとトランスミッションを合わせると約40%となっている．日系の部品企業からの調達が多く，タイの民族系企業からの調達はわずか1社に過ぎない[14]．

MPMT製のエンジンとトランスミッションは，それぞれ主な納入先が異なる．エンジンはもっぱらAATの完成車向けである．マツダでは，完成車とエンジンの組立はセットで海外進出するものとされている[15]．トランスミッションは，海外生産拠点向けの輸出品目である．くり返しになるが，MPMTは海外におけるマツダ唯一のトランスミッション工場であり，AATだけではなく中国，メキシコにも供給している．そのため輸出比率は約75%に達している．

（ii）生産の特徴

生産における最大の特徴は，「等価性」という概念である．これは，海外も日本と同じものづくりを行い等価の品質を保証するという方針である．具体的には，日本で最新型のロボットを導入したらMPMTも同様のロボットを導入する．したがって，同じ製品であれば世界中で同一のものづくりを行い，同一の品質が保証されるようになっている．マツダはプレミアム・ブランドのポジションを狙っているため，例え労働集約的な工程に有利な国であっても設備投資を怠らないのである．また，等価性はマツダ内部だけの方針ではなく，部品企業にも要求している．

等価性の方針は，日本においては以前から存在していた．ただし，マツダだけの方針であり部品企業は対象になっていなかった．ところが海外でも徐々に日本と同様の車種の生産が増加するようになったため，現地調達率が上がるにつれて部品企業を巻き込んだ等価性の方針の共有がグローバル展開上必須となったのである[16]．例えば，メキシコ工場の完成車に搭載されるトランスミッションは，タイだけではなく日本からも輸出されている．そのため，日本とタイにおいて品質に差があるとグローバル生産体制に多大な支障が生じることになる．これらのことから等価性が部品企業にまでグローバルに適用されるようになったのである．

（iii）部品企業との関係

MPMTの設立に際しては，オンド，広島アルミニウム工業，広島精密工業，トーヨーエイテックが随伴進出している．これら4社はマツダから正式に要請を受けた進出であり，MPMT の近隣への立地もしくは構内外注として進出している．これは AAT の現地調達方針とは大きく異なる点である．

部品企業に対しては，AAT で実施している A-ABC 活動のような支援は行っていない．部品企業に対する支援体制についても AAT と MPMT では大きく異なったものとなっている．

小　　括

本章の目的は，二次資料の分析と事例研究を通じて海外におけるマツダと三菱自の現地調達の構造を明らかにすることであった．本章の前半では，二次資料の分析からマツダと三菱自は海外において自社系列の部品企業からの調達が少ないことを明らかにした．

海外でのマツダと三菱自が，自社系列の部品企業からあまり調達していない理由は大きく3つ考えられる．1つ目は部品企業の規模である．マツダ系，三菱グループの部品企業の規模はトヨタ系に比べてかなり小さい．例えば，マツダ系の最大手部品企業であるダイキョーニシカワの売上高は1720億円（2018年）[17]，三菱グループの水島製作所での最大手地場部品企業であるヒルタ工業の売上高は407億円（2015年）[18]に過ぎない．トヨタ系のデンソーやアイシン精機と比較すれば規模の違いは歴然である．規模が小さければ海外進出することは難しくなる．2つ目は，両社の国内生産比率の高さである．国内生産比率が高ければ，地場部品企業は国内顧客の工場に納入しておけば十分な仕事量を確保できるため，わざわざ海外に進出する理由がない．3つ目は，マツダ，三菱自の過去の海外展開の失敗で部品企業側が挫折感を味わっており，海外市場への進出に過度に慎重になっていることである．マツダは北米，三菱自は北米，欧州等からの撤退歴があり，このときに部品企業も損失を計上したのである．このような理由が，マツダ，三菱自双方の自社系列部品企業の海外進出が少ない要因だと考えられる．

マツダ系，三菱グループの部品企業は，今後も国内を中心とした事業展開を続けて成長を続けることはできるのであろうか．マツダと三菱自の現地生産の状況を考えると，地場部品企業が国内注力だけで事業を継続していくことは難しいのではないかと考えられる．両社とも海外生産を増やしており，もはや国内生産が大きく伸びていくことは考えにくい．これまで見てきたように，両社とも国内・海外を問わずトヨタ系をはじめとする他社系列からの調達が非常に多くなっている．国内では取引がないが，海外では取引のある部品企業も存在している．その部品企業が優れていた場合，国内の納入も切り替えられる可能性がある．そうなると，国内しか納入していない部品企業は全ての仕事を失うことになる．系列に属する中国地方の地場部品企業にとっては，系列外の部品企業に取引実績を積ませないためにも，海外進出をつうじてマツダ，三菱自のグローバル戦略に同調することこそが，翻って国内の事業を堅守することにつながるのである．

本章の後半では，AAT と MPMT の事例研究からタイにおけるマツダの現地調達戦略について考察した．分析の結果，マツダは日本と同様の製品を同一の方法で生産する「等価性」という基本方針に従ってタイでも事業展開していることが明らかになった．すなわち，日本のものづくりと取引関係をタイでも再現しようとしているのである．しかしながら，二次資料の分析と事例研究から明らかなように，国内と海外では調達構造は異なっており，国内と同様の取引関係は完全には再現できていない．ただし部品調達領域の量的な再現性こそ低いもものの，マツダが追求する等価性の概念は，日本同等のものづくりを海外市場でも実現するという質的な意味での再現性に関して高い水準に達しているというのが，マツダの海外部品調達構造をみた際に気づかされる，最もユニークな点だと評価することができよう．

現地調達の考え方については，AAT と MPMT では差異が見られる．AAT は，部品企業に対して随伴進出の要請をしてこなかった．AAT がフォードとの折半出資による合弁だったこともあるだろうが，タイではあくまでも部品企業が自社で判断してタイに進出してきたのである．一方，MPMT は部品企業に対して明示的な随伴進出を要請した．それに応じた部品企業は，MPMT の隣接地や構内外注として進出している．

部品企業の支援体制についても AAT と MPMT では違いがあった．AAT においては A-ABC 活動を通じて部品企業に対する支援を行っていたが，MPMT ではそのようなことは行っておらず個別の支援活動にとどまっていた．

事例研究からは，マツダは日本の競争力を基礎とした海外展開を進めていると評価することができる．タイで生産する車種についても，デミオのセダンタイプを除けば日本と同一である．タイでは生産だけを行っており，開発機能は有していない．また，生産方式についてもマツダだけではなく，部品企業にまで日本と同一の等価性を求めている．このように生産車種から生産方式，取引関係に至るまで全て日本の本社主導で行われているのである．

今後もマツダと三菱自が成長を続けていくためには，海外市場で成長していくことが不可欠である．そのためには，海外における現地生産を拡大していく必要がある．一方で，日本の開発・生産の一貫体制が競争力の源泉になっていることから，国内生産は維持していく必要がある．もしも国内生産から撤退するようなことになれば，グローバル市場での競争力を失うことになりかねない．しかし，序章でも述べられているように中国地方の人口減少は大都市圏以上に厳しい状況にある．マツダと三菱自は，人口減少が進む中国地方での生産を維持しつつ海外生産を拡大するという困難な課題に挑戦しなければならないのである．

本研究は，平成27年度科学研究費助成事業（若手研究（B）課題番号：15K21586 研究課題：産業クラスターが海外研究開発拠点のイノベーションに与える影響）による助成を受けた研究の一部である．

注

1）マツダの海外現地調達に関する研究は，マツダの部品企業である東洋シートやユーシンの海外進出の事例研究（山崎［2008］）やマツダの部品企業のメキシコ進出の事例などの少数の事例研究（木村［2016］）に限られている．また，三菱自の海外現地調達に関する研究はほとんど見当たらない．

2）『日本経済新聞』夕刊，2014年2月28日，p. 3参照．

3）2017年の北米での販売台数は43万3785台であり，全世界の販売台数の27.4％を占めている（マツダ［2018］，p. 28）．

4）『日本経済新聞』朝刊，2011年6月4日，p. 13参照．

5）Auto Alliance Thailand（AAT）でのインタビュー調査による（2016年8月23日実施）．

6）系列判定基準は第2章と同様，次の2点である．1点目は資本関係による判定である．特定の親企業（もしくは親企業の系列）が20％以上の株式を保有する場合である．2点目は取引関係（供給量全体に占める割合）による判定である．特定の完成車企業関連の取引がおおむね60％以上であり，かつ，他の完成車企業との取引関係がほぼ無い場合，系列と判定した．

7）AATでのインタビュー調査による（2016年8月23日実施）．

8）畠山［2017］，pp. 91-92 参照.

9）AAT でのインタビュー調査による（2016年8月23日実施）.

10）マツダ株式会社［2014］，p. 153 参照.

11）AAT でのインタビュー調査による（2016年8月23日実施）.

12）畠山［2018］，pp. 31-33 参照.

13）MPMT でのインタビュー調査による（2018年8月22日実施）.

14）MPMT でのインタビュー調査による（2018年8月22日実施）.

15）MPMT でのインタビュー調査による（2018年8月22日実施）.

16）AAT 担当者へのメールのインタビューによる（2018年11月9日～12日実施）.

17）ダイキョーニシカワ株式会社ウェブサイト（http://www.daikyonishikawa.co.jp/jp/ir/highlight.html）.

18）ヒルタ工業株式会社ウェブサイト（http://www.hiruta-kogyo.co.jp/jhtml/kaisya-annai.html）.

補論１　群馬県太田市の自動車産業
――SUBARU（スバル）の生産システム，部品調達における地場部品企業の役割――

はじめに

本章では，本書が分析対象とする中国地方に立地するマツダ，三菱自との比較として，群馬県太田市に立地するSUBARU（以下，スバル）を取り上げる．スバルを取り上げるのは，マツダ，三菱自が同じ中堅完成車企業であり，また地方都市に「企業城下町型」集積を形成しているという共通項があるからである．比較対象として類似の特徴を有する産業集積地域を検討することによって，中国地方の特色をより明確にすることができると考える．

本章が対象とする群馬県太田市はスバルの組立工場（本工場，矢島工場）が立地する「企業城下町型」集積地域である[1)]．2012年以降北米における需要拡大によってスバルの国内生産台数が増大し，太田市の輸送機器製造業も拡大傾向にある．スバルはどのようにして生産性を向上し，需要増に対応したのだろうか．本章では，2012年以降におけるスバルの生産拡大を可能にした要因を考察し，地場部品企業[2)]の役割を明らかにすることを課題とする．地場部品企業の役割に着目するのはスバルと地場部品企業が不可分の関係にあるものの，その関係性の実態やそれがもつ意味については十分に明らかにされていないからである[3)]．

そこで，本章では次の２つの視点に基づき，地場部品企業の役割を検討する．第１に，スバルの生産システムにおける地場部品企業の関与である．近年におけるスバルの生産システムの改善に際して，地場部品企業がどのように寄与したのかを考察する．第2に，スバルの部品調達の全体像から地場部品企業を位置づける．2000年代に入り，日本の完成車企業は全体として系列企業からの調達を縮小しているが，完成車企業によって系列企業からの調達比率は大きく異なると言われている[4)]．したがって，スバルにおける「オープン化[5)]」の実態，すなわち系列企業から調達する部品量や部品の種類などを詳細に検討することによって，地場部品企業の役割が明確になると考える．

本章の構成は以下の通りである．まず分析の前提として，第１節でスバルの組立工場が立地する太田市の自動車産業の現状を確認した上で，第２節で2010年以降におけるスバルの概況を把握する．第３節ではスバルが生産を拡大する上で重要な意味をもつ生産システムの変化，およびそこでの地場部品企業の関与の実態を考察する．第4節ではスバルの部品調達構造を分析し，地場部品企業の役割を明らかにする．

本章の分析に用いる主な資料は，経済産業省「工業統計調査」，スバルの公表データ，スバル群馬製作所および太田市役所産業環境部工業振興課へのヒアリング調査記録，アイアールシーのデータベース[6]である．データベースについては，第2章と同様に，アイアールシー発行の『自動車部品200品目の生産流通調査2018年版』を用いてデータベースを作成した後，アイアールシー発行の『SUBARUグループの実態2017年版』を元に系列を判定した[7]．

1．太田市の自動車産業の現状

本節では，北関東の自動車産業における太田市の位置を確認した上で，経済産業省の「工業統計調査」を用いて太田市の事業所数，従業者数，製造品出荷額等の推移（1975～2015年）を検討し，太田市の自動車産業の現状を把握する．

(1)　北関東の自動車産業における太田市の位置

表補1-1は北関東における輸送機器製造業を製造品出荷額等の大きい自治体順に並べた表である[8]．本章で取り上げる群馬県太田市は，北関東の輸送機器製造業の

表補1-1　北関東における輸送機器製造業の事業所数，従業者数，製造品出荷額等

		事業所数（カ所）	従業者数（人）	製造品出荷額等（万円）
1	群馬県太田市	108	20,201	215,333,225
2	栃木県河内郡上三川町	14	6,405	58,398,142
3	埼玉県狭山市	17	5,838	46,099,219
4	群馬県邑楽郡大泉町	11	4,116	45,839,565
5	群馬県伊勢崎市	116	7,366	27,904,976
6	栃木県栃木市	42	4,012	23,632,834
7	茨城県ひたちなか市	14	4,575	20,121,471
8	茨城県古河市	38	3,474	19,141,515
9	埼玉県上尾市	27	3,393	19,096,432
10	埼玉県大里郡寄居町	13	2,424	18,396,035

出所）「平成28年経済センサス活動調査」より筆者作成.

中で製造品出荷額等が最も大きい自治体であり，2015年の製造品出荷額等は2兆1533億円である．次いで栃木県河内郡上三川町が5839億円，埼玉県狭山市が4609億円，群馬県邑楽郡大泉町が4583億円であり，完成車企業の工場が立地する自治体が上位を占めている[9]．また，群馬県太田市の従業者数が20201人，栃木県河内郡上三川町が6405人，埼玉県狭山市が5838人であり，製造品出荷額等の大きい自治体ほど従業者数も多い．一方，事業所数を見ると，群馬県伊勢崎市（116事業所），群馬県太田市（108事業所），栃木県栃木市（42事業所）の順であり，従業者数や製造品出荷額等の大きい自治体は事業所数も多いとは必ずしもいえない．その中で群馬県太田市には108事業所が立地しており，輸送機器製造業の一定の集積が認められる[10]．

(2)　太田市における事業所数，従業者数，製造品出荷額等の推移（1975～2015）[11]

まず，**図補1-1**の事業所数の推移をみると，太田市の事業所数は1975年の689事業所から1990年には842事業所に増加した後，1990年代以降は減少傾向にあった．その後，2005年の市町村合併の影響により事業所数が増加し，2015年の事業所数は838である．その内，輸送機器製造業の事業所数は1975年の44事業所から1990年には73事業所に増加し，2015年は108事業所である．

従業者数は1990年以降やや減少していたが，2000年以降急増しており，2015年には4万2077人（1990年比：約1.7倍）を記録した（**図補1-2**参照）．とりわけ輸送機器製造業の従業者数は2000年の1万645人から2015年には2万201人に倍増しており，輸送機器製造業が2000年以降の従業者数の伸びを牽引したことが読み取れる．

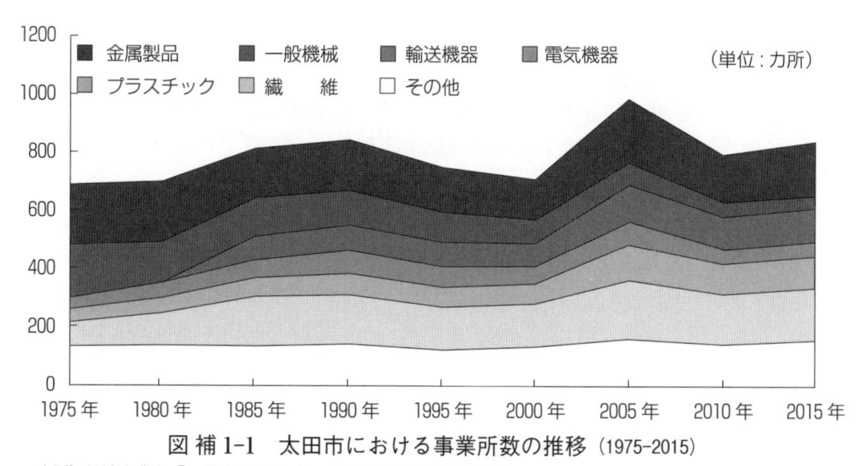

図補1-1　太田市における事業所数の推移（1975-2015）

出所）経済産業省「工業統計調査（市区町村篇）」より筆者作成．

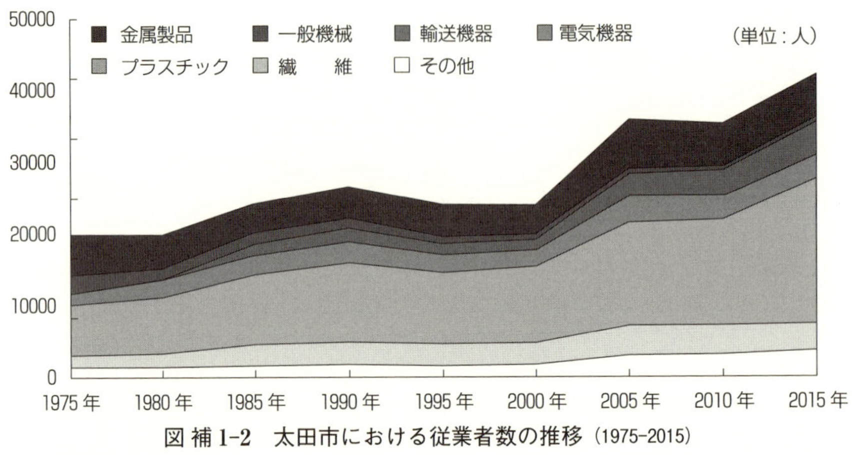

図 補 1-2　太田市における従業者数の推移（1975-2015）

出所）図 補 1-1 と同じ.

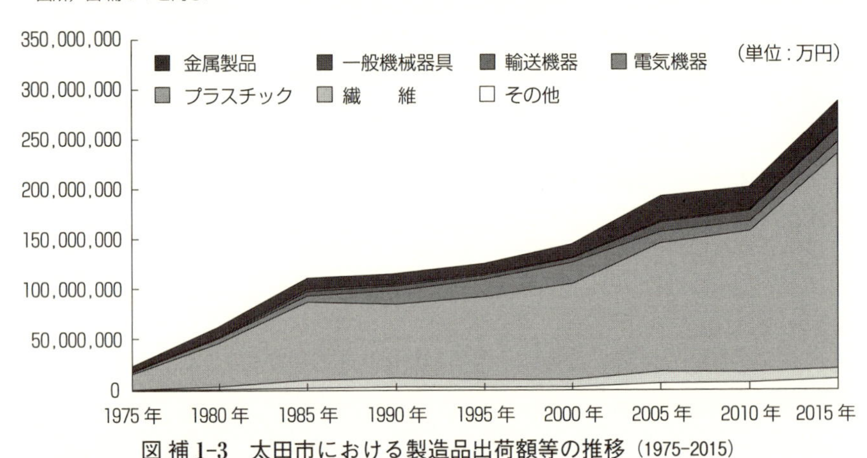

図 補 1-3　太田市における製造品出荷額等の推移（1975-2015）

出所）図 補 1-1 と同じ.

製造品出荷額等は1975年以降ほぼ一貫して伸びており，2015年には2兆8837億円に達した（**図 補 1-3** 参照）．製造品出荷額等に占める輸送機器製造業の割合も年々上昇しており，2015年には製造品出荷額等全体の75%を輸送機器製造業が占めた．従業者数と同様，輸送機器製造業が製造品出荷額等全体を押し上げたのである．

(3)　太田市の自動車産業

以上のように，太田市の自動車産業は1990年代にやや低迷したものの，2000年代後半以降従業者数，製造品出荷額等がともに急拡大し，現在北関東における自動車産業の重要な位置を占めている．太田市における輸送機器製造業の製造品出荷額等の約7割をスバル関連企業が占めているように[12]，太田市の産業はスバルの動向に大きく左右される可能性が高い．その点について検証するために，次節では2000年以降におけるスバルの経営の変化，そしてそれが地域経済に与えうる影響について考察する．

2．スバルの概況[13]

本節では，2000年以降における売上高や生産台数の推移からスバルの経営の変化を把握し，太田市との関係について検討する．

(1)　2012年度以降における売上高の拡大

図補1-4 はスバルの売上高，営業利益，経常利益の推移を示したものである．2000年度から2011年度までほぼ同水準の売上高で推移していたが，2012年度以降急拡大し，2017年度には3兆4052億円に達した．2011年度から売上高が倍増したのである．それによって営業利益，経常利益も大きく拡大し，2015年度の営業利益は5656億円（2010年比：約5倍）を記録した．

次に，所在地別に売上高の推移をみると，スバルの業績拡大は北米における販売増と大きく関わっていることがわかる（**図補1-5** 参照）．2011年度まで日本での売上高は全体の約50%を占めていたが，2015年度には約30%まで縮小した．一方，

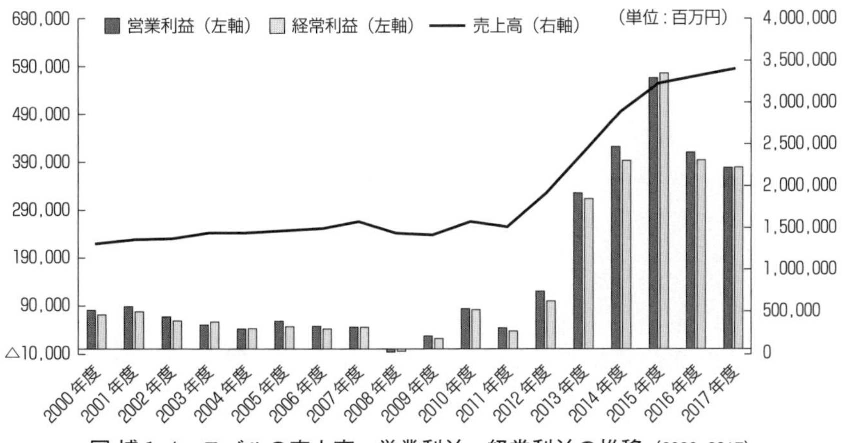

図補1-4　スバルの売上高，営業利益，経常利益の推移（2000-2017）

出所）スバルの企業ウェブサイトより筆者作成．

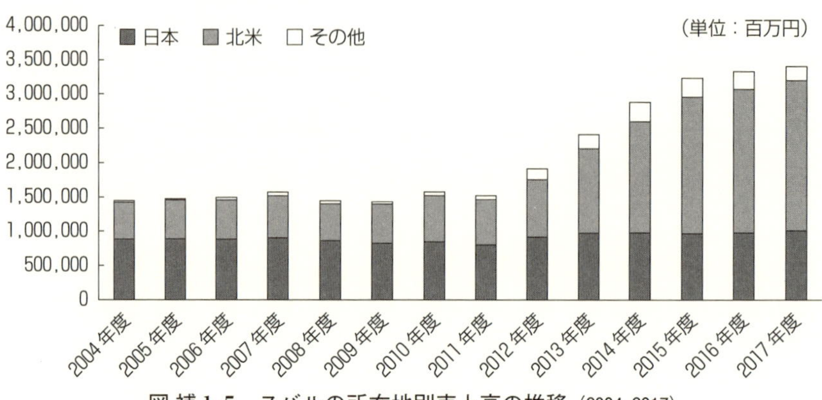

図 補 1-5　スバルの所在地別売上高の推移（2004-2017）

出所）図 補 1-4 と同じ.

北米における売上高の割合は2011年度以降徐々に上昇し，2015年度には約60%まで上昇した．北米における売上高は2011年度の6803億円から2017年度には2兆1927億円まで拡大したのである．以上から，2012年度以降における売上高の伸びは北米市場での販売拡大が要因だと考えられる[14].

(2)　国内生産台数・海外生産台数の拡大

売上高の拡大に比例して，生産台数も2012年度以降大きな伸びを見せている（**図 補 1-6** 参照）．2011年度は国内生産が41万8545台，海外生産が16万1716台であったが，2017年度には国内生産は70万9643台，海外生産は36万3414台に増

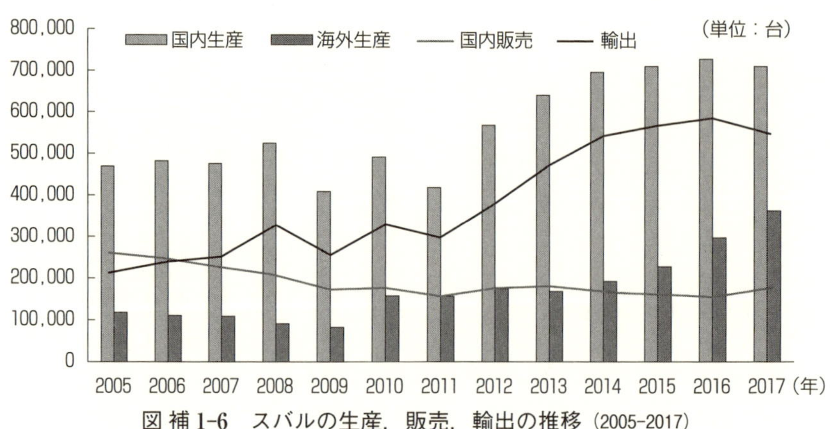

図 補 1-6　スバルの生産，販売，輸出の推移（2005-2017）

出所）図 補 1-4 と同じ.

加した．国内生産が伸びているのは，スバルの主な生産拠点が群馬製作所（矢島工場，本工場），米国のSIA（Subaru of Indiana Automotive）の2カ所であり，SIAだけでは生産が間に合わないからである．それゆえ，スバルは北米市場の拡大に対して輸出の増大によって対応を図り，海外生産のみならず，国内生産も大きく拡大したのである[15]．輸出台数は2011年度以降急速に増加し，2016年度には2011年度の約2倍にあたる58万2708台を記録した．

(3)　スバルの生産拡大と太田市

国内の完成車企業各社が国内生産を縮小し，海外生産を急速に拡大させる中で，スバルは現在でも全体の6割以上を群馬県太田市の群馬製作所（本工場，矢島工場）で生産している．また，前述のように太田市ではスバル関連企業が輸送機器製造業の製造品出荷額等の約7割を占めている．これは，太田市における輸送機器製造業の成長がスバルの国内生産の拡大によって導かれたものであること，そして太田市の機械金属産業がスバルの動向によって大きく左右される可能性が高いことを意味するものである．次節ではスバルが2012年以降，どのように生産を拡大したのか，その要因について検討する．

3．スバルの生産拡大を可能にした要因

本節では，スバルの経営方針や生産システムの変化，そして行政や部品企業の対応に着目し，2012年以降スバルがどのように増産体制を築いたのかを論じる．

(1)　経営方針の変化：「選択と集中」

2011年6月に代表取締役社長に就任した吉永泰之氏は，次のように経営資源の「選択と集中」を徹底した．第1に，2008年4月に軽自動車をダイハツからのOEMに順次切り替える旨を発表していたことから，自動車部門で車種やセグメントを絞ったことである．2012年2月に軽自動車の自社生産を終了し，ダイハツからのOEM調達に切り替えた．そのことによって軽自動車を生産していた本工場で乗用車を生産することが可能になり，本工場の生産能力が2011年度末の約10万台から2018年度末には21.3万台に倍増した[16]．第2に，環境関連事業からの撤退である．2012年7月にエコテクノロジーカンパニーが手がけてきた風力発電システム事業を日立製作所に譲渡し，2013年1月には塵芥収集車事業を新明和工業に譲渡した．また，2012年以降拡大した利益を先進技術の開発に投資するなど，資源を集中した．

(2)　生産システムの改善

スバルは生産性を向上させるために次の3つに取り組んだ．第1に，「チョコット能増」(2012年〜)である．「チョコット能増」とは投資や人員を極力抑えて能力増強を図ることであり，①大規模な投資をしない，②建屋を増やさない，③売れたら投資，④余力をもたないの4点を特徴とする[17]．例えばエンジン工場(大泉工場)は建屋を増やさないまま，20万基分を能力増強し2016年に年産104万基を達成した．ラインを直線から四角形にしてスペースを11%削減し，中央部分に機材を集めて作業効率を高めた．こうすることによって，増築すると100億円以上はかかる投資を2割抑えたという[18]．

第2に，「ブリッジ生産」(2012年〜)である[19]．「ブリッジ生産」とは，複数の車種に対応できる生産ラインを2本以上用意し，その時の需要に応じ各ラインの車種別の生産能力配分を変えて需要の多い車種を集中生産する手法のことである(**図補1-7**参照[20])．例えば，フォレスターが売れている時は，矢島工場の5ルートでフォレスターをフル生産し，インプレッサを本工場の1ルートに任せる．逆にレガシィが売れている時は矢島工場の3ルートからフォレスターを外し，矢島工場の5ルートに任せる．こうすることによってライン間で生産を平準化し，稼働率を上げることができる．スバルでは，「ブリッジ生産」を矢島工場から本工場，SIA[21]に拡大し，月単位で生産量を調整している．このようにラインを常時フル稼働させることによって，生産能力を高めたのである[22]．

第3に，「生産順序生産」(2016年〜)である．「生産順序生産」とは，部品から完成車まで計画通りの生産を徹底して物流や作業工程の無駄をなくすことである．2016年に発売した主力車「インプレッサ」のインストゥルメントパネル(インパネ)など15部品で取り組みをスタートした．従来は部品企業が部品を一定数まとめて生産してスバルに納入し，スバルは車種や車体色などに応じて部品を倉庫から出し，完成車への取り付け順に並べ替えていたが，「生産順序生産」では部品の製造から完成車の出荷まで発注通りの順番に一気通貫で流し，物流と作業工程のムダ

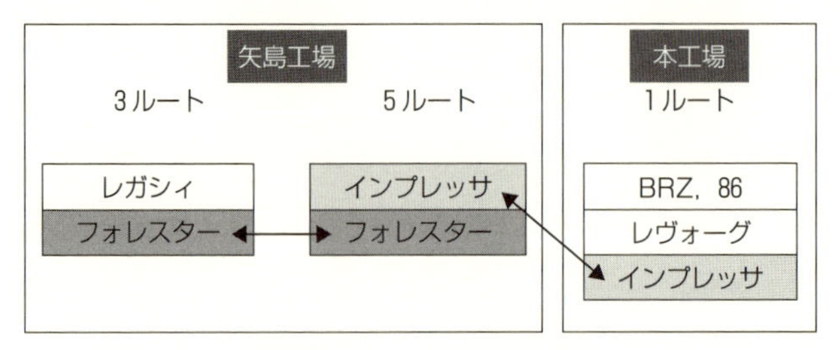

図補1-7　ブリッジ生産

注)矢印はブリッジ生産を指す．
出所)スバル群馬製作所へのヒアリング調査に基づき筆者作成．

を最低限に抑えている[23]．輸送時の渋滞や事故のリスクがあるため，生産順序に合わせて部品を供給できるのはほぼ太田市内の企業に限られ，主にシートや燃料タンクなどの大物部品が生産順序に合わせて供給されている[24]．

(3)　太田市や地場部品企業の協力

スバルは生産システムの改善の一環として，2018 年に矢島工場のラインレイアウトの見直し（矢島工場の敷地内に塗装工場を新設し，元の塗装工場を 3 ルートの最終組立工場に変更）を行った[25]．スバルが敷地内に塗装工場を新設できた背景には，工場立地法の規制緩和がある．地方自治体が条例を制定すれば国の定める範囲内で緑地面積率を変更できるようになり，太田市は 2015 年 9 月に条例を制定し，緑地面積率を 25％から 10％に引き下げた．緑地面積率の引き下げによって矢島工場では新たに 5 ヘクタールの土地が生まれ，スバルは塗装工場を新設することができたのである[26]．スバルの生産能力の増強にはこうした太田市の迅速な対応も大きく寄与した．

スバルは部品企業への協力を要請するため，雄飛会（スバルの協力会）加盟企業に対して生産計画や目標を説明し，理解を求めている．近年の増産についても雄飛会を通じて協力要請を行った[27]．雄飛会は「資材部会」，「板金機械鋳鍛部会」，「電装機構部会」，「内外装品部会」，「機関部品部会」，「準工部品」の 6 部会で構成され，2017 年時点の加盟企業数は 232 社である[28]．雄飛会の歴代会長はほとんど太田市内の部品企業の経営者が務めており，地場部品企業との密接な関係が伺える[29]．上述の「生産順序生産」も，生産順序に合わせて部品を供給する太田市内の部品企業の協力が不可欠であったことから，地場部品企業との連携もスバルの生産システムを構成する一要素である．

(4)　スバルの生産拡大を可能にした要因

スバルは生産性を向上させるために，軽自動車や環境関連事業から撤退するなど「選択と集中」を徹底し，生産システムの改善に取り組んだ．「チョコット能増」や「生産順序生産」には太田市や地場部品企業の協力が不可欠であったように，地域との連携も増産体制を敷く上で重要であった．

実際，スバルの地場部品企業はスバルにとってどのような存在なのだろうか．河藤・井上［2016a］によると，スバルの一次サプライヤー 269 社の内，「スバル圏取引先」[30]は 22 社（8％）であり，太田市内に 10 社が所在すること，そして 2013 年におけるスバルの取引先との国内年間調達額 9194 億円のうち，「スバル圏取引先」からの調達額は 2376 億円（26％）に上るという[31]．この点について，次節ではより踏み込んだ分析を行い，スバルと地場部品企業（「スバル圏取引先」）との関係を考察する．

4．スバルの部品調達構造における地場部品企業

本節では，アイアールシーのデータを用いてスバルの各部品の調達企業数やトップシェア部品企業[32]のシェア，内製部品などを検討し，スバルの部品調達構造全体から地場部品企業を位置づける[33]．ここでは，スバルと企業規模が近い中堅完成車企業のマツダ，三菱自との比較に重点を置き，分析を進める[34]．

(1)　調達企業数，トップシェア部品企業のシェア

まず，**表 補 1-2** からスバルの調達企業数を確認すると，各部品の平均調達企業数はトヨタ 2.45 社，マツダ 2.13 社，日産 2.62 社，三菱自 2.29 社に対し，スバルは 1.92 社であった．次に**表 補 1-3** からスバルのトップシェア部品企業のシェアをみると，2018 年のスバルのトップシェア部品企業のシェアは平均値 86.6％（標準偏差 16.9）であり，トップシェア部品企業のシェアが他社よりも群を抜いて高いことが確認できる．このようにスバルは平均 2 社から調達しているものの，最大調達先から 8 割以上調達しており，特定の部品企業への依存度が高いといえる．スバルが他社よりも特定の部品企業への依存度が高いのは，スバルの生産能力や生産体制，

表 補 1-2　スバルの調達企業数（単位：社）

	度　数	最小値	最大値	平均値	標準偏差
トヨタ	196	1	7	2.45	1.2
マツダ	191	1	7	2.13	1.05
日　産	196	1	7	2.62	1.25
三菱自	196	1	6	2.29	1.03
スバル	178	1	5	1.92	0.93

出所）アイアールシー［2016c，2018］より筆者作成．

表 補 1-3　スバルのトップシェア部品企業のシェア（単位：％）

	度　数	最小値	最大値	平均値	標準偏差
トヨタ	196	35	100	79.6	19.1
マツダ	191	30	100	81.4	20.1
日　産	196	29	100	75.1	19.1
三菱自	196	29	100	77.3	20.1
スバル	178	43.3	100	86.6	16.9

出所）表 補 1-2 と同じ．

歴史的経緯などが影響している可能性がある.[35]

(2)　トップシェア部品企業の系列と内製部品

スバルのトップシェア部品企業は特定の系列への依存度も高いのだろうか. **表補1-4**はスバルのトップシェア部品企業の系列を判定したものである.[36] まず, その他に分類される独立系部品企業が50%（89部品）と最も比率が高く, 次いでトヨタ系列, スバル系列が17%（31部品）, 外資系が10%（17部品）と続いている. マツダのトヨタ系列からの調達は17%（32部品）, マツダ系列からの調達は25%（47部品）, 三菱自のトヨタ系列からの調達は20%（40部品）, 三菱Gからの調達は19%（38部品）と第2章で指摘したように, スバル, マツダ, 三菱自の3社はトヨタ系列, 自社系列から同程度の部品数を調達しており, 特定の系列への依存度が高いとはいえないことがわかる.

一方, 内製部品の比率についてはマツダ, 三菱自, スバルの3社間で異なる特徴が見られる. 内製部品は, マツダの6％（12部品）, 三菱自の5％（9部品）に対して, スバルはわずか3％（6部品）であった. トヨタの14%（27部品）と比較するとその差は歴然であり, スバルは内製部品の比率が極めて低いといえる.

それでは実際にどのような部品が内製されているのだろうか. **表補1-5**はスバルが内製している部品一覧である. スバルでは, エンジン本体部品の「エンジンブロック」,「エンジンA'ssy」, パワートレイン部品の「CVT」,「トランスファ」,「デファレンシャル」,「メカニカルLSD」, 外装品の「樹脂バンパー」の7部品が内製されている. マツダ, 三菱自と比較すると,「クランクシャフト」,「コネクテ

表補1-4　スバルのトップシェア部品企業の系列

	系　列	度　数	比　率
スバル	内　製	6	3%
	スバル	31	17%
	トヨタ	31	17%
	外　資	17	10%
	三菱G	4	2%
	マツダ	0	0%
	日　産	0	0%
	その他	89	50%
	合　計	178	100%

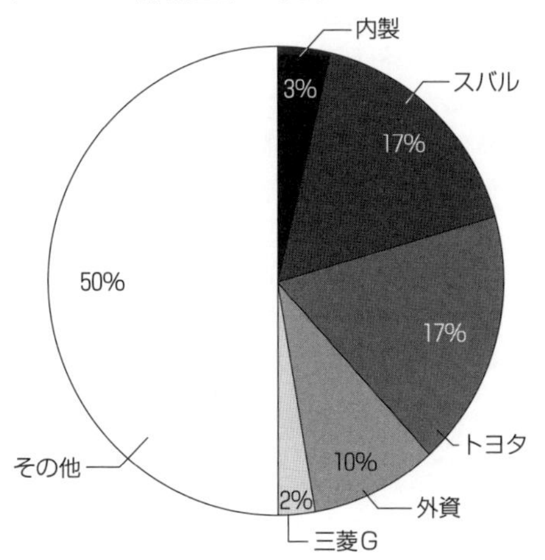

出所）表補1-2と同じ.

表 補 1-5　スバルの内製部品

	カテゴリ	部品名称	内製が占めるシェア（%）
1	エンジン本体部品	エンジンブロック	15.2
2	エンジン本体部品	エンジン A'ssy	100
3	パワートレイン部品	CVT	100
4	パワートレイン部品	トランスファ	100
5	パワートレイン部品	デファレンシャル	61.4
6	パワートレイン部品	メカニカル LSD	91.6
7	外装品	樹脂バンパー	100

出所）表 補 1-2 と同じ.

ィングロッド」,「シリンダーヘッド」,「カムシャフト」など，エンジン本体やエンジン動弁系の部品においてスバルの内製化率が低い．この点については今後の検討課題だが，スバル社内の設備状況や部品企業との関係などが要因として挙げられるだろう[37]．

(3)　トップシェア部品企業の品目数上位 10 社にみる系列

次に，スバルの調達先におけるトップシェア部品企業の品目数上位 10 社（**表 補 1-6** 参照）から，スバルの系列の実態を見ていく．スバル系列の部品企業は 2 位のしげる工業（7 品目），3 位の千代田工業（6 品目），5 位の坂本工業（5 品目），10 位の東亜工業（3 品目）の 4 社であり，トヨタ系列の部品企業は 4 位の豊田合成（6 品目），6 位のエクセディ[38]（5 品目），7 位のデンソー（5 品目），10 位のオティックス，東海理化（3 品目）の 5 社であった．その他に分類される独立系の日立オートモティブシステムズが 15 品目で 1 位であった．つまり，スバルはトヨタ系の部品企業，独立系の部品企業を大いに活用しつつ，自系列の部品企業からも多数の部品を調達しているのである．これは第 2 章でも指摘したように，マツダ，三菱自と共通した特徴でもある．トヨタと資本関係があるからといってスバルの調達においてトヨタ系列の部品企業のシェアが突出して高いわけではないのである．また，トヨタ系，独立系よりもスバル系の方が資本金の規模が小さいこと，そしてスバルと密接な関係にある地場部品企業が品目数上位にランクインしているのもスバル系列のトップシェア部品企業の特徴といえる．

(4)　系列企業から調達する部品の特徴

これまで見てきたように，スバルはスバル系列のトップシェア部品企業からも多数の部品を調達していたことから，中堅完成車企業にとって系列部品企業は依然と

表 補 1-6　スバルの調達先におけるトップシェア部品企業の品目数上位10社

順　位	スバル				
	部品企業	系　列	資本金（億円）	品目数	割合（%）
1位	日立オートモティブシステムズ	その他	150	15	8.4
2位	しげる工業	スバル	4	7	3.9
3位	千代田工業	スバル	0.6	6	3.4
4位	豊田合成	トヨタ	280	6	3.4
5位	坂本工業	スバル	3	5	2.8
6位	エクセディ	トヨタ	82	5	2.8
7位	デンソー	トヨタ	1,875	5	2.8
8位	ミツバ	その他	99	5	2.8
9位	ニッパツ	その他	170	4	2.2
10位	オティックス	トヨタ	3	3	1.7
10位	東亜工業	スバル	3	3	1.7
10位	東海理化	トヨタ	229	3	1.7
10位	パナソニック	その他	2,587	3	1.7
10位	三菱電機	三菱G	1,758	3	1.7
上位10社合計				73	41.0

出所）表 補 1-2 と同じ.

して大きな位置を占めている可能性が高い．その点を検証するために，**表 補 1-7**（系列企業から調達する部品一覧）を用いて系列企業が生産している部品を確認する．スバルが自社系列の部品企業から調達している 31 部品とマツダ，三菱自が自社系列の企業から調達している部品の内，スバルの 31 部品と共通する部品に企業名とシェアを掲載した．これを見ると，スバルがスバル系列から調達している 31 部品の内，マツダは 24 部品（77%）をマツダ系列の部品企業から調達しており，部品レベルで見るとスバルとマツダの調達構造が極めて類似していることが確認できる．逆に三菱自は 10 部品（32%）にとどまり，スバルとの共通部品はそれほど多くない．

ここで特筆すべきは 31 部品の大半が荷重や輸送コストの大きい大物部品であり，そしてそれを生産する企業の多くが太田市周辺に立地する企業である点である[39]．まず，スバルの 31 部品を生産するトップシェア部品企業をみると，11 社が 31 部品を生産していることがわかる．その 11 社の内，7 社は群馬県太田市，残りの 4 社の内 2 社は群馬県前橋市，埼玉県熊谷市に立地する企業である．すなわち，スバル系列のトップシェア部品企業は太田市周辺に所在する企業によって構成されている

表 補 1-7　系列企業から調達する部品一覧

		スバル		マツダ		三菱自	
	部品名	トップシェア企業名	トップシェア企業のシェア（%）	トップシェア企業名	トップシェア企業のシェア（%）	トップシェア企業名	トップシェア企業のシェア（%）
1	クランクシャフト	イチタン	97.0				
2	ドライブプレート	石原製作所	98.3	久保田鉄工所	52.8		
3	フューエルタンク	坂本工業	100.0	キーレックス	62.2		
4	エアクリーナー	坂本工業	94.1				
5	エキゾーストマニホールド	坂本工業	98.8	ヒロテック	53.6		
6	エキゾーストパイプ	坂本工業	100.0	ヒロテック	82.0		
7	触媒コンバーター	坂本工業	98.8				
8	マフラー	坂本工業	100.0	ヒロテック	82.0		
9	オイルストレーナー	赤池工業	91.5	ダイキョーニシカワ	98.9		
10	オイルポンプ	富士機械	100.0	広島精密工業	98.9		
11	ＭＴ	富士機械	79.9				
12	ＭＴシフトレバー	千代田工業	79.9	デルタ工業	78.1		
13	ＡＴシフトレバー	千代田工業	100.0	デルタ工業	90.4		
14	ステアリングコラムカバー	アトス	100.0	ダイキョーニシカワ	99.0		
15	フロントサスペンション・ロアアーム／リンク	東亜工業	94.9	ワイテック	92.1	ヒルタ工業	100.0
16	リヤサスペンション・ロアアーム／リンク	東亜工業	100.0	中央工業	72.0	ヒルタ工業	100.0
17	リヤサスペンション・アッパーアーム／リンク	東亜工業	100.0			ヒルタ工業	100.0
18	パーキングブレーキレバー・ペダル	リード	51.1	オートテクニカ	46.7	ヒルタ工業	93.6
19	リヤ・ルーフスポイラー	千代田製作所	100.0	ダイキョーニシカワ	100.0		
20	ラジエーターグリル	千代田製作所	86.5	ダイキョーニシカワ	100.0		
21	ドアヒンジ	千代田工業	100.0	ニイテック	100.0	水島プレス工業	76.8
22	インストルメントパネル	しげる工業	100.0	ダイキョーニシカワ	100.0	水菱プラスチック	50.7
23	インストルメントパネルビーム	しげる工業	100.0	双葉工業	78.8	アステア	51.9
24	グローブボックス	しげる工業	100.0	ダイキョーニシカワ	100.0	水菱プラスチック	50.7
25	ドアトリム	しげる工業	88.0	南条装備工業	81.0		
26	成形天井	しげる工業	83.9	ヒロタニ	67.1		
27	サンバイザー	しげる工業	100.0				
28	リヤパッケージトレイ	しげる工業	100.0	ダイキョーニシカワ	45.5		
29	アクセルペダル	千代田工業	100.0				
30	クラッチペダル	千代田工業	100.0	オートテクニカ	100.0	ヒルタ工業	95.9
31	ブレーキペダル	千代田工業	100.0	オートテクニカ	100.0	ヒルタ工業	85.3

出所）表 補 1-1 と同じ.

のである．また，各社の系列に属するトップシェア企業のシェアを見ると，スバルは平均94%のシェアであるのに対し，マツダは平均85.6%[40]，三菱自は平均80.4%[41]であった．ここからスバルが少数の自社系列トップシェア部品企業から大量の部品を調達していることを確認できよう．

(5)　スバルの部品調達構造における地場部品企業

以上の分析から明らかになったのは次の2点である．第1に，スバルが太田市周辺に立地するスバル系列のトップシェア部品企業から全体の約20%の部品を調達していることである[42]．トップシェア部品企業の品目数上位10社にスバル系列の企業4社がランクインするなど，スバル系列のトップシェア部品企業はスバルとの取引において重要な位置にある．第2に，スバルがスバル系列のトップシェア部品企業，すなわち地場部品企業から調達する部品の多くが荷重や輸送コストの大きい大物部品であることである．

ここで注目したいのは，前節で示したスバルの生産システム（「生産順序生産」）において生産順序に合わせて供給されるのが主にシートや燃料タンクなどの大物部品であり，それを供給できるのが太田市周辺の企業に限られるという点である．つまり，生産順序に合わせて大物部品を供給しているのはスバル系列のトップシェア部品企業であり，トップシェア部品企業はスバルの生産システムを支える重要な主体でもある．以上から，スバルは地場部品企業を部品の調達先としてだけでなく，スバルの生産システムの担い手としても位置づけているのである．

小　　活

2012年以降におけるスバルの生産拡大によって，太田市の輸送機器製造業が堅調に推移している．北米市場においてスバル車の需要が急速に高まり，スバルは国内・海外ともに生産を大きく伸ばしたのである．こうした需要の変化に対して，スバルは経営方針を変更し，生産システムの改善を図ることによって生産性を向上させた．しかし，生産システムの改善の一環として取り組まれた矢島工場のラインレイアウトの見直しには太田市による緑地面積率の引き下げが不可欠であり，「生産順序生産」には生産順序に合わせて部品を供給する地場部品企業の協力があった．このように，スバルは太田市や地場部品企業との協力関係を背景に生産性を大きく向上させたのである．

それでは，地場部品企業はスバルの部品調達においてどのような役割を担っているのか．まずスバル系列のトップシェア部品企業の多くは太田市周辺に立地し，全体の約20%の部品を供給している．中でも，スバル雄飛会の歴代会長を輩出する企業はスバルに納める品目数も多く，重要な位置にある．また，スバル系列のトップシェア部品企業が供給する部品の大部分は荷重や輸送コストの大きい大物部品であり，「生産順序生産」で供給される部品と共通の特徴を有する．このように，スバル系列のトップシェア部品企業，すなわち地場部品企業はスバルの生産システムを支える主体でもあるのである．

本章では地場部品企業として，太田市周辺に立地するスバルに供給する部品量の多い部品企業を中心に取り上げたが，第１節で確認したように太田市内には多数の輸送機器製造業の事業所が存在する．大小様々な企業が太田市周辺に多数集積し，企業間で複雑な取引関係を形成している．こうした産業集積もスバルの生産システムを支える大きな要素であり，今後地場部品企業の側からも考察を進める必要がある．また，産業集積という視点で捉える際，例えば県の財団法人や商工会議所，金融機関などの支援機関の関わりや企業間のネットワーク[43]の効果も大事な論点となる．これらの点については，2019 年度の調査・研究で深めていく予定である．

注

1）宇山［2018］は，2012 年以降両毛地域（太田市，桐生市，足利市を中心とする地域）の産業集積がスバルの「企業城下町」としての性格が強まっていることを指摘した．

2）地場部品企業とは太田市やその周辺地域に立地する部品企業のことであり，本章ではスバルに供給する部品量の多い企業を中心に取り上げる．

3）河藤・井上［2016a］は，スバルは技術的なこだわりをサプライヤーと共有しており，両者は「一蓮托生」の関係性，あるいは互恵的関係を形成していると指摘したが，その具体的な内容については十分に論じていない（河藤・井上［2016a］，p. 30 参照）．

4）武石・野呂［2017］，pp. 18-19 参照．

5）自動車メーカーの平均調達先数，およびサプライヤーの平均納入先数が大きい場合，自動車メーカーの側もサプライヤーの側も他の代替的な取引先を数多く有しているという意味で取引関係の限定性が比較的低い．一方，自動車メーカーの平均調達先数もサプライヤーの平均納入先数も少ない場合，自動車メーカーの側もサプライヤーの側も他の代替的な取引先をほとんど有していないという意味で取引関係の限定性が高い．近能［2003］は前者のサプライヤーシステムを「オープン」，後者のそれを「クローズド」と定義した（近能［2003］，p. 56 参照）．

6）データベースの作成において一般財団法人機械振興協会経済研究所，データ分析において菊池航先生（立教大学経済学部准教授）にお力添えを賜った．

7）判定基準は第２章と同様，次の２点である．１点目は資本関係による判定である．

特定の親企業（もしくは親企業の系列）が20%以上の株式を保有する場合である．２点目は取引関係（供給量全体に占める割合）による判定である．特定の完成車企業関連の取引がおおむね60%以上であり，かつ，他の完成車企業との取引関係がほぼ無い場合，系列と判定した．

8）従業者4人以上の事業所が対象である．

9）群馬県太田市にはスバル群馬製作所の本工場，矢島工場，栃木県河内郡上三川町には日産の栃木工場，埼玉県狭山市にはホンダの狭山工場，群馬県邑楽郡大泉町にはスバル群馬製作所の大泉工場が立地する．

10）群馬県伊勢崎市，桐生市，栃木県足利市は太田市に隣接する自治体であり，群馬県桐生市の輸送機器製造業は42事業所，栃木県足利市は35事業所である．

11）従業者4人以上の事業所が対象である．太田市は2005年に旧太田市，新田郡尾島町，新田町，薮塚本町の1市3町が合併した自治体である．2005年以前については旧太田市のデータであることに留意されたい．

12）太田市役所産業環境部工業振興課へのヒアリング調査による（2019年1月29日）．

13）本節は宇山［2018］に依拠している．

14）「アイサイト」搭載モデルの全車種が米国道路安全保険協会（IIHS）の安全評価で最高評価を獲得してきたことなどにより，「スバル＝安心・安全」というブランドイメージが定着し，需要が拡大した（富士重工業株式会社［2016］，p. 12参照）．また，アメリカ仕様に全車種のボディサイズをあげて室内空間を大きくしたことも北米市場で評価された（スバル群馬製作所へのヒアリング調査による（2019年1月30日））．

15）国内販売台数はほぼ一貫して減少傾向にあり，2005年度の25万8217台から2016年度には15万5780台まで減少した．したがって，国内生産の拡大は北米市場における販売増によるものである．なお，スバルは2019年からタイで車両生産を開始する計画であり，2019年に約6000万台の生産を見込んでいる．今後海外生産台数の更なる拡大が予想される．

16）スバル群馬製作所へのヒアリング調査による（2019年1月30日）．

17）スバル群馬製作所へのヒアリング調査による（2019年1月30日）．

18）『日経産業新聞』2017年3月8日p. 13参照．

19）2012年に本工場と矢島工場の間で「ブリッジ生産」がスタートした．矢島工場の２つのラインではそれ以前から実施されている（富士重工業株式会社［2013］，p. 18参照）．

20）スバルは新設計次世代プラットフォーム（スバルグローバルプラットフォーム「SGP」）を開発した．2025年までに全ての車種を「SGP」へと切り替える方針である．車種によって溶接する方向が違うため，ロボットの配置場所を変更する必要があったが，「SGP」では溶接方向が統一され，同じラインで全モデルを効率的に生産でき，「ブリッジ生産」に適したものとなっている（アイアールシー［2016c］，p. 66 参照）．

21）2016 年にトヨタからのカムリの受託生産が終了し，SIA では現在 2 つのラインでスバル車が生産されている．

22）現在，群馬製作所の年間生産能力は矢島工場の 3 ルートが 22 万 9000 台，5 ルートが 22 万台，本工場の 1 ルートが 21 万 3000 台である（スバル群馬製作所へのヒアリング調査による（2019 年 1 月 30 日））．

23）『日経産業新聞』2017 年 3 月 8 日 p. 13 参照．

24）スバル群馬製作所へのヒアリング調査による（2019 年 1 月 30 日）．

25）スバル群馬製作所へのヒアリング調査による（2019 年 1 月 30 日）．

26）太田市役所産業環境部工業振興課へのヒアリング調査による（2019 年 1 月 29 日）．

27）スバル群馬製作所へのヒアリング調査による（2019 年 1 月 30 日）．

28）スバル雄飛会［2018］，p. 10 参照．

29）スバル「雄飛会」の 30 年間（1988〜2017 年）の内，2006〜2008 年以外は太田市内の部品企業 3 社（坂本工業，東亜工業，しげる工業）の経営者が会長を務めてきた（スバル雄飛会［2018］，pp. 16-20 参照）

30）「スバル圏取引先」とは① スバル向け売上高比率が 20% を超え，かつその会社の売上高の中でスバルがトップの比率を占めること，② 一部を除き，太田市近郊に本社および工場を構え，開発と生産の面でスバルと深い関係にあること，③ 中小の会社（資本金 3 億円以下）と大企業（資本金 3 億円超）が混在しており，その大半がオーナー企業であることを意味する（河藤・井上［2016a］，p. 35 参照）．また，スバルは 2000 年以降「スバル圏取引先」に対し，技術開発力や生産性向上のための様々な支援を積極的に行っている（河藤・井上［2016b］，pp. 127-128 参照）．

31）河藤・井上［2016a］，p. 35 参照．

32）本章においても，第 2 章同様に，主要 200 品目の各部品において最大の供給量を誇る部品企業をトップシェア部品企業と定義する．

33）他の完成車企業の部品調達の詳細については第 2 章を参照されたい．

34）必要に応じてマツダ，三菱自のパートナーであるトヨタ，日産のデータにも触れる．

35）スバルの年間生産台数は約 100 万台であり，国内の生産拠点は群馬県太田市，大泉町に集中している．スバルの前身は中島飛行機であり，スバルの部品企業のルーツを辿ると中島飛行機の部品企業だった企業も少なくない（宇山［2012］）．中島飛行機の時代から長い歴史の中で培われた企業間の信頼関係も部品取引に何らかの影響を与えている可能性がある.

36) 第2章と同様，完成車企業の内製による調達量が最大のシェアを占める場合，内製とした.

37) 一般財団法人機械振興協会経済研究所の調査（2008年9月）において，スバルは「技術に関してオープンな企業風土があり，他の完成車企業が内製でやるようなことも外注している」とコメントしている（一般財団法人機械振興協会経済研究所［2009］，p.66参照).

38) アイシン精機，アイシンホールディングスオブアメリカ，アイシンヨーロッパの3社がエクセディの株式を20%以上保有しているため，トヨタ系列と判定した.

39) インストルメントパネルなどの大物部品は容積が大きく輸送効率が悪いため，自動車組立工場に近接していることが要求される．こうした大物部品については自動車メーカー自身が内製する場合も多いが，外部調達する場合，自動車メーカーは調達先を少数に絞り，部品企業の側も1社だけに専属で納入する傾向が強いという（近能［2001］，p.48参照)．**表補1-7**のトップシェア部品企業のシェアが高いのもそのためだと考えられる.

40) マツダがマツダ系列から調達する47部品を対象に，トップシェア部品企業のシェアを平均した値である.

41) 三菱自が三菱Gから調達する38部品を対象に，トップシェア部品企業のシェアを平均した値である.

42) 一般財団法人機械振興協会経済研究所の調査（2008年9月）によると，スバル群馬製作所は1990年代初頭から外注費に占める「スバル圏取引先」の割合が高く，地域を重視した外注施策を採っているという（一般財団法人機械振興協会経済研究所［2009］，p.66参照).

43) 井上・河藤［2016］は太田市における企業家ネットワークや産官学連携の取り組みについて紹介している．また，岡部［2018］は太田市や桐生市におけるネットワーク，および両毛というより広域的なネットワークの存在について触れている.

第２部　部品企業の視点

第4章

地場協力会組織の比較
――マツダと三菱自の系列取引構造――

はじめに

本章の目的は，マツダと三菱自が組織する協力会の構造を分析し，その特徴を明らかにすることである．堀江［1972］では，企業グループの概念のことを「巨大企業の『生産の集積』の構造としての有機的生産統合体は，法的な意味での巨大企業→関連企業または系列企業→協力企業という３つの企業類型の全体から構成されている[1]」と説明する．この定義に則り本章では協力会組織のことを，中核企業が資本，人的資源，取引のいずれかあるいはこれらの組み合わせに基づき管理的調整を行使しうる企業間結合の束と定義する．一般的に，いわゆる“系列”と呼ばれる企業間関係はこれを指すことが多い．

両社の協力会組織に着目する理由は，第１に，わが国の大手完成車企業であるトヨタや日産ほど強固な部品調達網を構築しなかった両社が，これまでどのような調達先企業と取引することで一定の競争力を身につけてきたのかという点を企業間取引レベルの実態から解明するためである．そして第２に，中国地方の今後の地域経済を考える際には，両社と地場企業との取引の動向が大きな意味を持つからである．

中国地方のマツダと三菱自・水島は長年輸出比率の相対的に高い企業・工場であったが，序章でも指摘したように近年は海外生産比率を急速に高めており，中長期的に見ると国内生産能力の余剰，それによる空洞化が危惧される．自動車産業は総合加工組立型の典型であり，産業内外への経済波及効果が極めて大きいことから[2]，中国地方での同産業の衰退は，中国地方及びその近隣地域の工業に大きな損失をもたらすことになるだろう．したがってまずこの地域における企業間取引の実態を整理し，その特徴と課題を明示化する意義は大きいのである．

1．わが国自動車産業における協力会組織の諸研究と マツダ，三菱自の協力会

(1)　協力会組織の編成原理と今日的課題

自動車産業における中核企業（完成車企業）と調達先企業（素材・部品企業）との関係性は，1980年代に無視できないほどの国際競争力をつけてきたわが国の自動車産業固有の優位性を説明する1つのサブシステムとして，Womack et al.［1990］やClark and Fujimoto［1991］といった諸研究において分析されてきた．しかしながら，これらはサプライヤー・システムとして中核企業と素材・部品企業との間での生産補完機能とその構造にもっぱら関心が置かれてきたため，素材・部品企業の組織化のあり方について言及されることは少なかった．それゆえ中山［2004］が指摘するように，「直接的な部品取引構造と対応して，……（中略）……協力会組織構造ならびにその組織運営に立ち入った研究については意外なほど少ない[3)]」のである．むしろ協力会の位置づけについては，わが国の下請制研究の派生分野である系列論において積極的に議論されてきた．例えば清成・下川編［1992］では，「『系列』も概念として必ずしも明確になっているわけではない……（中略）……企業間関係において『系列』が用いられる場合，人・資本・取引上のつながりをさして用いられることが多い……（中略）……最も重要なコアは，特定大規模企業との取引を通ずる密接な関係の存在[4)]」としている．この特定大規模企業の取引先が組織化されたものとして，協力会の存在がクローズアップされたのである．

そもそも自動車産業における協力会とは，浅沼［1997］が「日本の自動車メーカーの周りには，その自動車メーカーに対して長期的に取引関係を保っている一群の企業が見いだされ，それらは，多くの場合，供給先の自動車メーカーに対する協力会を組織して，そのメンバーとなっている[5)]」と述べるように，長期継続取引を念頭に置いた素材・部品企業の組織のことである．また浅沼は，この関係性によって組織される素材・部品企業が欧米で使われるサブコントラクター（subcontractor）の概念とは明確に異なる存在である点を強調する．浅沼の指摘には，協力会に属する企業群は，中核企業との間に市場取引を単にくり返すだけの存在ではないということが含まれている．また中山［2004］では，協力会のあり方とは「自動車メーカーにとっては取引先に対する指導・育成・強化・コミュニケーションの場として，また，協力会メンバーにとっては市場

が競合する場合には，相互研鑽の場として，また市場が競合しない限りにおいてはその多くは自己研鑽の場として[6]」機能するものだとされる．

しかしながら注意すべきは，完成車企業はこれら自社と長期継続取引関係を構築する協力会組織の企業からのみ部品を調達するわけではないし，また同時に協力会組織に加盟する企業の全てが自社系列というわけでもない点である（浅沼［1997］，山田［1999］，中山［2004］）．また，協力会組織の加盟企業の顔ぶれも決して安定的だとは限らない．例えば山田［1999］は，協力会への加盟企業の残存期間を従属変数とするコックス回帰分析を行うことで，トヨタ系の協力会だけが他の完成車企業の協力会と較べて残存率が高いことを明らかにした．このことはつまり，国内大手の日産系を含む，大多数の協力会において加盟企業の入退場は恒常的に存在したということである．

また今日においては，協力会組織の存在意義が問われるような事態が続いている．中山［2004］は，1990年代に入ってから完成車企業側の要因として，オープン購買志向の浸透，グローバル調達の必要性増大により，協力会組織が弱体化していると警告している．また岩城［2013］は，とりわけ中国地方の地場部品企業側の要因として，彼らが自動車の電動化・電子化関連部品の開発・生産において従来技術の延長線上では対応しきれない現状を懸念している．

以上の先行研究の整理から言えることは，現在のわが国自動車産業における協力会組織のプレゼンスは徐々に低下しており，その有効性を改めて問い直す時期に来ている点にある．端的に言うと，現在の協力会組織には，完成車企業による管理的調整の浸透度合いに濃淡があるということである．そのときにより重要視されるのは，中核企業の真のパートナーたりうる系列企業の存在であるが，その範疇は正確に規定し認識しておかねばなるまい．つまり，徐々に形骸化しつつある外形としての協力会組織の内部に，中核企業にとって共に競争力の構築を推進する意思と能力がある本質的な系列企業を見いだすことが重要になる．求められるのは，今日の競争力構築に寄与するような協力会組織の新たな編成論理である．

(2)　マツダと三菱自の協力会組織形成略史

ここでは，本章が直接の分析対象とするマツダと三菱自の協力会がどのようにして形成されてきたのか，そして協力会組織をカウンターパートとしながら，完成車企業側がどのように取引先を処遇してきたのかを確認しておこう．ここでの歴史分析は，協力会組織の根源的な存立意義を確認するために必要な手続きである．なおここで取り上げるのは，ユニット単位で取引される機能部品や加工部品の調達先で構成される協力会（三菱自は部会単位）のみである．マツダと三菱自はいずれも設備や材料・資材関係の協力会（及び部会）を別個に組織している．しかしながら，加盟企業数が多いこと，日常的な生産連関に直結すること，取引範囲に一定の地域性が見られることから，本章の分析対象としては機能部品と加工部品の協力会のみを取り上げることにする．

（i）マツダ東友会，洋光会の形成過程

まずマツダからであるが，社名変更前の東洋工業株式会社時代に編纂された社史，すなわち東洋工業株式会社五十年史編纂委員会が1972年に出版した『1920-1970 東洋工業五十年史：沿革編』をもとに整理する[7]．戦前の東洋工業では内製を重視し，外注比率を極力抑えようとしてきたが，戦後は生産規模の増大にともないこの方針を転換した．そして，「外注依存度が50%をこえるようになり，外注品目も多様化するにおよんで，協力工場の技術水準が直接的に製品の品質や原価に大きく影響するようになり，外注管理の強化が重要な問題になってきた[8]」のである．その後，東洋工業では協力工場のとりわけ品質管理能力向上に資するような講習会を開催したり，また1957年には東洋工業の購買課に外注係が設置されたりしたことで，協力工場は直接的な管理対象になっていったのである．

その主たる受け皿となったのが，1952年に設立され現在も組織が残る「東友会」である．当初は機械・鈑金部門の一次取引先20社で始まり，協力工場同士の親睦や東洋工業との情報交換，技術力の向上や合理化推進等を目的としていた．その後東友会は広島県初の最低賃金制度を導入するといった先駆的な取り組みを進め，他方では資材共同購入，保険代理業務といった分野にも進出した．東洋工業からの様々な育成計画は，東友会等を通じて具体化されていった．それらの具体的な内容は，①経営分析指導，②経営者教育，③資金繰り管理の指導，④設備投資の調整，⑤標準会計制度の導入促進，⑥原価管理指導，⑦価値分析（VA）指導，⑧ファミリアプランの推進[9]，となっている[10]．これらの項目からは，東洋工業が取引先の協力工場に対し，QCD（品質，コスト，納期）を中心とした単なる生産補完機能の強化だけを期待したのではなく，長期的な技術力の向上，財務・会計知識の定着，そして経営者自身の成長といった多方面での発展を促していたことが分かる．これはすなわち，東洋工業が長期的な視点に基づくパートナーとして東友会等の協力工場に対峙する意思表明であったと言えよう．これに応えるように，東友会では加盟企業間での自主的な合理化策が推進された．それは例えば，「経理業務その他の巡回指導や，管理監督者教育の実施，各種研修会への積極的な参加[11)]」といった諸活動である．このことからも，東友会加盟企業は東洋工業からの一方的な指導・育成に対して受動的立場であったわけではなく，それに呼応するように自主的な取り組みをつうじて経営の合理化に努め，東洋工業との共存関係を強化していったことは明白である．

その後マツダは，1981年に全国規模の協力会組織として地域別に関東洋光会，関西洋光会，西日本洋光会を設立するが，前述の東友会は1965年からは業種別部会編成に移行し，第1部会（機械・鋳造・鍛造），第2部会（鈑金），第3部会（設備・その他）まで規模を拡大しながら存続している．なお，加盟企業の多くが西日本洋光会（2015年より全国組織に統合し「洋光会」）にも名を連ねていた．かつては保有する経営資源の格差を背景にマツダから協力工場への育成という側面が強かった関係性は，より対等なものに近づいてきている．現在，マツダの協力会組織に対する主な取り組みは，QCD等ものづくりの各指標，経営状況，「マツダサプライヤーCSRガイドライン」遵守状況等を部品企業ごとに評価すること，事業継続計画（BCP）の共有化，各種懇談会をつうじたコミュニケーションの機会提供，その他部品企業支援策等[12)]である．これらは同社ウェブサイトで公開されており，オープン購買の姿勢とともに強調されている．

（ⅱ）三菱自動車協力会，ウイングバレイの形成過程

次に三菱自であるが，三菱自動車工業株式会社総務部社史編纂室が1993年に出版した『三菱自動車工業株式会社史』をもとに整理しよう[13)]．三菱自は三菱重工業の一事業部門であったため，協力会組織の原型も三菱重工業時代（戦後の財閥解体を目的とした過度集中力排除法適用を受け，1964年までは3社に分割）に求められる．戦中期までわが国製造業を代表する存在であった三菱重工業では，事業所ごとに協力工場の指導や育成が積極的に行われてきた．それにより，協力工場側も東京，名古屋，京都，水島の各地域で「柏会」を設立し，また川崎には三菱ふそう協力会が設立された．1964年の3社合併により三菱重工業が発足，その後1970年には同社自動車事業部を経て三菱自動車工業が設立された．

設立当初の購買業務は，一部の素材ではまだ親会社である三菱重工業と未分離の分野が残されていたが，徐々に移管が進んだ．本章が関心を置く水島製作所の購買部門については，1987年に岡崎購買部から分離する形で設置された．

同社の協力会組織の変遷は複雑なため，ここでは要点だけ列記しておこう．前述の東京，名古屋，京都，水島の4つの柏会と三菱ふそう協力会のうち，東京柏会を除く4つの協力会組織が1966年に連合会としての「三菱自動車協力会」を組織した．各々の柏会は機械，鈑金，鋳・鍛造といった部会を擁していた．専門部品については，東京柏会を全国組織に改組する形で発展的解消し，「三菱柏会」が発足した．そしてこれら2つの協力会が，1970年の三菱自発足にともない統合されたことで，同年に「三菱自動車柏会」になったのである．同組織は三菱自が旧ダイムラー＝クライスラー傘下にあった時代にいったん解散したが，その後2005年に再結成し現在の「三菱自動車協力会」が誕生した[14)]．全国組織のみならず，水島地区には地場企業を中心とした独自の協力会も組織された．それが水島機械金属工業団地協同組合（現・ウイングバレイ）である．1961年に水島柏会は別途設立されていたが，同年に実施された三菱自・水島と協力企業への系列診断により地場企業の協同組合化が提言されたことで，1962年には水島機械金属工業団地協同組合が26社で発足することになった[15)]．同協同組合は中小企業近代化資金等助成法の適用を受けたことで工業団地を建設し，「中小企業の協同組合事業の成功例として全国的にも脚光を浴びるようになった[16)]」のである．ウイングバレイのウェブサイトには，共同事業として金融事業，教育事業，環境事業，エネルギー事業の4つが紹介されており，工業団地という地理的近接性を活かしながら協力する体制が取られていることが分かる．

三菱自の各協力会組織に対する関与のあり方については，社史ではあまり言及されていない．そこで同社のアニュアル・レポートを見ると，協力会の部会単位での研究活動，工場見学，三菱自との意見交換会が，また三菱自からは取引先のQCD向上を目的とした活動実績に対する表彰制度が紹介されている．あくまでこれらの客観的事実だけからの推測になるが，現在の三菱自と協力会組織との関係性は情報交換や親睦といった側面が強く，過去のような指導・育成の側面はほとんど見られないようである．

2．マツダ，三菱自両社の協力会組織構造分析

(1)　協力会組織の編成

本節では，具体的にマツダ，三菱自両社の協力会組織の構造的側面に焦点を絞り分析を進める．以下の分析では，アイアールシー［2014］，『三菱自動車グループの実態 2014 年版』及びアイアールシー［2015a］，『マツダグループの実態 2015 年版：日本事業とグローバル戦略』を援用する．**図 4-1** は，両社の機能部品及び加工部品調達先で構成される複数の協力会組織の繋がりを示したものである．

マツダには全国組織としての洋光会（171 社），もっぱら広島県を中心とした地場企業で構成される東友会（第 1 部会：26 社，第 2 部会：14 社，第 3 部会：23 社）ともっぱらマツダ関連会社で構成される翔洋会[17]（1993 年設立，18 社）がある．これら 3 つの協力会には重複加盟企業があり，そのパターンは 2 組織加盟と 3 組織加盟とに分かれる．全国組織である洋光会には，後で述べるように素材では新日鐵住金（現・日本製鉄）やブリヂストン，電機ではパナソニックといった他産業を代表する企業やトヨタ系，日産系の部品企業，そして外資系企業も多数加盟しており，特定の完成車企業系列とは言い難い企業が数多く含まれる．この点は大手完成車企業であるトヨタの協豊会，日産の日翔会でも同様である．前節でも述べたが，今やどの完成車企業においても，全国組織の協力会に加盟企業の排他的専属性を無条件に見いだすことはできないのである．したがっていわゆるマツダ系列というカテゴリを規定するには，より地域性が強い，あるいは資本関係を有する法的結びつきが強い範囲から見ていく必要がある．それが東友会，翔洋会の加盟企業群である．全国組織である洋光会に加盟しながら地域性の強い東友会にも所属し，なおかつマツダの関連会社である翔洋会にも名を連ねる，すなわち 3 組織加盟型の企業は全部で 7 社ある．それを東友会基準で見ると，東友会第 1 部会からはヨシワ工業，広島アルミニウム工業，第 2 部会からはキーレックス，ヒロテック，そして第 3 部会からはダイキョーニシカワ，南条装備工業，日本クライメイトシステムズとなる．7 社の本社所在地は全て広島県である．このあたりが名実ともにマツダ系列の主要企業ということになるだろう．

次に三菱自の協力会である．全国組織である三菱自動車協力会のうち部品取

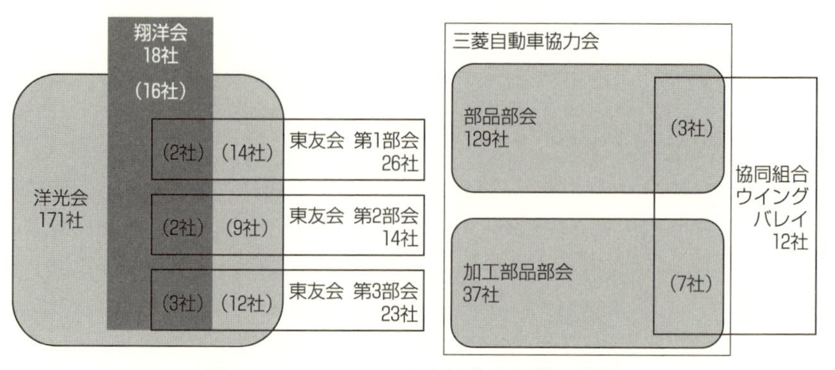

図 4-1　マツダ，三菱自協力会組織の構造

注）かっこ内数値は重複加盟の企業数を表す.
出所）アイアールシー［2014，2015a］をもとに筆者作成.

引に特化すると，部品部会（129社）と加工部品部会（37社）とがある．部会間での重複はないため総数は166社となり，加盟企業数で見た規模ではマツダの洋光会と同等である．そしてマツダの洋光会同様に，三菱自動車協力会にも加盟企業の排他的専属性を見いだすことはできない．他方，岡山県にある同社の水島製作所には，専属の協力会組織であるウイングバレイ（12社）がある．ウイングバレイの加盟企業は，2003年加入と加盟歴が浅い享栄エンジニアリングと物流企業の丸文を除く10社が全国組織にも重複加盟している．三菱自系列，とりわけ水島製作所系列と呼べるのは，これら重複加盟の10社と，アイアールシー［2014］で三菱自グループとして記載されている，全国組織の加工部品部会に所属する水菱プラスチック，平安製作所，水島工業の3社程度となるだろう[18]．以上の該当企業の本社所在地を見ると，ウイングバレイ加盟企業のうち9社が岡山県，1社が広島県である．他方の加工部品部会3社は，平安製作所のみ滋賀県であり，残り2社は岡山県である．

以上のように，マツダ，三菱自ともに150社超の加盟企業を擁する全国規模の協力会を組織してはいるものの，両社の管理的調整の範疇にある実質的な系列と呼べる企業数は限定的であることが分かる．しかもこれら系列企業の大半は，トヨタ系，日産系の主要企業と比較すると著しく企業規模が小さいのである．この点を次項で詳しく見ていこう．

(2)　協力会組織加盟企業の規模と分布状況

ここではマツダと三菱自の協力会組織に加盟している企業の実態として，企業規模とその分布を分析する．**表4-1**は，両社の全国組織に加盟する企業群の資本金と従業員数を整理したものであり，**図4-2**は**表4-1**をもとに描いたヒストグラムである．平均値を見ると，洋光会の場合で資本金約164億円，従業員数約2564名であり，他方の三菱自の協力会の場合で資本金約192億円，従業員数約2647名となっており，これだけならば平均像は大企業のように映る．しかしながら，**表4-1**の中央値や四分位で見た数値の推移，そして**図4-2**のヒストグラムからも明らかなように，実態としては規模の小さい企業が圧倒的に多い．

両社協力会組織の平均像は，一部の巨大企業の数値によって引き上げられているに過ぎない．例えば資本金基準で1000億円超の企業を抽出してみると，洋光会では新日鐵住金（4195億円，現・日本製鉄），パナソニック（2587億円），デンソー（1874億円），三菱電機（1758億円），ブリヂストン（1263億円），日本板硝子（1164億円）であり，三菱自動車協力会では東芝（4399億円），三菱重工業（2656億円），パナソニック（2587億円），住友商事（2192億円），デンソー（1874億円），三菱電機（1758億円），ブリヂストン（1263億円），三菱マテリアル（1194億円）が該当する．そしてこれら巨大企業の本社所在地は，関東，中部，関西に集約される．企業規模上のもう1つの特徴は，完成車企業の一次取引先としては小さい企業の比率が高いことである．マツダ，三菱自双方の資本金，従業員数における四分位の小さい方から25%地点を見ると，資本金で1億円以下，従業員数で300名以下であり，少なくとも4分の1強が中小企業の範疇に過ぎない企業規模だということが分かる．またここには示していないものの，加盟企業の本社所在地の分布を見ると，中国地方の広島県ないし岡山県に立地するのはマツダの洋光会171社のうち57社（33.3%），三菱自動車協力会166社では部品部会129社のうち12社（9.3%），加工部品部会37社のうち17社（45.9%）に過ぎない．なおかつ，これら地場の企業は相対的に企業規模が小さい．

以上の点から，マツダ，三菱自の協力会のうち全国組織については次のような特徴を挙げることができる．第1に，加盟企業の規模は相対的に小さいが，一部の巨大企業の存在によって見た目の平均像だけは大きい．第2に，相対的に規模の大きい加盟企業の本社は中国地方ではなく，関東，中部，関西に集中

表4-1　マツダ，三菱自の協力会組織（全国組織）加盟企業の資本金，従業員数の特徴

洋光会

資本金

度　数	有効数	171
	欠損値	0
平均値		164.062
中央値		20.000
標準偏差		455.0604
パーセンタイル	25	1.000
	50	20.000
	75	120.164

従業員数

度　数	有効数	169
	欠損値	2
平均値		2564.15
中央値		844.00
標準偏差		6360.082
パーセンタイル	25	274.00
	50	844.00
	75	2206.50

三菱自動車協力会（部品部会・加工部品部会）

資本金

度　数	有効数	166
	欠損値	0
平均値		192.074
中央値		20.711
標準偏差		532.6380
パーセンタイル	25	1.000
	50	20.711
	75	129.743

従業員数

度　数	有効数	166
	欠損値	0
平均値		2647.19
中央値		697.00
標準偏差		6873.481
パーセンタイル	25	272.50
	50	697.00
	75	1913.25

注）従業員数は単独ベース.

出所）アイアールシー［2014，2015a］及び各協力会組織公表資料をもとに筆者作成.

している．第3に，全国組織に占める地元・中国地方に本社が立地する加盟企業の比率が低い．以上の点から見えてくる事実は，マツダと三菱自（とりわけ水島製作所）は，技術的あるいは資本的制約条件の大きい重要部品を域外の企業から調達し，中国地方の小規模な地場企業からは相対的に付加価値の低い（いわゆるバルキーな）部品を調達するという構図である[19]．両社の全国組織は主要な直接取引先で組織されているに過ぎず，決して系列と呼べるような管理的調整の範疇に収まる企業ばかりによる集合体ではないのである．

そこで次に，協力会組織全体が両社の管理的調整の範疇におおよそ収まる別の協力会組織の規模を見てみよう．**表4-2**は，マツダの東友会と翔洋会，そして三菱自・水島のウイングバレイにそれぞれ加盟している企業の規模を整理したものである．東友会第2部会，第3部会並びにそれらの重複を含む翔洋会には規模の比較的大きい企業が複数含まれるため，ばらつきが大きく平均値が大きめに出ているものの，前述の全国組織と較べるとその平均像は随分と小さい．3つの協力会組織に重複加盟している前項で挙げたマツダ系主要企業7社であ

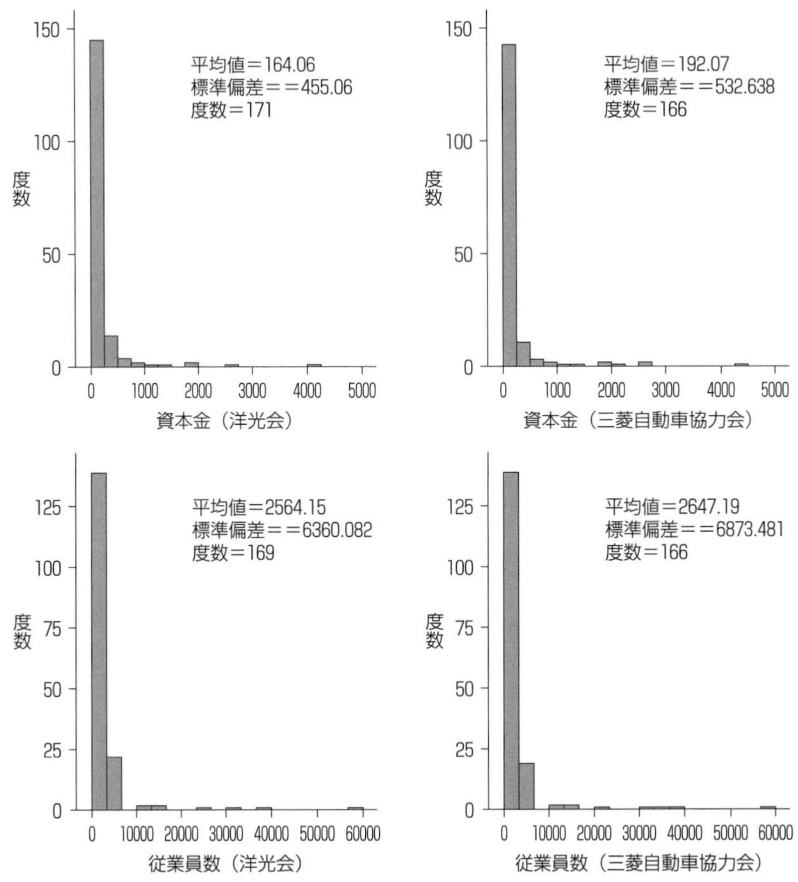

図 4-2　マツダ，三菱自の協力会組織（全国組織）**加盟企業の資本金，従業員数別ヒストグラム**

出所）図 4-1 に同じ．

っても，最大企業がダイキョーニシカワ（資本金 43.9 億円，従業員数 2344 名）に過ぎず，資本金基準の次点では日本クライメイトシステムズ（資本金 30 億円，従業員数 461 名），従業員数基準では順に，広島アルミニウム工業（資本金 3.5 億円，従業員数 2244 名），ヨシワ工業（資本金 4.9 億円，従業員数 1580 名），ヒロテック（資本金 2.8 億円，従業員数 1350 名）となっており，とりわけ従業員数基準で見た3社は，人数が多い割には資本金が少ないのが特徴である．

他方の三菱自・水島系列であるウイングバレイには極端に大きい企業が存在

表 4-2　東友会，翔洋会，ウイングバレイ加盟企業の資本金，従業員数の特徴

マツダ系列	東友会						翔洋会　n=18	
	第1部会　n=26		第2部会　n=14		第3部会　n=23			
	資本金	従業員数	資本金	従業員数	資本金	従業員数	資本金	従業員数
平均値	0.8	301.8	4.8	404.3	11.4	430.4	8.5	871.1
中央値	0.4	155.0	0.5	197.0	0.5	204.0	3.7	627.0
標準偏差	1.2	510.2	13.8	417.9	26.2	547.2	12.1	709.3

三菱自系列	ウイングバレイ n=12	
	資本金	従業員数
平均値	0.8	407.4
中央値	0.8	377.0
標準偏差	0.5	261.5

出所）図 4-1 に同じ.

せず，概ね平均値相当の企業が大勢を占める．ここでの分析対象外ではあるが，全国組織の加工部品部会に属し三菱自グループに分類されている前述の水菱プラスチック，平安製作所，水島工業もまた，企業規模としては同等水準である．**表 4-2** で挙げたマツダ系列の東友会，翔洋会加盟企業の過半が，そして三菱自・水島系列のウイングバレイ加盟企業は 12 社中 10 社が各々の全国組織にも重複加盟していることから，両社の全国組織のうち，相対的に付加価値の低い部品を供給する中国地方の小規模な地場企業とは，これらを中心に構成されているということである．

(3)　マツダ系列と三菱自系列の調達先共有状況

続いて，マツダと三菱自の調達先共有状況を分析する．中国地方に立地する両完成車企業の調達先，とりわけ地場企業の生産補完機能がどの程度共有されているのかを把握するのが目的である．**図 4-3** は，その結果をまとめたものである．

マツダの協力会組織である洋光会，東友会，翔洋会の重複加盟を除外した企業総数は 201 社，他方の三菱自の協力会組織である三菱自動車協力会並びにウイングバレイのそれは 168 社である．そのうち，マツダと三菱自双方の協力会に重複加盟するのは 73 社であった．両社の総数に占める比率は，マツダ系で

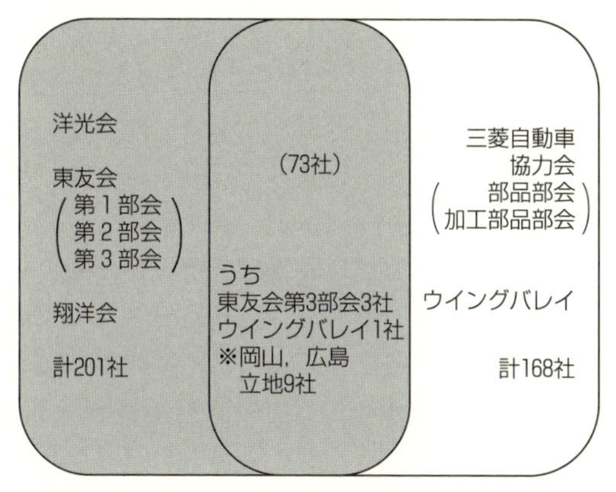

図 4-3　マツダと三菱自の調達先共有状況

出所）図 4-1 に同じ.

36.3%，三菱自系で 43.5% であった．しかしながら両社が実質的に管理的調整の影響下に収めている，いわゆる系列企業に限定すると，東友会第3部会の3社（東京濾器，西川ゴム工業，ユーシン），ウイングバレイの1社（三恵工業，現・クレファクト）の計4社に過ぎない（これら4社は洋光会と三菱自動車協力会の双方に加盟）[20]．また前述の73社のうち，中国地方の広島県，岡山県が本社所在地の企業は僅か9社である．このことから，マツダと三菱自・水島では，少なくとも一次の調達先としては地場企業をほとんど共有していないということが明らかになった[21]．このことから断定できるのは，マツダ，三菱自の中国地方の調達先企業の多くは，完成車企業の主力工場が広島県と岡山県とで隣接しているにも拘わらず，相互に排他的取引に終始しており，企業規模拡大の機会を十分に活かしていないということである．

そしてもう1つ見えてくるのは，マツダと三菱自の双方が共有する主な調達先とは，デンソー，アイシン精機等のトヨタ系企業9社を筆頭とする他完成車企業系列の主要企業（トヨタ系以外では，旧・日産系カルソニックカンセイ，ホンダ系ショーワ等），独立系大手自動車部品企業（矢崎総業，住友電気工業，ブリヂストン，日本精工，NTN 等），同じく独立系総合電機企業（パナソニック，日立オートモティブシステムズ，クラリオン），そしてグローバル規模で展開する欧米の外資系企業（ボッシュ，コンチネンタル・オートモーティブ，ヴァレオジャパン，オートリブ，ビステオン・ジャパン，TRW オートモーティブジャパン等）であり，いずれも高付加価値型の部品供給をこれらの企業に委ねているということである．くり返しになるが，これはマツダと三菱自が，（完成車という）最終製品の差別化に決定的インパクトを与えうるような高付加価値型の部品を供給できる企業を系列内（そして中国地方の域内）にほとんど持たないということなのである．

(4)　ディスカッション

本節の議論をもとにマツダと三菱自の協力会組織を評価するならば，その最大の特徴とは，両社が管理的調整を行使しうる範疇としての系列企業の基盤は，企業規模という側面から評価する限りでは一様に脆弱だという点に集約することができる．それは地場企業の規模の従属変数である技術開発力と資本力（それらが体現する部品領域のバリエーション）からも明らかである．そしてこのことは同時に，中国地方には全国規模，ひいてはグローバル規模での競争に資するような水準の部品企業が極めて少ないことを意味する．海外と較べて相対的に外注比率の高いわが国自動車産業の場合，傘下に有力部品企業を持たないことは決して望ましい状況ではない．現在でもマツダ，三菱自両社は，他系列企業，独立系企業，外資系企業とも積極的に取引することで傘下系列企業の競争劣位を補填してはいるものの，他方で中核企業による直接的コントロール下にないこれらの企業にとっては，中堅規模の完成車企業に対する取引特殊的投資のインセンティブには乏しいのである．このことはつまり，浅沼［1997］が言う関係的技能の形成に繋がらないということでもある.[22)]

以上の問題点から今後のマツダ，三菱自の協力会組織運営に示唆されることは，大まかに言って次の３点である．第１に，今後のパートナーシップのあり方である．すなわち，どの部品企業を主たるパートナーとして認識するかである．あくまで自社系列の部品企業を育成していくのか，あるいは現状を踏襲する形で他系列企業や独立系企業，あるいは外資系企業への依存を強めるかである．第２に，現存する専属性の高い協力会組織（マツダならば東友会と翔洋会，三菱自・水島ならばウイングバレイ），すなわち系列企業をどのようにして存立させるかである．第１の課題に対する方向性如何によっては，これら協力会組織の存立条件は大きく変化することになるだろう．万一これら地場企業の組織を存立させない方針を採った場合，それは地域経済に対して甚大な負の影響をもたらすことになる．そして第３に，近年の自動車産業を取り巻くイノベーション上のイシューとして必要不可欠となる，CASE（Connected, Autonomous, Sharing & Services, Electric）に代表される先進的な技術開発にどのように対処していくかである．前述のとおり，マツダと三菱自ともに専属性の高い系列企業は相対的に技術水準が低く，扱う品目も付加価値の面で見劣りすることが否めないというのが現状である[23]．したがって特定の領域では引き続き系列外の企業を重用せざるをえないと想定されるが，このことが専属性の高い協力会組織のあり方を必然的に規定していくことになる．以上3つのインプリケーションは極めて密接な相互依存の関係にあり，実質的には同じことが論点であると言い換えてもいいだろう．

3．法人としての東友会とウイングバレイの比較

続く本節では，法人としての東友会とウイングバレイの事務局機能に焦点を絞り両者を比較する．両協力会組織は完成車企業の取引先を単に束ねただけの任意団体ではなく，協同組合としての法人格を有しており，かつ事務局を置いて協力会加盟企業に共通の指針を策定してきた．前節は協力会組織を構成する企業群に着目したが，ここでは法人としての側面を評価する．そうすることで，地場協力会組織間の異同が構成企業のみならず協同組合のガバナンスにも顕れていることを明らかにしていく．

(1)　東友会の事務局組織と業務

(ｉ) 協力会組織の枠組み

東友会の組合員企業は62社（2016年12月現在）であり，それぞれの専門領域ごとに第1部会から第3部会まで編成されている[24]．**表4-3**は東友会の沿革である．発足当初はマツダ（当時は東洋工業）の取引先企業の相互親睦，福利向上の追求，労働災害の防止活動等をつうじてマツダとの連携を密にし，協力体制を強化することを目的とした任意団体であった．その後1967年に，事業内容の拡大を目的に現在の協同組合へと改組した．東友会事務局の常勤職員は4名おり，事務局長である専務理事には代々マツダOBが就くことが慣例化している．事務局機能は加盟企業が拠出する組合費によって維持されている．

ところで，戦後復興期の広島にはまだ自動車部品の供給ができる企業は少なかった．しかしモータリゼーションが進展していく過程で，マツダの内製能力に限界が目立ち始めた．そのためマツダには，品質や調達量の面で安定供給が可能な優れた部品企業を集めたいという意向があった．他方でモータリゼーシ

表4-3　東友会沿革

1952	任意団体「東友会」を組織する
1958	広島市大州町53に事務所を開設
1965	業種別部会編成 第1部会：機械・鋳造・鍛造／第2部会：板金／第3部会：設備・その他
1967	任意団体から事業内容の強化を図るため，「東友会協同組合」の認可を受ける
1968	合理化体制の強化を図るため，ZD運動を導入実施
1975	マツダ車拡販運動組織新設
1977	東友会安全衛生協議会設立
1981	経営体質強化を図るため6S運動を展開
1982	同和教育開始
1984	広島市南区大州5丁目3番33号に事務所を移転 海外への研修団派遣 マツダ株式会社の対米進出に伴う情報収集を目的に，国際委員会発足 経営者後継者教育を目的に，“マツダ若葉会”を発足
1993	広島県の指定を受け特定中小企業集積活性化事業に取組むため，新技術委員会を設ける
1996	雇用促進事業団の認定を受け，高付加価値化や新分野展開を担える，高度な人材の育成を行う「人材高度化推進委員会」の活動を始める
2001	広域商談会開始（ダイハツ・トヨタ・日産・三菱自工・スズキ） 中国調査団（24名）を中国　上海市・重慶市・天津市へ派遣
2002	マツダ車拡販フェスティバル“来て見て乗ってみん祭”開始
2006	中小企業人材確保推進事業（平成18年度～20年度の3年間） IEマン養成講座2006

出所）東友会提供資料を一部編集.

ョン初期の部品企業側には，自動車部品専業で事業を進めることへの不安や企業規模が小さいことによる顧客との交渉力不足という懸念があった．こういった両者の思惑が合致したことで，当初は20社が参画して任意団体の東友会が発足したのである．

広島には戦前から海軍工廠があり，もともと鋳鍛造や機械加工の技術水準の高さには定評があったが，敗戦にともない工廠に勤めていた優秀な技術者が失職したため，マツダがこれらを吸収していった．同様に，東友会の加盟企業もまたこれらの技術領域を得意としていた．しかしながら特定の分野に強みがあることは，かえって新しい領域への進出の妨げにもなりうる．事実，現在の自動車産業で高付加価値化の源泉となっているエレクトロニクス関連の技術は，広島にはあまり定着していない．したがって新しい技術領域の部品に関しては，マツダは広島並びに中国地方以外の企業からの調達に頼る部分が大きい．とはいえマツダと東友会を中心とした地場企業との関係は非常に深く，現在もマツダは調達額基準で約4割を地場企業に依存している．なお今日では，第1部会から第3部会という編成は形式的には残っているものの，基本的には全加盟企業が部会の垣根を越えて活動するようになっている．

（ii）協同組合事務局の主たる業務

東友会には5つの委員会があり，これが協同組合としての主要な業務を担う．それらは，拡販委員会，生産合理化委員会，新技術委員会，総務委員会，安全・衛生委員会である．加盟企業各社から委員会メンバーを募って活動しており，安全・衛生委員会の運営は，マツダから事務局に出向派遣された担当マネジャーが主導している．

拡販委員会はマツダ車の紹介販売推進を担っており，近年はマツダファン作りのため，広島市内のMazda Zoom-Zoomスタジアムを借りて「来て見て乗ってみん祭」を毎年開催している．生産合理化委員会は2001年から始まった取り組みであり，製造工程の生産性改善能力の向上が目的である．委員会参加企業各社がモデルラインを決め，巡回訪問して皆でその改善案を出し合うのである．新技術委員会では，自動車産業以外も含めユニークな取り組みをしている企業を視察したり，年1回若手技術者の研究報告会を開催したりしている．また他にも，IE（Industrial Engineering）マン養成講座は30年以上の歴史を持つ取り組みである．ここでは多くの加盟企業の社長や製造担当役員等の経営幹部が学んできた．加盟企業からはボランティアで5名のインストラクターが，マツダOBからは1名の統括講師が講座を担当し，25人程度の次世代のリーダー候補たちを対象に年間5カ月かけてインダストリアル・エンジニアリングの教育と実習を行う．こういった加盟企業同士の緊密な関係構築と頻繁な交流は，今後加盟企業同士が国際競争力の維持向上のために連携する必要性が出てきたときに，きっと役立つことであろう．

なお東友会では加盟企業の信用保証は行っていない．ファイナンスはあくまで各社が自己責任によって行うものとされている．東友会がもう1つ関与しないのは，加盟企業同士の再編・統合である[25]．2000年代初頭に東友会の加盟企業間でいくつもの再編が進められたが，多くはマツダ購買部門等の主導によるものであり，当事者たる東友会事務局はこれには一切関与することはなかった．以上のような加盟企業間の交流事業のみならず，マツダの長期的な経営戦略に基づく相談といった対外的な窓口としても東友会は機能してきた．

他方で，2000年前後には加盟企業のためにマツダ以外の完成車企業への拡販を睨んだ商談会を統括開催してきた．そのターゲットはトヨタ，日産，三菱自，スズキ，ダイハツ等であった．しかしながらこれらの取り組みの成果は芳しくなく，現在ではこういった商談会は開いていない．既に国内市場は少子高齢化の進展とともに長期縮小傾向にあり，各完成車企業ではいかにして地元企業との取引を維持するかという点が重要課題になっている．よほどの価格競争力や魅力ある固有技術がない限り，他地域に新規参入することが難しくなっているのである．

以上のように東友会の加盟企業は，強い結束力のもと競争力の向上に励んできた．そしてマツダが2000年代後半から進めてきた「モノ造り革新」，すなわち一括企画に基づく製品開発イノベーションの「コモンアーキテクチャー」と生産技術イノベーションの「フレキシブル生産」にも同調し，各社が同じコンセプトのもと開発や生産効率を高めてきたのである[26)]．一方でこれは，東友会の加盟企業はマツダへの売上依存度が高いからこそ一体的な活動が可能だったと見ることもできよう．

（iii）法人として直面する課題

マツダからの調達額，比率ともに大きく，かつ加盟企業間の結束が強いと見られる東友会であるが，近年の競争環境の変化にともない課題も見えてきた．それはマツダと東友会の加盟企業とが一心同体的関係であるがゆえの帰結とも言えるものである．例えば，戦後マツダの経営が浮沈をくり返してきた中で，東友会の加盟企業はマツダが苦しい時に部品納入価格や財務面で協力してきた経緯がある．このことは，少なからず部品企業側の経営資源の蓄積のあり方に影響し，企業成長のための販路拡大，新技術開発，そして海外展開等の遅れにつながった可能性もあると考えられるのである．逆にマツダは経営危機の際に，メインバンクだった住友銀行（当時）や地元の金融機関を筆頭にオール広島で支えてもらったという恩義があり，調達先選定において東友会のような地場企業を（とりわけ心情面では）重要視してきたようである．このような良くも悪くも相互依存性の強い関係は，取引関係をロックインすることにも繋がる．

しかしながら，マツダは広島経済に大きな責任を感じる地元企業としての顔のみならず，今日においてはグローバル企業としての側面も併せ持つ．もはや地場企業だからという理由だけで取引を続けるわけにはいかないのである．企業規模，技術力，コスト競争力等の様々な要因により，現在では東友会のうち5分の1程度の企業が，Tier 2ないしTier 3へと取引階層が変化している．かつては全加盟企業がTier 1だったのである．こうして加盟企業間に格差が生じると，東友会の事務局としても全ての加盟企業を同じ論理でサポートすることは難しくなる．取引階層の違いは入手できる情報量や構築される能力にも影響するため，各社の利害が異なってくるからである．さらに格差が拡大していくと，マツダとの直接取引が継続できない企業は増えていく可能性がある．

強い結束力を誇ってきた東友会ではあるものの，構造的要因から加盟企業間に様々な面で温度差が生まれつつある．そしてそれは，近年海外生産比率を急速に高めるマツダのグローバル戦略の進行にともない，より差異を際立たせていくことになるだろう[27]．

議論をまとめよう．以上の事例研究から，東友会は近年こそ問題を抱えているものの，もっぱら機能要件によって統合された，相対的に強い紐帯関係の協力会組織と特徴づけられる．

(2)　ウイングバレイの事務局組織と業務

(ⅰ) 協力会組織の枠組み

ウイングバレイの組合員企業は12社（2016年12月現在）である[28]．**表4-4**はウイングバレイの沿革である．ウイングバレイは協力会組織であると同時に岡山県総社市に展開する工業団地でもある．1962年に協力会が立ち上がり，1966年には東団地が竣工した．その後1990年には西団地が竣工し，現在の東西2拠点へと整備された．ウイングバレイ事務局の常勤職員は13名であり，その多くは協同組合のプロパーである．最も人数の多かった時期には職員数は85名程度おり，そのうち5～6名は三菱自OBもしくは出向者であった．今は三菱自出身の職員はいないとのことである．

ウイングバレイが誕生した背景には，三菱自による協力会の組織化と全国的な工業団地造成ブームがある．1960年代のモータリゼーション到来により，三菱自（当時は三菱重工業の事業部門）が外注先の強化を図るため，全国組織の柏会を設立した．他方で，当時の池田勇人内閣では，所得倍増を掲げ工業地帯の

表 4-4　ウイングバレイ沿革

1962	水島機械金属工業団地協同組合を26社で設立
1966	竣工式．全組合員23社操業開始
1972	組合員４社合併（組合員20社）
1974	組合員２社合併（組合員19社）
1977	団地青年部会結成 組合員２社合併（組合員18社）
1981	第１回活路開拓調査事業実施
1983	組合員２社合併（組合員17社）
1985	組合員１社脱退（組合員16社）
1986	西団地着工 日本イー・ダブリュ・アイ(株）設立
1987	米国にイーグル・ウイングス・インダストリーズ設立
1988	水島オートパーツ工業(株）組合加入（組合員17社） タイ国にバンコック・イーグル・ウイングス設立
1989	日本イー・ダブリュ・アイ(株）組合加入（組合員18社） ヒルタ化成(株）(旧水島塗装工業(株)）組合加入（組合員19社） 新興工業(株）組合加入（組合員20社）
1990	西団地竣工式 第２回活路開拓調査事業実施
1992	東団地自家発電設備竣工
1994	組合員１社脱退（組合員19社） 組合員２社合併（組合員18社）
1996	東団地排水処理施設竣工 CI の導入により組合の名称，シンボルマークを変更
1997	ウイングバレイ西（西団地）拡張工事完成
1999	経営診断実施（報告書完成）
2000	新人事・賃金制度施行
2003	組合員１社脱退（組合員17社） 組合員２社合併（組合員16社） 享栄エンジニアリング(株）組合加入（組合員17社） (株)アステア組合加入［組合員３社合併］（組合員15社）
2004	組合員２社合併（組合員14社） 米国イーグル・ウイングス・インダスリーズ及びタイ国バンコック・イーグル・ウイングスを組合員へ経営譲渡
2005	組合員２社合併（組合員13社）
2006	日本イー・ダブリュ・アイ(株）を組合員へ経営譲渡
2010	組合事務所の統合・移転
2011	組合員２社事業統合（組合員12社）

出所）ウイングバレイ提供資料を一部編集．

地域分散を推奨していた．三菱自の水島製作所の近辺には開発規制が入り，近隣に集積していた部品企業は工場用地拡張の見込みが立たなくなっていた．そこで水島製作所近隣の部品企業は，用地取得のため郊外への移転を決めたのである．そのとき熱心に誘致してきたのが，現在立地する総社市であった[29]．こうして水島製作所近隣の地場企業は，三菱自から協同組合としての組織化を促され，同時に工業団地へと立地面でも集約されることになったのである．

ウイングバレイ設立からしばらくは，各社の三菱自・水島への売上高依存度はほぼ100％であったため，加盟企業の利害関係は概ね一致していた．また，ウイングバレイ事務局が窓口となり三菱自・水島からの様々な要請にも応えてきた．例えば，1986年に加盟企業の共同出資により日本イー・ダブリュ・アイを設立したり，1988年に三菱自の補修用部品製造に特化した会社として水島オートパーツを設立したりしてきた．三菱自の海外展開にともなう随伴進出の要請も受けてきた．しかしながら1990年代後半以降，発注元である三菱自の業績が不調になっていくにしたがい，加盟企業と三菱自・水島との関係性も徐々に変化していった．またその過程では加盟企業ごとに三菱自・水島への依存度に差が生まれ，現在のウイングバレイはかつてのように全体最適で進む関係ではなく，各社が自立的に行動する関係へと移行してきた[30]．今では協同組合として三菱自・水島から仕事の話を受けることはない．

（ii）協同組合事務局の主たる業務

現在のウイングバレイの業務は，三菱自・水島との仕事に拘わる窓口としてよりも，工業団地としてのインフラ整備にその重きが置かれている．ウイングバレイとしての共同事業には，金融事業，教育事業，エネルギー事業，環境事業の4つがある．

金融事業では，かつてウイングバレイが政府系金融機関から融資を受け，それを加盟企業に再融資（転貸）していた．このため加盟企業同士が連帯保証し合っており，相互依存関係が強かった．しかしながら2000年代半ば以降は，転貸の利用は無くなってきた．加盟企業各社が力をつけ，個々で金融機関から融資を受けられるようになったからである．実際，加盟企業は法律で定める中小企業の範疇には留まっているものの，それを超える体力を持っている（いつでも増資できる）とのことである．したがって現在のウイングバレイの会員各社は，決して吹けば飛ぶような脆弱な中小企業集団ではないのである．次に教育事業では，加盟企業合同で新入社員や監督者層に研修機会を提供している．各社の求める人材像が異なってきているため，標準化できる教育事業としてはこれが限界のようである．エネルギー事業については，東団地では中国電力から共同受電し，それを各社に分配している．原油価格が高騰するまでは自家発電もしていた．後から造成された西団地は最初から加盟企業個々に電力が供給されたため，共同受電は行っていない．最後の環境事業については，東西団地ともに共同排水処理施設を整備してきた．加盟企業は，処理量と汚濁具合に応じて事務局に施設利用料を支払うことになっている．以上の共同事業は，金融事業に顕著なように縮小傾向にある．それは三菱自・水島の生産台数減と無関係ではない．三菱自・水島からの仕事量減は固定費負担を重くし，それが前述のような事務局体制の縮小にも繋がっているのである．

また，協力会組織としては加盟企業間の再編や海外進出をサポートするようなことはしていない．沿革にもあるようにウイングバレイでは加盟企業同士の合併例が多いが，これらはあくまで当事者間の合意によるものである．また加盟企業は個々の判断で海外展開しており，現在は9社ほどが進出している．前述のように，2002年には三菱自を支援していたダイムラー＝クライスラー（当時）によって全国規模の協力会組織であった柏会が解散され（2005年に三菱自動車協力会として再組織化），ウイングバレイも大混乱に陥った．その過程でウイングバレイの企業間関係は徐々に変化，つまり三菱自・水島とウイングバレイ，そしてウイングバレイの加盟企業同士の事業上の関係が希薄化していったのである．

しかしながら最大顧客であった三菱自・水島からの仕事量が減少していったのと連動して，ウイングバレイの加盟企業も一様に事業縮小したわけではない．三菱自がダイムラー＝クライスラー傘下に入った2000年頃から，各社は存続をかけて新規顧客開拓を推し進め，三菱自のもう1つの国内拠点である名古屋製作所岡崎工場（現・岡崎製作所）との取引を始めたり，トヨタやマツダといった他の完成車企業向けの販路を開拓したり，あるいは電機や農機といった他業種にも参入したりしてきた．こうして主要顧客の業績悪化に起因するやむを得ない事業多角化は，結果として加盟企業を強かに成長させた[31)]．経営の効率化は加盟企業を強靱なものにし，リーマンショック後の不況期であっても一定の利益を計上することができた．

だからといってウイングバレイの存在理由が無くなってしまったわけではな

い．例えば2016年春に露呈した三菱自による燃費不正問題とそれにともなう水島製作所のシャットダウンの際には，岡山県や総社市がいち早く取引先，とりわけ中小企業へのセーフティネットを整備したが，その情報はウイングバレイを窓口として受け取っている．また，岡山県の関係企業が一時帰休から早く復帰できるよう東京に陳情に行った際にも，協力会組織という多数の企業を代表する立場として赴いたのである．限定された機能ではあるものの，前述の共同事業やこういった非常時の際の窓口機能といった点では，協力会組織という枠組みは依然として一定の役割を果たしているのである．

（iii）法人として直面する課題

くり返しになるが，ウイングバレイの加盟企業は，三菱自の長期にわたる業績不振の期間にそれぞれが納入先の分散と事業多角化を進めて自立してきた．協力会組織としてのウイングバレイは，今や加盟企業の利害関係を調整したり，全体最適の論理で何らかの事業を進めたりする存在ではなくなった[32]．

したがって現在のウイングバレイは，三菱自・水島の協力会組織としての機能的側面よりも，同じ工業団地に入居する立地的側面での結びつきから説明する方がその特徴を見いだしやすい．そうすると問題になってくるのは，将来加盟企業間の遠心力が今よりも強くはたらくようになったとき，ウイングバレイを協力会組織たらしめる必然性をどこに求めるのかという点である．すなわち，機能軸から見たウイングバレイの中長期的なアイデンティティに拘わる問題である．ウイングバレイ12社のうち10社は，三菱自の全国組織である三菱自動車協力会のメンバーでもある．機能的には既に全国組織の中に内包されてしまっているとみなすこともできるのである．また現在は立地面で一定の共同事業を進めることに意義があるものの，実は西団地には非加盟企業3社が入居しているのである．他方で入居中の企業の中には，事業多角化にともない，より利便性の高い立地を求めて転出するところが出てくるかもしれない．単に立地上の繋がりという性格が強くなればなるほど，協力会組織としてのアイデンティティを維持していくのはいずれ困難になっていくことだろう．

そしてより喫緊の課題は，主要顧客であり続けてきた三菱自が2016年10月に日産の傘下に入ったことで，ウイングバレイを取り巻く事業環境が大きく変わってきていることである．周知のとおり，日産はその親会社である仏ルノーと購買機能を国際的に統合しており，三菱自の購買・調達業務もその枠組みに編入されている．今やルノー＝日産＝三菱自アライアンスはグローバル最適調達を明確に志向しているため，今後ウイングバレイの加盟企業は，これまでの実績による優先的な受注獲得を望むことは難しく，引き合いの度に是々非々で受注競争に臨まなければならなくなると予測される．その結果，今以上に加盟企業ごとの三菱自依存度は変化していくだろう．このことは，前述の協力会組織としてのアイデンティティの問題と無関係ではないのである．

議論をまとめよう．以上の事例研究から，ウイングバレイはもっぱら立地要件によって統合された，相対的に弱い紐帯関係の協力会組織と特徴づけられる．

(3)　ディスカッション

本節での議論を簡潔にまとめると，東友会は機能要件によって統合された強い紐帯関係を，ウイングバレイは立地要件によって統合された弱い紐帯関係をそれぞれ特徴としていると指摘した．ただしこの違いは相対的なものであり，かつ善し悪しとは無関係であることに注意されたい．なぜなら，加盟企業個々の業績は法人としての協力会組織の特徴と必ずしも連動するものではないからである．実際に，東友会の加盟企業では Tier 1 としてマツダとの取引関係を強化する企業もあれば，相対的に競争力が劣ったことで Tier 2 や Tier 3 へと階層を下げられた企業もある．また東友会はマツダと一蓮托生の関係にあり，その浮沈はかなりの部分マツダに委ねられている．他方のウイングバレイでは，加盟企業が三菱自・水島以外の顧客を積極的に開拓したことで，独自の競争力を身につけたところが少なくない．そうして取引先を分散させた企業は，三菱自の業績に左右されにくくなったのである．

小　　括

本章の目的は，マツダと三菱自・水島が組織する協力会の構造を分析し，その特徴を明らかにすることであった．分析の結果明らかになったのは以下の諸点である．第1に，両社の全国規模の協力会組織は主要な直接取引先で組織されているに過ぎず，決して系列と呼べるような管理的調整の範疇に収まる企業ばかりによる集合体ではないことである．第2に，協力会組織内部において両社の管理的調整が及びうる系列企業の実態は，相対的に企業規模が小さい地場企業に限定されることである．言い換えると，マツダと三菱自は，最終製品の差別化に決定的インパクトを与えうるような高付加価値型の部品を供給できる企業を系列内（そして中国地方の域内）にはほとんど持たないということである．第3に，両社の調達先である中国地方の地場部品企業の多くは，完成車企業の主力工場が広島県と岡山県とで隣接しているにも拘わらず，少なくとも直接取引の観点では相互に排他的な取引に終始しており，企業規模拡大の機会を十分に活かしきれていないことである．この点は，中国地方の今後の地域経済を考える上で課題の1つとして認識しておくべきであろう．そして第4に，法人としての両協力会組織は，加盟企業間の格差や戦略の違いによって徐々にその役割を変化させつつあることであった．両者の端的な性格上の違いとは，東友会が機能要件によって統合された相対的に強い紐帯関係を保持し，逆にウイングバレイは立地要件によって統合された相対的に弱い紐帯関係に留まる点であった．

ここまでの議論からも明らかなように，技術開発の最先端領域において競争力の高い系列企業を傘下に持たないマツダと三菱自・水島の調達構造は，先行研究が示す大手完成車企業を念頭に置いたわが国自動車産業の部品取引システム（垂直方向に長いピラミッド型の取引階層や承認図方式を多用する取引特殊的投資の存在）とは明らかに異なる．その一方で欧米の自動車産業では，完成車企業はいわゆる系列をほとんど組織することなく代わりに有力な独立系部品企業との市場取引をつうじて競争力のある部品を調達してきた．それでもユニークかつ商品力のある製品を展開し続けることができたのである．したがってそういう点に着目すると，本章で取り上げたマツダや三菱自・水島のような素材・部品調達のあり方は，わが国の規範型とは言い難いかもしれないが，世界に視点を移せばむしろこちらの方がスタンダードだったとも解釈できるのである．

そして本書の大きな問題意識に関連してもう1つ指摘しておく必要があるのは，マツダと三菱自・水島が組織する地場協力会組織に加盟する企業の人口減少社会への対応についてである．筆者らの一連の企業調査[33]によって見えてきたのは，広島，岡山を問わずほとんどの地場企業が生産工程の自動化，すなわち資本ストックの厚みを増すことによって人口減少に対処しようとしていることである．人口減少が著しい中国地方にあって，限られた生産年齢人口の取り合いはゼロサムゲームであるため，各社は少しでも人手に頼らない自動化を選択しつつあるのである．

注

1）堀江［1972］，p. 206 参照．企業グループにまつわる先行研究については補論3を参照されたい．

2）総務省「平成23年（2011年）産業連関表による経済波及効果簡易計算ツール」を用いて自動車部門を中核とする輸送機械部門の経済波及効果を計算したところ，絶対値では鉄鋼部門に次いで大きく，また他の機械，金属，化学工業部門とは異なり，輸送機械だけが部門内と他部門の両方で新規需要以上の波及効果があると判明した．

3）中山［2004］，p. 74 参照．

4）清成・下川編［1992］，pp. 6-7 参照．

5）浅沼［1997］，p. 170 参照．

6）中山［2004］，p. 75 参照．

7）以下の記述は，東洋工業株式会社五十年史編纂委員会［1972］，pp. 309-310, pp. 421-424 に基づく．

8）前掲，p. 310 参照．

9）ファミリアプランとは，当時の東洋工業の主力生産車種の名前にちなんだものであり，「大規模な新規投資を要しない，"工夫とアイデア"による合理化が奨励され，既存設備の徹底的な有効利用」（pp. 422-423）をすることで協力工場の合理化を推進するものであった．

10）前掲，pp. 421-422 参照．

11）前掲，p. 423 参照．

12）その主な項目として，同社ウェブサイトでは部品納入方式のミルクラン・システムへの移行が紹介されている．この方式は欧米のサプライヤー・パークで採用されることが多く，部品企業が個別に顧客に納品するのではなく，完成車企業側がトラックを出して各部品企業の工場を巡回する方式である．

13）以下の記述は，三菱自動車工業株式会社総務部社史編纂室［1993］，pp. 703-714 に基づく．

14）この過程はわが国自動車産業における協力会組織の今日的意義を考える上で重要な示唆を与える．当時の新聞報道等を要約すると，柏会解散の趣旨は，協力会に依存せずグローバル調達でコスト削減を目指すことであった．しかし協力会組織不在はかえって調達部品の著しい品質劣化を招き，三菱自側の競争力低下の一因になってしまった．わが国の完成車企業が得意とする良質の小型車開発・生産には，分業主体間での高度な擦り合わせ業務の実現が求められ，それには協力会組織のようなパートナーシップ構築のための制度が必要不可欠ということなのだろう．

15）同協同組合の本稿執筆時点の加盟企業数は12であり当初から半減しているが，これは脱退が相次いだためではない．沿革を見ると脱退は過去3社のみであり，逆に新規加入は多かった．加盟企業数が12まで減っている主な要因は，加盟企業同士の度重なる合併である．沿革から判明するだけでも9回の合併が確認できることから，協同組合内で企業規模拡大による合理化がくり返されてきたのである．

16）三菱自動車工業株式会社総務部社史編纂室［1993］，p. 714参照.

17）翔洋会には自動車部品企業，一般製造企業，物流企業，販売サービス企業があり，必ずしも自動車製造の生産連関に直結する企業ばかりではないものの，大半が自動車部品企業である．

18）ただし，ウイングバレイ加盟企業のうち曙ブレーキ山陽製造は独立系企業である曙ブレーキ工業の完全子会社であるため，三菱自の資本系列とは呼べない．あくまで取引系列の範疇として分類すべき事例である．

19）この点は岩城［2013］の指摘とも整合的である．

20）しかしながら東友会第3部会で挙げた3社の場合，東京濾器の本社は神奈川，ユーシンの本社は東京であること，また西川ゴム工業は本社こそ広島ながらマツダ以外にも取引先が多角化していることから，他の東友会加盟企業に較べると系列色は若干薄まるということを指摘しておきたい．さらにユーシンについては，2019年初頭にミネベアミツミが同社を買収しており，今後はマツダの系列色がいっそう低下すると考えられる．

21）ただし複数の地場部品企業へのインタビューによると，Tier 2としての広島＝岡山の相互乗り入れは一定量以上存在するようである．

22）この点については異なる主張もある．例えば山田［1999］は，関係的技能を包含する「関係的能力」という概念を導入し，この能力は「形成元の系列取引を越えて利用されうる」（p. 112）と主張する．ただしこの主張を是としたとしても，仮に大手完成車企業系列ないし独立系や外資系の部品企業が中堅完成車企業との取引において高度に差別化可能な関係的技能を形成することに成功したとしても，それはより関係性の強い中核企業との取引にも早晩移転される（取引規模が大きく合理的であるため）であろうから，中堅完成車企業側が一方的に有利になる条件にはなりえない．

23）ただしCASEへの対応については，トヨタ系を除くと大手完成車企業系列の日産系やホンダ系といえども総じて同様の傾向にある．すなわち，電子制御システムや電動化関連基幹部品の調達を系列内で完結できるのは，トヨタ系にほぼ限定されるのである．これについては例えば佐伯［2012，2018］が詳しい．

24）本事例研究は，2016年10月11日及び2019年2月12日に実施した同協同組合事務局へのインタビューに基づく．また2016年6月21日に実施したマツダ防府工場見学並びに2017年9月20日に実施したやまぐち産業振興財団へのインタビューによると，マツダの防府工場にも「防友会」という協力会組織があるが，こちらは加盟企業同士の地域での親睦とマツダ車の拡販協力が主な活動である．加盟企業の実態は広島企業の山口拠点が大半を占める．

25）2019年2月12日に実施した東友会協同組合事務局へのインタビューに基づく．

26）マツダのモノ造り革新を構成するコモンアーキテクチャー構想とフレキシブル生産構想については，野村［2016］が詳しい．東友会の企業による具体的参画の実態については第9章を参照されたい．

27）マツダの「モノ造り革新」の成功によって2012年以降好況に沸く広島であるが，異なる面での課題も浮き彫りになってきている．それは，サプライサイド要因による生産能力の限界が見え始めていることである．東友会の加盟企業のうち，Tier 2やTier 3にはオーナー系中小企業が多く，後継者問題に頭を悩ませているところが少なくない．ただでさえ人手不足が深刻化する中，2018年から本格的に推進されている働き方改革によって労働時間が制限されていること，また設備投資の余力に乏しく生産工程の自動化で挽回することも叶わずにいることから，発注元からの増産要請に対応しきれない企業が散見されるようである．来たるべき中国地方の深刻な人口減少社会の姿が，早くも垣間見えるようになってきているのである．2019年2月12日に実施した東友会協同組合事務局へのインタビューに基づく．

28）本事例研究は，2016年10月25日に実施した同協同組合事務局へのインタビューに基づく．

29）当初は水島製作所から10 km圏内で土地を探したが適当なところが見つからなかった．総社市は水島製作所から約23 km離れている．

30）前述の加盟企業の共同出資により立ち上げた事業会社もまた，沿革にあるとおり2000年代半ばに加盟企業が経営譲渡を受け精算してしまっている．

31）今日でも三菱自・水島向けの事業比率が高いのは，ヒルタ工業，アステア，三恵工業（現・クレファクト），三乗工業あたりである．それ以外の加盟企業は概ね三菱自依存度を3割以下まで下げてきている．2016年12月12日に実施したヒルタ工業へのインタビューによる．ヒルタ工業の晝田眞三会長は，ウイングバレイの理事長を兼務している．

32）事業上の関係性が小さくなったとはいえ，かつては主要顧客を共有し，かつ同じ工業団地に入居する企業同士として，加盟企業間の人的関係自体は良好だとのことである．

33）2018年5月から8月にかけて，広島，岡山の地場企業のべ30社程度にインタビューを実施した．これらに基づくとりわけ東友会の主要企業に関する分析は第9章を参照のこと．

第5章

山陰企業の自動車部品事業への参画

はじめに

本章の目的は，山陰2県（鳥取県，島根県）に立地する企業と自動車産業との関わりを明らかにすることである．とりわけ，同地方における自動車部品企業の分布，自動車部品事業への参入の経緯と現況，保有する基盤技術について考察していく．それと同時に，同地方が直面する課題にも言及する．

山陰地方に着目する理由とはこれまで同地方の自動車部品企業は分析対象としてほとんど取り上げられてこなかったという実証研究上の空白を埋めることである．後述するように，確かに事業所数や製造品出荷額の指標でみたときに，山陽3県に較べてその存在感は遙かに小さい．自動車産業に関連する事業所数や製造出荷額の規模は小さいながらも，山陰地方には自動車産業，とりわけ自動車部品を主たる事業とする企業が複数存在する．本章では，こうした山陰地方の自動車部品企業がどのように事業展開しているのか，さらには事業継続にあたりどのような問題に直面しているのかを考察していく．

1．山陰地方の製造業と自動車産業の位置づけ

まずは，山陰地方の製造業の規模を確認していこう．**表5-1**は，中国地方5県の製造品出荷額等および県ごとの産業別順位を示している．山陰2県の製造業の規模は非常に小さい．全国順位，全国の製造品出荷額等総額に占める割合は，鳥取県が45位で0.2%，島根県が44位で0.3%となっている．鳥取，島根両県の製造品出荷額等を足し合わせても，中国地方で3位である山口県の3分の1に満たない．

県ごとに上位の産業をみると，鳥取県は食料，電子部品，紙パルプの順，島

表5-1　山陰2県の製造出荷額と出荷額順位

都道府県	金額（億円）	順位		構成比（%）	1位	2位	3位
		28年	26年		産業		
全国	3,021,852	—	—	100	輸送	食料	化学
鳥取	7,352	45	45	0.2	食料	電子	紙パ
島根	10,960	44	44	0.3	電子	情報	輸送
岡山	70,919	16	14	2.3	化学	食料	輸送
広島	99,414	9	10	3.2	輸送	生産	食料
山口	56,090	19	18	1.8	化学	鉄鋼	輸送

注）出荷別順位は細分類の総計より作成.
出所）経済産業省 H26, H28「工業統計表」より筆者作成.

根県は電子部品，情報通信機械，輸送用機械の順となっている．島根県では自動車産業を含む輸送用機械が3位に入っているものの，鳥取県は上位3位までに輸送用機械が含まれていない．山陰2県とは対照的に，山陽3県（岡山県，広島県，山口県）では，上位3位以内に輸送用機械がカウントされている．山陰2県の製造品出荷額等の規模との差を考慮に入れると，山陰2県と山陽3県では自動車産業を含む輸送との関わりに大きな違いがあるといえよう．また序章でも指摘したように，山陰2県の自動車部品企業をみると，事業所数，従業者数，製造品出荷額等のいずれの項目においても，山陽3県よりかなり規模が小さい．このことからも，中国地方では中国山地を挟んだ瀬戸内側（山陽）と日本海側（山陰）とでは，自動車産業集積の規模に明確な差があることが分かる．単に地理的近接性だけで山陽の産業集積が山陰にまで広域化しているわけではないのである．

以上のことから，国内における山陰2県の製造業，とりわけ自動車産業の位置づけは非常に低いと考えられる．したがってここでの関心は，少数ながら立地する自動車部品企業はどのような技術領域（生産品目）を得意とし，山陽あるいはそれ以外の県外企業とどのような資本・生産連関を持つのかという点に集約される．次節以降，これらの諸点に沿って議論を進めよう[1]．

2．山陰自動車部品企業の立地と生産品目

(1)　鳥取県の企業立地状況と生産品目

鳥取県では，鳥取県産業振興機構の質問票調査（2015年11月・12月実施の「自動車部品アンケート」）を実施しており，県内に少なくとも69社の自動車部品企業があることが判明している（公益財団法人鳥取県産業振興機構［2015］）．県外から進出してきた大手電気・電子企業と，もっぱら機械加工を得意とする地場の中小企業等で構成されている．大手企業では，スイッチ類を生産するオムロンスイッチアンドデバイス（倉吉市），点火系部品を生産するダイヤモンド電機鳥取工場（鳥取市）のほか，センサを得意とする地場企業の日本セラミック（鳥取市）等を挙げることができる．他方の地場中堅・中小企業では，鍛造部品を得意とする明治製作所（倉吉市），菊水フォージング（米子市），寺方工作所（倉吉市）があり，ユニークなところでは地場企業59社の共同受注会社である鳥取県金属熱処理協業組合（米子市）がある．

以上の諸企業の所在地からも分かるとおり，主要な企業は鳥取市，倉吉市，米子市に生産拠点を置く．山陰2県に完成車企業の拠点が存在せず特定地域に集積する必要性に乏しいため，必然的に県外との物流上の利便性を考慮し，山陽方面に接続する主要道路（東から鳥取自動車道，国道313号線：北条湯原道路，米子自動車道）沿いに立地していると考えられる．

(2)　島根県の企業立地状況と生産品目

島根県の自動車部品企業数は正確には分からないが，しまね産業振興財団からの提供資料によれば，主要なものだけで31社（33事業所）が掲載されている[2)]．島根県の自動車部品企業は大半が県外からの誘致企業であり，地場企業で大手と呼べるものはほぼ皆無である．同県の製造業で最も競争力があるのは鋳造業である[3)]．日本鋳造協会が2016年に公表した銑鉄鋳物業界の都道府県ランキングによれば，島根県は生産重量で全国3位，生産額で同4位とされる（**表5-2**参照）．代表的な企業は，ダイハツメタル（出雲市），ヨシワ工業（鹿足郡に六日市工場と初見工場），NTN鋳造（出雲市）であり，とりわけ前2社の生産量が大きい．これらはいずれも県外からの誘致企業（ダイハツメタルはダイハツ系，ヨシワ工業はマツダ系，NTN鋳造は独立系）である．鋳造業者は県東部の出雲市から安来

表5-2　平成30年銑鉄鋳物都道府県別生産量および生産金額

順　位	都道府県	重量（トン）	順　位	都道府県	生産金額（百万円）
	全　国	3,507,094		全　国	735,968
1	愛　知	1,286,268	1	愛　知	228,071
2	栃　木	209,186	2	福　島	40,256
3	島　根	196,749	3	栃　木	39,025
4	静　岡	127,432	4	島　根	37,188
5	長　野	126,973	5	長　野	29,348

出所）一般社団法人 日本鋳造協会ウェブサイトより筆者作成.

市近辺に概ね集積しているが，他方で大手のヨシワ工業は県南西部の広島県との県境に立地している．ヨシワ工業をはじめとする自動車部品企業のうち，広島県と山口県のマツダの完成車工場に納入しているマツダ系企業の多くは県西部に集中している．

島根県の自動車部品企業も前述の鳥取県同様に，山陽方面に接続する中国横断自動車道（尾道松江線，浜田広島線）沿い，そして日本海側に東西に延びる山陰自動車道沿いに概ね立地している．また，自動車部品に限定するものではないが，安来市近隣（鳥取県米子市含む）には日立金属安来工場を頂点とする特殊鋼生産の関連企業が一定数集積しており[4)]，松江市南部には三菱マヒンドラ農機を頂点とした小規模ながら農業機械集積もある．前者の取引先は従業者数が100～200名規模で約10社あり，後者では30名規模ながら扱うのが最終製品のため波及する裾野は比較的広いとされる．

3．資本・生産連関からみた山陰自動車部品企業

(1)　鳥取県企業の資本・生産連関

次に，両県の自動車部品企業の資本・生産連関の実態をみていこう．まず鳥取県であるが，前述の鳥取県産業振興機構が実施した質問票調査の集計によれば，回答数47社のうち売上高に占める自動車部品比率が3分の2を超える（概ね専業）のは4分の1強，逆に比率が3分の1を下回る企業が約半数であり，専業の自動車部品企業数は限定的である．これは2015年に旧・鳥取三洋電機が外資系ファンドに売却された影響も大きい．

鳥取三洋の地場取引先企業の一部は，生き残りのために自動車部品に参入し

ており，業態転換の過渡期にある．また前述 47 社のうち 15 社は商社経由の受注・納入になっており，完成車企業からみた取引階層では Tier 2 以降に位置づけられている．さらにこれら企業の外注状況については約半数が県外企業にも外注していると回答しているが，その理由は，県内では設備・技術面で対応可能な企業が存在しないからだとされている．他方で，県内大手企業のオムロンスイッチアンドデバイスやダイヤモンド電機は本社所在地が関西方面であることから，資本連関上は関西系と分類される上，生産連関上も関西方面への結びつきが強いようである．ダイヤモンド電機では中国地方に外注先はほとんど存在しないとのことである．これは地場の鍛造大手である明治製作所でも同様の傾向である．ダイヤモンド電機，明治製作所ともに最大納入先はダイハツ工業である[5]．山陽方面との生産連関は弱く，明治製作所の場合，明確に判明している分だけではいずれも Tier 2 として三菱自・水島向けが約６％，マツダ向けが約２％に過ぎない．以上の点から，鳥取県の自動車大手部品企業は，とりわけ県東部の企業を中心に山陽地方よりもむしろ関西方面との資本・連関上の結びつきが強いといえる．

(2)　島根県企業の資本・生産連関

島根県の自動車部品企業については，立地の説明でも述べたように，とりわけ県西部は鋳物大手のヨシワ工業をはじめとするマツダ系企業の分工場もしくは生産子会社が数多く立地している．当然これらは資本連関では広島系に分類され，山陽地方との生産連関が強くみられることになる．しかしながら問題は，これら県西部のマツダ系企業の生産活動があまり近隣に波及効果をもたらさないことである．それは，これら分工場や生産子会社自体が生産連関の末端だからである．材料・設備支給は広島本社に依存し，もっぱら労働集約的な工程，つまり賃加工が主体となっているのである[6]．他方の県東部でも，鋳物大手のダイハツメタル，NTN 鋳造はいずれも関西系資本と分類できる．鳥取県よりもさらに西部の島根県であっても，高速道路の利便性により一定数の関西系の資本連関が存在するのである．以上の点から，島根県の自動車部品企業は，県東部では鳥取県同様に関西方面との資本・連関上の結びつきが一定程度存在し，他方の県西部はマツダ系企業，すなわち山陽地方との資本・生産連関が強いという特徴が明らかになった．ただしマツダ系企業の多くは生産連関の末端に位置づけられており，その生産波及効果は県内他企業に対して極めて限定的である．

ここまでは，山陰地方の自動車産業の全体像を俯瞰してきた．次節では，山陰地方に立地する自動車部品事業を主力とする部品企業の事例を紹介していく．

4．鳥取県自動車部品企業の事例

インタビュー調査を行った鳥取県内に立地する自動車部品企業は，その多くがもともと電機企業との取引を主としてきた．自動車産業への参入は比較的遅い．本節では5社の概要と現況を整理してく．

(1)　山本金属工業株式会社[7)]

山本金属工業は米子市に立地している．資本金は3000万円，従業員数は58人である．同社は1912年に京都市で創業し，当時はろくろによる金属旋削加工業を営んでいた．その後，京都市に山本金属工業株式会社として法人設立された．1963年に鳥取県西伯郡淀江町に誘致企業として淀江工場を設立する．当時の主要顧客であるオムロン（当時立石電機）の地方展開に対応した形であり，これが同社が鳥取県に進出した契機となる．その後，2006年に本社を鳥取県米子市に移転する

1980年代に入ると，精密モータ部品の加工組立事業に参入する．1990年代には，PCの爆発的な普及に呼応して，PC向けハードディスクドライブ（HDD）の生産も増加する．同社では顧客企業のHDD向けのモータを生産していた．したがって，同社の事業のほとんどは小型精密モータ部品に集中していくことになる．しかし，2008年以降，リーマンショックや円高の影響，加えてHDDの需要減少により，同社のモータ部品事業は縮小を余儀なくされる．創業当初から続けてきたモータを含めた電機部品事業とは異なる事業への参入が，企業としての存続を左右する状況となった．

こうした背景のもと，同社は2008年に自動車部品事業に参入する．2018年現在，自動車部品事業は主力事業に成長している．主要な生産品目は，車載用コントロールバルブ関連の機械加工品であり，月当たり売上高約6000万円のうち70%程度を占める．その他には，売上比率は少ないもののEVやFCV（燃料電池車）用部品も生産している．

山本金属工業の強みは，精密モータ部品事業で培った製造技術である．精密

モータ部品に限ったことではないが，精密部品は埃などのコンタミ（異物混入）に対して万全の対策をとる必要がある．コンタミ対策の代表的な方法としては，半導体工場などでよくみられるクリーンルームの設置であろう．山本金属工業では，精密モータ製造で使用していた洗浄工程を自動車部品に転用している．自動車部品と精密機器部品とを比較すると，相対的に後者のほうが高い加工精度を求められる．同社の洗浄工程は真空状態で行われおり，自動車部品のコンタミ対策の水準としては異例の高さであるという．さらに全数検査を行うことで，品質保証の体制をさらに強化している．

同社は，「すでに海外生産拠点設立を検討する時期は過ぎた」という認識をもっている．HDD 関連企業は，1990 年代にタイやシンガポールなどに生産拠点を設立した．もし同社が海外展開を行うのであれば，その時期であったという．2000 年代以降は，自動車部品事業への移行により業績が安定し，現状の生産体制で十分に売上高や雇用を維持できると考えている．ただし，自動車部品の輸出については検討の余地があるとの認識をもっている．同社の製品は小型であり，国内物流に一般の宅配便を使うとしても，物流コストが足枷になることはないという．輸出に関しても同様の考えを持っている．

(2)　株式会社寺方工作所[8)]

株式会社寺方工作所は，精密プレス金型の設計・制作，精密プレス加工企業である．1946 年に大阪府城東区で金型製造企業として創業した．1965 年に鳥取県倉吉市に工場を新設した．その後，鳥取で複数の工場を設立した後，2007 年に本社を鳥取県東伯郡北栄町田井に移し，現在に至っている．2017 年 7 月現在，資本金 3000 万円，従業員数は 134 名である．主要顧客は自動車部品企業であり，売上高約 15 億のうち 80～90％程度を自動車部品事業が占めている．

創業当時から 2000 年代頃までの同社は，非自動車系，とりわけ電機企業の顧客からの受注で事業を成立させていた．具体的にはスイッチ関連，ファクス，ドットプリンター，パソコン用ディスプレイ，ゲームや携帯電話用のヒンジなどであった．電機企業との仕事の特徴は，製品立ち上げ当初には大量の受注があるが，需要が一巡またはモデルチェンジのタイミングで受注が一気に減ることであるという．電機製品のモデルチェンジは年に数回行われる．そのため，各モデルで使用する部品の寿命は短くなるリスクがあり，部品企業にとっては安定した工場の操業を見込みにくいという側面がある．

以上のような経緯から，同社は企業として安定した業績維持するために，自動車部品事業への参入を図る．参入当初は電機を含めたいくつかの事業のひとつとして考えていたが，徐々に自動車部品の受注が増加し，注力していくようになる．2003年には自動車部品専用工場である大栄工場を建設した．

自動車部品事業への参入は，安定した受注の獲得を目指した結果である．自動車のモデルチェンジサイクルは電機製品のそれとは大きく異なる．自動車の場合，モデルチェンジサイクルは4～5年が一般的であり，部品企業は特定のモデルの部品を受注すると，基本的には当該モデルの生産が終了するまでは継続して受注することができる．もちろん，自動車部品の受注を獲得するためには，顧客企業からの厳しい要求水準をクリアする必要がある．しかし，ひとたび受注に成功した場合には，長期かつ安定に採算性を確保することができる．

同社はいわゆるプレス加工をコア技術としている．切削をせざるを得ないような形状であっても，プレス工程で完結させる技術をもっている．こうした技術をさらに発展させるために，新たな工法の開発にも積極的である．近年では温間加工技術を開発し，実用化に成功している．

(3)　株式会社明治製作所[9)]

株式会社明治製作所は1936年創業，当時から鳥取県倉吉市に立地している．2017年10月現在，資本金1億3000万円，従業員数は350名となっている．国内でも指折りの大手熱間鍛造企業である．同社の生産品目は，自動車，産業機械，農業機械部品の鍛造，機械加工および金型製作となっている．金型は100%内製で，月間生産能力は3400トンである．鍛造品は，エンジン，トランスミッション，ステアリング，サスペンション向けとなる．

鍛造品事業に関連する子会社が2社存在する．国内の子会社であるテクノメタルは1973年に明治製作所の100%子会社として設立された．明治製作所製の鍛造品を切削加工するのが主要事業となっている．もう1社は，タイの財閥系企業であるタイサミットエンジニアリング，タイサミットオートパーツ，日系企業の新興工業の3社と合弁で設立したタイサミットメイジフォージングである．タイサミットメイジフォージングの生産品目は重量が2～5 kgの鍛造品で，月間生産量は800～900トンとなっている．本章で取り上げる企業のうち海外に生産会社を設立しているのは，明治製作所と後述するアイエム電子だけである．さらに2017年には倉吉市に大谷工場を新設し，生産能力を拡張させている.

同社は，資本金基準では中小企業に位置づけられる．しかし，売上規模は100億円超であり，鳥取県内の自動車部品企業としては相対的に大規模であるといえる．取引先数は60社以上，主にTier 1及びTier 2等への納入となっている．納入先であるTier 1以下の企業を通じて，最終的にはほとんどの完成車企業に同社の製品が採用されているという．仕向け地としては関西地方が多い．関西地方の顧客企業の開拓は，同社の大阪営業所によって行われた．その他にも，中国地方，中部（中京）地方，関東地方，九州地方への納入がある．また，事例に挙げている鳥取県企業としては唯一，三菱自への納入比率が一定数（約20%）を占めている．同社の製品は，サイズ・重量ともに大きいため，関西地方や山陽地方といった西日本に立地する完成車企業およびTier 1以下が，物流面での利便性を重視して同社から調達していると考えられる．

顧客からは製品図面を受け取り，それに対応する形で工程の設計を行う．ごくまれに作り方が指定されることがあるが，それは稀なケースであるという．近年の技術的課題はネットシェイプ化である．熱間鍛造の場合，素材を高温な状態のままで加工するため，冷却後に形状が変化する．これにいかに対応していくかが課題となっている．

(4)　株式会社SUNYOU[10)]

株式会社SUNYOUの設立は2010年である．本節で事例として挙げる企業の中ではもっとも最近に設立された企業となる．資本金5000万円，売上高は約5億円，2018年7月現在で従業員は40名となっている．

主要な生産品目は，小物のワイヤー・ハーネスや高周波同軸ケーブルの組立となっている．納入先はすべて国内企業であり，同社はそのTier 2，Tier 3として部品を供給している．車載用は，新車組付用として出荷する製品が多く，売上の約40%を占めている．

鳥取市内に鳥取第1工場，鳥取第2工場を有し，県外の営業拠点として横浜に営業所を設けている．鳥取第1工場では小ロット製品，第2工場では量産品の生産となっている．

同社の創業者は鳥取県出身で，関東での商社勤務を経て起業した．商社時代の営業経験を活かして，関東地方で積極的に顧客開拓を進めている．同社は小物のワイヤー・ハーネス製造に特化しているが，これは大手ワイヤー・ハーネス企業の設備や規模では作りにくい分野を狙ってのことだという．こうした大手との競合を避ける戦略については，創業者の業界経験が活きているといえよう．

生産面での特徴は，自社設計の治具と自動化設備の活用である．設備の設計は，汎用機を自社向けにカスタマイズするという形をとっている．できるだけコストを抑えつつ，顧客の品質基準に適合的な生産を行うために，自社設計を選択しているという．たとえば，汎用機にカメラをオプションとして搭載し，全数検査を行うというのは他社にみられず，同社の設備設計によって実現したものである．また，自動設備の活用は，省人化に大きく貢献している．レゾルバ用接続端子の自動圧着機の導入により，ケーブルの切断から検査までの5工程かかっていた作業を，1台の作業台で対応可能にした[11)]．その結果，従来ならばライン増設には20人程度の増員が必要となっていたが，約半数程度の増員に留まるという[12)]．

治具や設備の設計者は，製造業の経験がある社長と，鳥取県内にあった大手電機企業出身の技術者が担っている．創業から日が浅く，同社のプロパーの技術者が育つ期間が十分だとはいえないため，鳥取県内の人材活用によって技術者を確保している．

(5)　アイエム電子[13)]

アイエム電子株式会社は，1970年に設立された車載，OA，情報機器用電子機器ユニットの製造，各種回路基板組立を行う企業である．製品設計は顧客企業が行い，工程設計以降の工程を顧客企業とすり合わせながら作り上げ，量産を行っている．資本金4000万円，従業員数は国内105名，海外2拠点合計で845名となっている．

1970年代には国内4工場での生産体制であり，当時の主要事業は民生用モータの完成品組立であった．2000年代には携帯電話向けの基板実装やバックライトの生産が主要事業だった．現在の国内の生産拠点は，本社工場，岩見工場，若葉台工場の3拠点，海外生産拠点はタイのIM ELECTRONICS (Thailand) CO., Ltd，中国の艾牧電子（珠海）有限公司の2拠点となっている．国内製造拠点はマザー工場の役割を担っており，量的には海外生産拠点での生産の方が多い．

同社の自動車部品事業への参入は1996年である．それまで主力であったモータ組立は海外に移管され，車載用部品の生産を開始した．当時の顧客企業が車載用部品の生産を手掛けていたため，受注を獲得することができたという．2004年からは電動パワーステアリング用基板などの重要保安部品の生産を始めた．現在では車載用の売上高が60%を占めている．同社は最終的に国内のほとんどの完成車企業に納入している．なお，中国地方の中核企業2社への納入実績もあるが，三菱自に対しては海外だけとなっている．

1996年まで経験のなかった車載用部品の生産および完成車企業の品質基準を満たすようになったのは，顧客企業への対応の過程でくり返された学習によるところが大きかったという．自動車部品企業は，受注から量産立ち上げまでのいくつもの段階において厳しい監査を行う．これらをクリアするために行った試行錯誤が，同社のスキルアップに大いに貢献してきたのである．

近年では海外生産拠点の成長が著しく，ラインの増設を積極的に行っている．特にタイ拠点では，2017年にラインを増設し，さらに2018年には第2工場を建設した．第2工場の規模は，第1工場の約2.5倍であり，タイ拠点が同社の生産量の中枢を担っていくことになる．海外拠点設立時には，海外事業が急拡大することを想定していたのではなかったという．現地進出後，同社と類似の車載用電子部品を受託生産できる企業が少数であったため，同社に発注する企業が増えていった．その結果，海外拠点では顧客数，生産量ともに国内拠点を大きく上回る水準にまで成長した．鳥取県の自動車部品企業の多くは，大規模な海外生産拠点を有しておらす．先に挙げた明治製作所と並んで，海外事業の積極展開は同社の大きな特徴といえる．

(6)　鳥取県企業の諸特徴

これまでみてきた事例をもとに，鳥取県の自動車部品企業の諸特徴を述べていく．まず第1に，事例に挙げた企業のほとんどは，創業時から自動車部品事業を手掛けていた訳ではない点である．かつて鳥取県には，パナソニックや三洋電機といった電機企業の大規模な生産拠点が立地していた．1990～2000年前後までは，本章で取り上げた企業の多くは電機企業への部品供給が主要事業であった．しかし，電機企業の業績が悪化し受注量が減っていく中で，自動車部品事業を新規事業として始めていくことになった．

第2の特徴は，自動車部品事業へは，各企業の強みを活かしながらの参入を果たしている点である．山本金属工業，アイエム電子などは電機企業との仕事で培った技術を応用している．山本金属工業は精密部品の機械加工に関わる一連の技術を，アイエム電子は既存の顧客企業の事業転換への追随という形で，電機事業で蓄積したノウハウを自動車部品事業に援用する形で自動車産業への参入を実現した．SUNYOU は創業者がもつ営業ネットワークを活かして，顧客のニーズを把握し，大量生産には適さない製品分野を狙っての参入である．明治製作所，寺方工作所は創業当初からもつ加工技術を深化させることで，自動車企業からの厳しい要求に応え，受注の獲得に成功している．

第3に，鳥取県の自動車部品企業の納入先は，同じ中国地方に立地する中核企業がメインではないという点である．地図上では中核企業2社との地理的近接性が高いように思われるが，各社の納入先をみる限り，地理的近接性を活かした結果としての顧客分布にはなっていない．したがって，事例で取り上げた企業をみる限り，鳥取県自動車部品企業は総じて中国地方の自動車産業と特別な取引関係にあるとは言い難いのである．

5．島根県自動車部品企業の事例

インタビュー調査を行った島根県内に立地する自動車部品企業は，いずれも県外企業の子会社あるいは（県外にある）本社が展開するいくつかの分工場のひとつとなっている．本節では4社の概要と現況を整理したのち各社の抱える共通の課題についても言及する．

(1)　NTN 鋳造株式会社[14)]

NTN 鋳造株式会社は，大阪市に本社を置く NTN 株式会社の 100％出資子会社である．NTN 株式会社の資本金は 543 億円，連結売上高は 7444 億円，従業員数は2万 5493 名（2018 年3月末現在）となっている．

NTN 鋳造の生産品目はベアリングユニット用軸受箱，プランマブロック用軸受箱，自動車及び産業機械向けの機械部品となる．このうち，自動車向けを含む機械部品の生産比率は 27％となっている．資本金は4億 5000 万円，従業員数は 145 名で，多くが地元出身者となる．島根県内に平田工場（出雲市），木次工場（雲南市）の2拠点を有している．

同社は 1967 年に，株式会社山陰東洋製作所として設立された．島根県からの誘致を受けての進出であった．その後 1989 年に，NTN 鋳造株式会社に社名を変更している．現在までに段階的に設備を増強し2003年には木次工場の操業を開始した．生産量は月産990万トン，売上高は約35億円である．

同社は，NTNの生産子会社としての役割に特化している．生産された製品の多くは大阪にあるNTN本社へ納入している．ただし車載用については，Tier 2以下の顧客企業へ直接納入している．車載用の受注は，顧客企業から直接の引き合いがあったこともあるが，基本的にNTN本社からの受注に依存している．そのため，開発・設計機能もまたNTN本社が担っている．

雇用面では，思うように人材を確保することが難しい状況だという．大学訪問や東京，大阪での就職イベントへの参加を行い，ＩターンやＵターン者を狙った対策を取っている．

(2)　株式会社ダイハツメタル出雲工場[15)]

出雲市に立地する同工場は，兵庫県川西市に本社を置く株式会社ダイハツメタル（ダイハツ工業の子会社）が有する３工場のうちの１つである．資本金は２億500万円，ダイハツメタル全体の売上高は299億円，従業数は898名となっている．

ダイハツメタルは，1967年にダイハツ金属として設立され，2005年に諏訪工業と合併した際に現在の社名へと変更された．従業員数は519名，主要な生産品目は，船用部品・工作機，油圧・農機具部品，車載用の鋳鉄および，船舶・自動車向けの機械加工品となっている．車載用の品目はCVTおよびシリンダーブロック向けには素材として，ディスクブレーキ部品やフライホイル部品は完成品として納入している．出雲工場からの納入先は，ダイハツ工業やトヨタ・グループがほとんどを占めている．また近年では，これまで外注していたディスクブレーキ部品の塗装工程を内部化し，中間在庫の削減を実現している．

ダイハツメタルの鋳鉄と自動車の足回り部品の機械加工の大半は，出雲工場が担っている．また，出雲工場には設計・開発の人員を擁しており，ダイハツ工業との共同開発や治工具類の内製を行っている．

出雲工場では生産量が拡大傾向にあり，人材をいかに確保するかが大きな課題である．積極的に採用活動を行っていることで，新卒採用や中途採用の実績はあるが，状況は厳しいという．これに対しては，機械加工の自動化の推進と外国人労働者の直接採用で対応している．外国人労働者については，主にベトナムからの人材を採用しており，今後採用人数を増やしていく可能性がある.

(3)　広島アルミニウム工業株式会社大国工場[16)]

広島アルミニウム工業株式会社の大国工場は，1974年に竣工した同社唯一の広島県外に立地する工場である．本体である広島アルミニウム工業は，マツダの中核 Tier 1 の一角を占める企業である．主な生産品目はエンジン，ミッションのダイカスト部品・樹脂部品であり，資本金は3億5000万円，売上高941億円，従業員数は2422名となっている．同社には大国工場を含め7工場があり，顧客や製品の大きさ，扱う素材などによって各工場に役割が割り振られている.

大国工場では，設立当初から中小型鋳造品の生産に特化している．具体的な現在の主要生産品目は，コトロールバルブボディや AT ドラム部品などである．同工場の生産量のうち約40%がマツダへの直接納入となっている．なお，大国工場からは輸出対応はしていない．島根県大田市での大国工場設立の契機は，島根県からの積極的な誘致であり，広島県との島根県との賃金差を利用するための進出ではなかったという．2018年度の売上規模は約140億円，従業員数は296名となっている．従業員は，出向者を除いてほとんどが大田市在住である.

大国工場は国内のひとつの生産拠点という役割にとどまらず，中小型鋳造品のマザー工場としての位置づけを担っている．大国工場が手掛ける中小型のバルブ部品は，ベトナム工場でも大量生産されている．ベトナム工場は大国工場からの工場の立ち上げ支援を受けており，大国工場からベトナム工場に出向者を送って，現地での指導も行っている．かつて同社では，ベトナム工場に中小型バルブ部品の生産を集約するという議論があったが，広島アルミニウム工業全体の競争力を高めていくためには，大国工場が不良対策などの能力をブラッシュアップし，生産のノウハウを蓄積していく必要性があると判断されたため，今日に至るまで存続している.

人材の採用面では，他の事例企業と同じく厳しい状況にある．2017年の新規採用は1名だけであった．従業員確保が難しい中での対応策は，省人化と自動化であるという．そのため現在では，鋳造工程はほぼ自動化されている.

(4)　ヒラタ精機株式会社[17)]

ヒラタ精機は，1972年にマツダなどの出資により，旧・平田市（現在は出雲市）に設立された．島根県への進出の契機は，当時は広島県での採用がしにくく，島根県での採用活動のほうがしやすかったためである．本社である株式会社オンドはマツダの中核 Tier 1 に位置づけられ，資本金9000万円，売上高602億円，従業員数1266名（いずれも2018年5月末現在）となっている．

ヒラタ精機設立時の社名はマツダ精機株式会社であるが，2001年に株式会社オンドの100%出資子会社となった際に現在の社名へと変更された．同社の資本金は5000万円，従業員数は358名，売上高は約131億円となっている（2017年3月現在）．主な生産品目はオートマチック・トランスミッション（AT）用部品であり，切削，熱処理，研磨，組立検査までの一貫加工を行っている．納入先は約80%程度がマツダとなっており，その他にトヨタ系のアイシン・グループへの納入が約17%ある．マツダへの納入比率はオンドの66%よりも高い．

ヒラタ精機と親会社のオンドとは，製品間分業の関係にある．原則，オンド・グループ内では AT 用部品の生産はヒラタ精機が担っている．設計・開発についてはオンド主体である．ただし，必要に応じてヒラタ精機からエンジニアを派遣して，設計・開発に関わることもある．

ヒラタ精機と同様の生産品目は，オンド・グループの海外生産拠点でも生産されている．同一品目を海外で立ち上げる場合は，ヒラタ精機が立ち上げ支援を行う．目下のところ支援中なのは，タイと中国の生産拠点である．両拠点ではヒラタ精機と同じ生産設備が導入されており，それらはヒラタ精機で事前に正常に稼働するかどうかのチェックを受けてから輸出されたものばかりである．また，マネジャーやエンジニアの現地への派遣も行っており，AT 用部品の領域では，ヒラタ精機がマザー工場の役割を果たしている．

ヒラタ精機の雇用面での課題は，専門的知識を有した人材の確保であるという．高卒，専門学校卒人材の確保は比較的容易であるが，大卒人材や中途採用に関しては，島根県の支援を受けながら今後さらに注力していく方針である．

(5)　島根県企業の諸特徴

以上みてきた島根県の自動車部品企業には共通点がある．それは，事例で取り上げた企業のすべてが Tier 1 企業の生産子会社あるいは分工場のひとつだということである．それゆえ，受注に関してはほとんどが本社経由となっており，顧客を自社で開拓する必要がない．さらに，グループ企業全体の中で構築されている分業体制の一翼を担っており，生産数量は各子会社，各工場に本社から割り当てられている．したがって，単に割り当てられた生産のみをこなすだけでは，拠点としての存在感を維持することは難しい．事例に挙げた各拠点は，グループ内でいかにして積極的な役割を果たすのかが常に問われることになる．

NTN鋳造やダイハツメタル出雲工場は，グループ内の特定分野の生産に特化するということに徹している．特にダイハツメタル出雲工場はグループ内の自動車鋳造部品の生産の大半を担っており，同社の自動車事業にとってはなくてはならない存在となっている．

広島アルミニウム工業大国工場やヒラタ精機が果たしている役割は，生産活動だけにとどまっていないという点で，非常にユニークだといえるだろう．いずれの拠点・企業も，海外生産拠点のマザー工場としての役割を果たしている．特定品目の生産を担うという役割を超えて，海外拠点の立上げ支援といったグループ内で非常に重要な役割を担う存在なのである．

共通の課題として挙げられるのは人材の確保である．周知の通り，山陰2県の人口は全国で最も少ない．さらに，高卒，高専卒，大卒を問わず，県内の若年労働者の多くは県外での就職を志望する傾向にある．こうした深刻な人手不足の中，各社が現在注力しているのは自動化である．

ただし，ここで留意しておく必要があるのが，山陰企業各社は人手の確保が難しいとはいえ，多くの地元出身者を雇用し続けている点である．各社が雇用している実数だけで，地域の雇用への貢献度を測るのは早計であろう．たとえば，島根県大田市の就業者数は1万7000人であるが[18)]，そのうち広島アルミニウム工業が約300人を雇用している．つまり1企業で大田市の就業者人口の約1.7%を雇用していることになるのである．その他の3社も150～400名程度を島根県内で雇用しており，地域経済への貢献は小さいとはいえない．むしろここで挙げた島根県の企業は，雇用面において地域経済への貢献度合いは高いといっていいだろう．

小　　括

これまでの分析をもとに，山陰２県の自動車部品企業の特徴をまとめよう．自動車に限らず，両県における製造業発展経緯の共通点は，県外からの誘致企業が主体になって産業特性が形作られてきたことである．鳥取県は電機企業を，島根県は鋳物企業をそれぞれ積極的に誘致することで，両県の製造業は異なる発展を遂げてきた．鳥取県は旧・鳥取三洋電機を中心に加工組立型工業の集積が，島根県はルーツを地場企業に持つ日立金属安来工場の特殊鋼，そして鋳物企業の集積が進んだ．前者は加工組立型として県内に一定規模の生産連関を持っていたが，鳥取三洋の撤退により集積自体が危機に陥った[19]．やむをえず地場企業のいくつかは商社経由で自動車部品に参入し，徐々に業態転換が進んでいる．しかし，多くが独立系の地場企業であるために，新規顧客の獲得が容易ではないという課題を抱えている．他方で島根県の場合，鋳造業自体が納入先以外にあまり他企業との生産連関を要しないこと，また結果として県内鋳物企業で大手に成長していったのが自動車関連の誘致企業中心だったことから，なおさら県内での生産連関が弱くなっている．

第２に，両県ともに生産連関上は完成車企業からみて Tier 2 以降の取引階層に位置づけられ，また末端工程を担う場合も多いため，自動車部品企業同士であっても県内受発注の関係が弱いということである．これと関連して，工業統計表などの統計類に集計される自動車部品企業数よりも，実地調査によって判明した実数の方が多いことは強調しておきたい．鳥取県での質問票調査にあったように，実際は電機・電子部品と自動車部品とに多角化していることも多いことから，大規模な統計では山陰２県の自動車産業はやや過小評価されている可能性が高い．

最後に，共通の課題を示しておこう．それは人材確保である．山陰２県では人口減少が顕著である．当然であるが，新規採用を行おうとする企業にとっては非常に厳しい環境である．鳥取県企業の事例では，特にこの点を強調しなかったが，県全体でみた場合には島根県と同様に深刻な問題である[20]．こうした問題への対処として，各社ともに自動化をキーワードに挙げている．

注

1）以降，山陰2県のマクロレベルの実態把握については2017年3月14日及び同年7月13日の鳥取県産業振興機構，2017年6月29日のしまね産業振興財団へのヒアリングに基づく．

2）同財団でのヒアリング並びに工業統計表をみるかぎり，鳥取県より企業数は多いことが予測できる．

3）古来より島根県では砂鉄から鉄を作る「たたら吹き」が盛んであったため，鋳造業もともに発展してきたとされるが，近代化された製鉄法との直接的な技術的継続性はない．しかしながら安来市にある日立金属安来工場は，もともと地場のたたら吹き職人達が技能伝承のために設立した雲伯鉄鋼合同会社をルーツに持っており，人的資源のレベルでは一定の歴史的継続性を有してきたとみることができよう．また，鋳物に要する良質な砂が江津市等で豊富に採取可能なことも鋳造業発展に寄与してきたとのことである．

4）2014年の島根県の製造品出荷額等約1兆円のうち特殊鋼関連が約1500億円であり，そのうち日立金属だけで約1200億円を占める．また県内従業者数約4万人のうち，3500人を同社従業員が占める．

5）ダイヤモンド電機は2017年3月13日，明治製作所は同年3月14日に実施したインタビュー調査による．

6）僅かながら県内企業同士の生産連関もみつけることができた．例えば，県西部に立地する日産系Tier 2のキーパーに対し，近隣のケーピー，トーイツ，浜田工業といった企業が納入している．

7）以下の記述は2018年6月5日に実施した山本金属工業株式会社へのインタビュー調査および会社案内資料に基づく．

8）以下の記述は2017年7月12日に実施した株式会社寺方工作所へのインタビュー調査および会社案内資料に基づく．

9）以下の記述は2017年3月14日に実施した株式会社明治製作所へのインタビュー調査および会社案内資料に基づく．

10）以下の記述は2018年6月4日に実施した株式会社SUNYOUへのインタビュー調査および会社案内資料に基づく．

11）『日本経済新聞』［中国経済］面，2018年2月1日付参照．

12）同上．

13）以下の記述は2017年7月13日に実施したアイエム電子株式会社並びに2018年8月21日に実施したIM Electronics（Thailand）へのインタビュー調査および会社案内資料に基づく．

14）以下の記述は 2017 年 11 月 21 日に実施した NTN 鋳造株式会社へのインタビュー調査および会社案内資料に基づく．

15）以下の記述は 2017 年 10 月 31 日に実施した株式会社ダイハツメタル本社・川西工場並びに 2017 年 11 月 17 日に実施した同社出雲工場へのインタビュー調査および会社案内資料に基づく．

16）以下の記述は 2018 年 10 月 23 日に実施した工業株式会社大国工場へのインタビュー調査および会社案内資料に基づく．

17）以下の記述は 2018 年 10 月 23 日に実施したヒラタ精機株式会社へのインタビュー調査および会社案内資料に基づく．

18）大田市ウェブサイト参照．

19）鳥取県の製造品出荷額等は一貫して１兆円超あったものの，2008 年のリーマンショック以降急減し 2014 年は約 6800 億円である．これには鳥取三洋の撤退も大きく拘わっている．それとは逆に島根県はリーマンショック後の一時的な落ち込みから順調に回復し 2014 年には約１兆円である．これには出雲村田製作所の増産が貢献しているとのことである．同社の従業者数は 5000 人超と県内随一の規模を誇る．しかしながら同社も関西系資本であり，なおかつ生産活動に要する材料や設備は本社に依存し地場企業との生産連関も弱いことから，典型的な誘致企業の特徴を備えている．

20）2018 年 12 月 7 日に実施した財団法人鳥取県産業振興機構へのインタビュー調査による．

第6章

独立系部品企業との取引関係
――自動車タイヤの事例――

はじめに

本章では，完成車企業と自動車タイヤ企業の取引関係を分析する．具体的には，中国地方自動車産業の中核企業であるマツダと三菱自から見た調達構造，そしてタイヤ企業から見た納入構造の両面を分析することで，独立系部品企業からの調達で最も巨額になる自動車タイヤの取引構造の実態を明らかにする．また両中核企業のパートナーであるトヨタ，日産の調達構造も併せて見ていくことで，完成車企業の規模の大小が取引のあり方にどのように影響するのかという点も確認する．

自動車タイヤ事業が特徴的なのは，前述のように自動車部品調達に占める量的存在感の大きさに加えて，タイヤは自動車の基本性能に直結する重要部品でありながら，独立系企業ばかりで構成されたグローバル寡占体制という業界構造を形成している点にある．浜島［2005］によると，自動車レース最高峰のフォーミュラ１（F1）において，「ドライバーの技量は別として，タイムに影響するのは車とエンジンとタイヤ」[1)]と述べている．これら３つの重要な要素のうち，タイヤだけは生産，技術，流通の諸局面で完成車企業がほとんど主導していないという点で特殊性がある．

また，これほど興味深い特徴があるにも関わらず，自動車産業の部品取引システムに関する先行研究では，従来あまり言及されてこなかった．したがってこれを解明することに本章の意義がある．本章では，まず自動車タイヤ事業にまつわる業界構造や主要タイヤ企業の競争力について十分に検討した上で，本題である中国地方の中核企業との取引関係分析へと進むことにする．

1．自動車タイヤ業界の構造分析

(1)　グローバル寡占体制のゆらぎ：先進国企業のシェア低下と新興国企業の台頭

完成車企業とタイヤ企業の取引関係を分析するに先だって，まずは自動車タイヤの業界構造を明確にする．世界のタイヤ企業の売上高における序列（売上高基準）は長らく変わらないままであったが，近年その業界構造に変化が起きている．

1980年代にブリヂストンが世界のトップに躍り出てから[2)]2000年代半ば頃まで，わが国のブリヂストン（2017年売上高243億5000万ドル），仏ミシュラン（同235億6000万ドル），米グッドイヤー（同143億ドル）の先進国企業3社がトップを占め，他社の追従をなかなか許さなかった．一般的に，タイヤの製造には高い技術力が必要であること，多額の設備投資を要すること，また独自の販路を構築しなければならないこと等が新規参入を極めて難しくしている．以上の点が，これまで先進国企業による寡占状態が長く続いてきた要因である．

しかし，2000年代半ば以降のタイヤ企業のシェアを比較すると，このグローバル寡占体制がゆらぎ始めていることが分かる．**図6-1**に示す2005年の売上高シェアにおいての序列では，当時のトップ3社のシェアを合わせると5割を超え，4位以降も先進国企業が連なっていた．これは，それまでの先進国企業による寡占体制を表している．ところが**図6-2**に示す2016年では，2005年

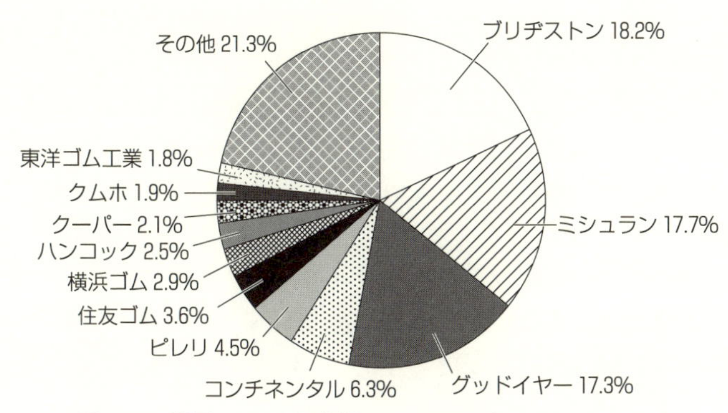

図6-1　世界のタイヤ市場シェア2005年（売上高ベース）

出所）Tire Business, https://www.tirebusiness.com/data から筆者作成.

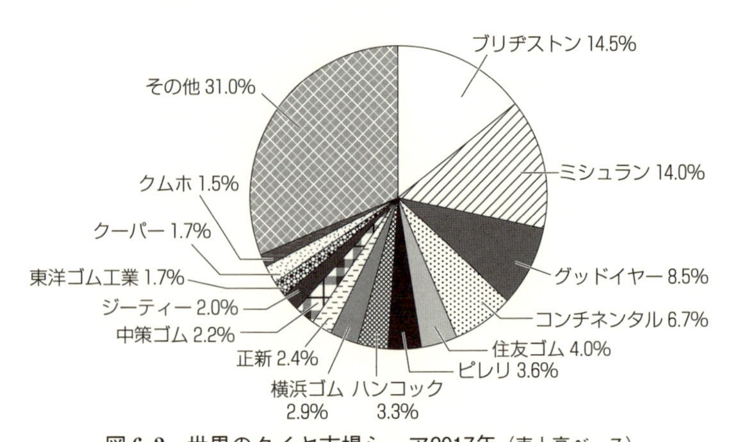

図 6-2　世界のタイヤ市場シェア2017年（売上高ベース）

出所）Tire Business, https://www.tirebusiness.com/data から筆者作成.

時点で企業名の挙がっていなかった新興国企業が台頭してきており，トップ3社の合計シェアが4割以下まで低下している[3)]．とりわけ，韓国のハンコック，中国の中策ゴム，台湾の正新といった企業がシェアを伸ばしている．これら新興国企業は，ローエンド製品が大量に需要される市場，典型的には中国市場で販売を伸ばすことで急成長してきたのである．

(2)　際立つブリヂストンの収益力：国内タイヤ市場の競争環境

図 6-3 のとおり，国内で生産されているタイヤの品目は乗用車用だけで75%，さらにトラック・バス用と小形トラック用を含めると約97%を占めており，わが国のタイヤ事業はほぼ自動車タイヤ用で構成されている．

図 6-4 の国内生産実績では，年々自動車タイヤの生産量が減っていることが分かる．さらに，**図 6-5** の2008年と2017年の生産量に対する国内出荷と輸出出荷の割合を比較すると，この間に輸出出荷の割合が41%から30%にまで低下していることが読み取れる．顧客である完成車企業の海外生産が増加し，タイヤの輸出コストが見合わなくなったことや，顧客がJIT対応等で現地調達を望むようになったために，タイヤ企業も海外生産を伸ばしているのである．特に自動車タイヤは，重量に比して体積が大きい（空気を運んでいるような）製品であるため，遠距離への輸送ではどうしても物流コストが高くなる．ゆえに，国内生産分はもっぱら国内出荷へと徐々に専門化され，海外市場では現地生産が増加しているのである．

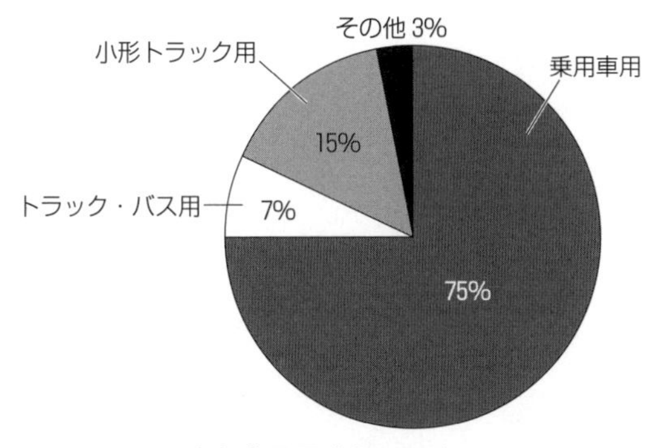

図6-3　国内生産品目内訳2017年（本数ベース）

注）総本数約1億311万本.
出所）日本自動車タイヤ協会（JATMA）の開示資料から筆者作成.

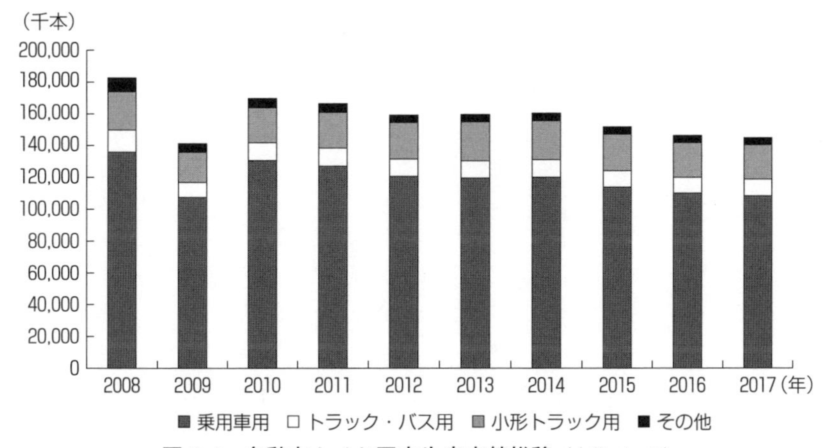

図6-4　自動車タイヤ国内生産実績推移（本数ベース）

出所）図6-3に同じ.

また，タイヤ1本あたりに使用するゴム量にも変化が見られる．2008年に使用されたゴム量は，トラック用25.716 kg，小型トラック用6.632 kg，乗用車用4.667 kgであったのに対し，2017年ではトラック用22.985 kg（約11%減），小型トラック用5.908 kg（約11%減），乗用車用4.358 kg（約7%減）まで減少している[4]．これは，低燃費のニーズの高まりやEV（電気自動車）に対応してきたことによるものである．自動車産業では，EVの電池による重量増が課題となっている．完成車企業からは，電費改善のため車体を少しでも軽くでき

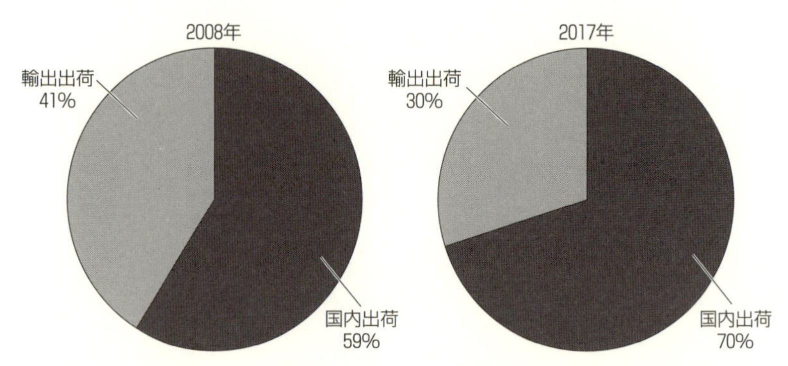

図6-5　自動車タイヤの国内生産に占める国内出荷と輸出出荷の比率

出所）図6-3に同じ.

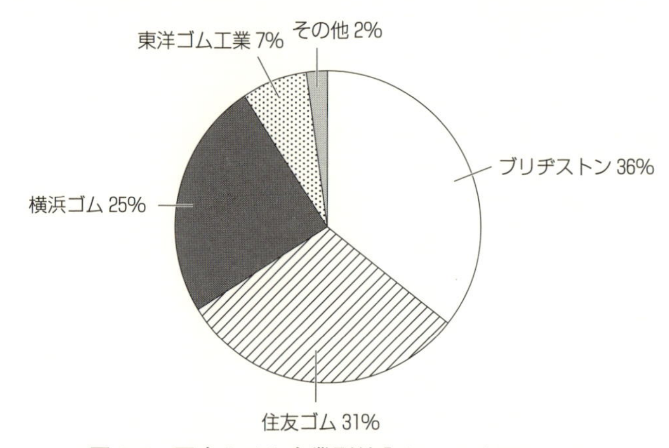

図6-6　国内タイヤ企業別納入シェア（本数ベース）

注）総納入量約4196万本.
出所）アイアールシー［2018］をもとに筆者作成.

るように自動車タイヤの軽量化が求められている[5].

このような状況の中で，国内タイヤ企業各社も厳しい競争環境に置かれている．わが国のタイヤ企業は，ブリヂストン，住友ゴム工業，横浜ゴム，東洋ゴム工業（現 TOYO TIRE）の4社である．**図6-6**にあるように，国内の完成車企業への納入状況（本数ベース）では，ブリヂストン，住友ゴム工業，横浜ゴムのそれぞれが3割前後のシェアを占めており，3社の間にはあまり差がなく拮抗している．完成車企業との取引関係については後に述べるが，完成車企業が特定のタイヤ企業ばかりに依存せず調達先をバランスよく分散させていることが，納入本数で見た場合に企業間の差が小さくなる理由の１つである．

その一方で，先の図 **6-2** の世界の売上高シェアで見た場合，2017 年時点ではブリヂストンが突出した存在である．これには海外市場での新車用と市販用も含まれており，国内出荷の本数ベースでは他の国内企業と拮抗していても，海外市場ではブリヂストンが大きなシェアを保有していることが読み取れるのである[6)]．

(3)　業界構造分析

続いて，これまでグローバル寡占体制を維持してきたタイヤ業界の収益性を評価するために，図 **6-7** に示すように５フォースモデルを用いてタイヤ業界の収益性を分析する．

(ｉ) 業界内の競争

新興国企業がコスト競争力に優るタイヤを製造できるようになったことで，これまでのトップ３社を始めとした先進国企業によるグローバル寡占体制にゆらぎが生じ，世界規模で自動車タイヤ業界に変化が起きている．新興国企業の参入に対抗するため，近年の先進国企業は低燃費，軽量化，そして空気を必要としない（エアレス）タイヤといった高付加価値製品へ注力するようになって

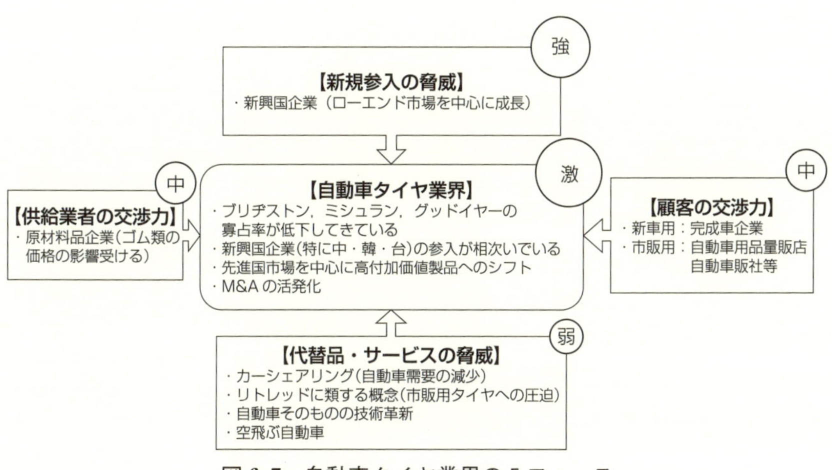

図 6-7　自動車タイヤ業界の５フォース

出所）筆者作成．

きた．さらに戦略面では，M&A が業界全体で活発化している．例えば，国内では 2003 年の住友ゴム工業と旧・オーツタイヤの合併，海外では 2018 年の中国・青島双星による韓国・クムホタイヤの買収などである．

（ⅱ）新規参入の脅威／代替品・サービスの脅威

新規参入の脅威については，くり返しになるが，タイヤ業界における近年の大きな特徴の１つとして新興国企業の台頭が挙げられる．廉価である程度の品質のタイヤを製造できる企業が，中国をはじめとした東アジア諸国から現れている．また代替品の脅威については，自動車の購入率に影響があると考えられるカーシェアリングや，市販用タイヤの需要減が懸念されるタイヤのリトレッドに類する概念の普及，またタイヤそのものの存在が脅かされるドラスティックな技術革新（空飛ぶ車など）が考えられる．

（ⅲ）売り手の交渉力／買い手の交渉力

流通や取引関係については次節以降で詳しく述べるが，仕入面では，タイヤは主原料に天然素材や石油製品を多く使うことから，比較的原材料の価格変動の影響を受けやすい．そのためタイヤ企業各社は新材料の開拓に注力している．他方の販売面では，新車用タイヤでは完成車企業からの要求仕様の水準とタイヤ企業が持つ技術力との適合性によって両者の交渉力が規定されるが，市販用タイヤはタイヤ企業が自ら販路を開拓してきた経緯があり，タイヤ企業側の交渉力は大きいといえる．

以上の分析から分かったのは次の諸点である．グローバル市場においては既存の大手企業にとって収益性が高かったタイヤ事業であったが，近年は低価格品市場を中心に新興国企業の新規参入を招いている．代替品の脅威は未だ顕在化していないが，カーシェアリングの普及は将来自動車の販売台数を減らす怖れがある．仕入と販売の両面では，それぞれ取引先の交渉力は大きい．タイヤ企業にとって収益性を維持する上での生命線は市販用市場であろう．以上より，自動車タイヤ事業を取り巻く競争環境は厳しさを増しており，現時点はともかく，将来にわたって収益性が高いとは評価できないのである．

2．わが国タイヤ企業の生産と流通

(1)　自動車タイヤの生産工程

ここでは，わが国タイヤ企業最大手のブリヂストンを事例に，自動車タイヤの生産工程を説明する[7)]．主な原材料は，ゴム，補強剤，タイヤコード，配合剤，ビードワイヤーである．**図6-8**のとおり重量面ではゴムの割合が最も大きい．また金額的にも原価に占める補強剤とゴムの割合は大きく，これらは天然素材ないし石油製品であるため，タイヤの価格にも影響を及ぼしやすい[8)]．

図6-9は自動車タイヤの標準的な生産工程を図示したものである．まず，原材料をゴム練り工程で混ぜ合わせる．タイヤ製造は原料の化学反応を利用するため，このゴム練り工程では不純物（ゴミなど）が入ってしまわないように徹底した管理が必要とされている．またここでの原料それぞれの配分量は，そのタイヤの仕様によって決定される．ゴム練り工程を経てできたゴムシートは，部材ごとに分かれそれぞれ押出，裁断が行われる．その後，成型工程ですべての部材が組み付けられる．ここでできたものはタイヤ企業各社でそれぞれ名称が異なり，「生タイヤ」や「ローカバー」などと呼ばれている．最後に加硫工程，検査工程を経て完成する．加硫工程とは，「ゴムの分子を硫黄で橋かけ架

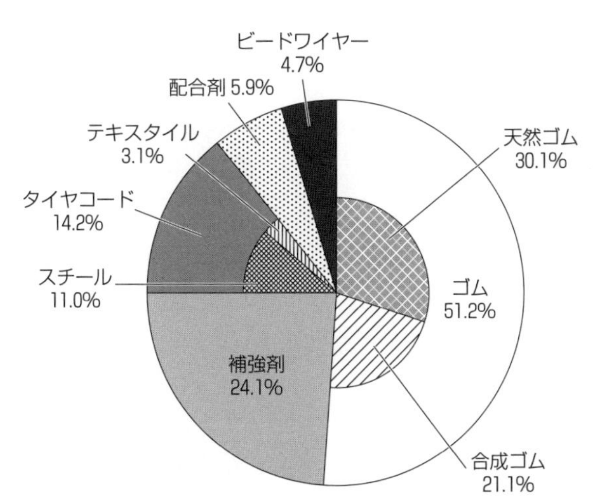

図6-8　自動車タイヤの主要原材料別重量比

出所）図6-3に同じ．

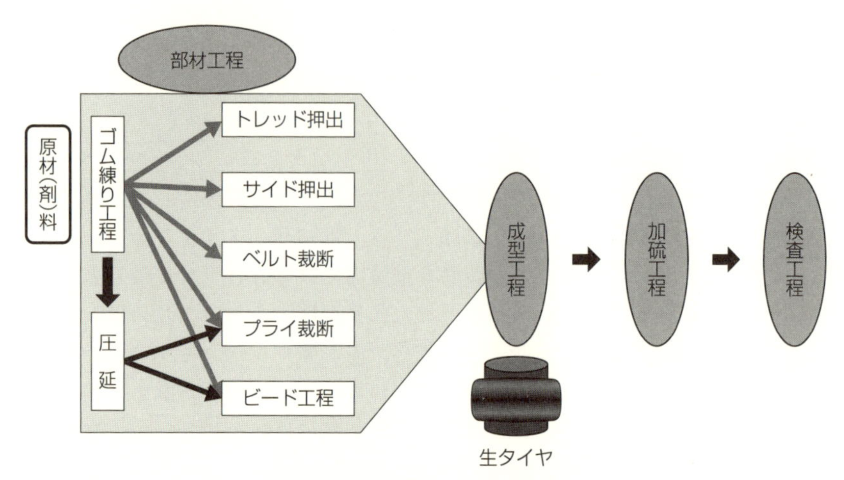

図6-9　自動車タイヤ生産工程

出所）ブリヂストン冊子「タイヤができるまで（乗用車用ラジアルタイヤの例）」をもとに筆者作成.

橋すること……（中略）……一種の熱化学反応である．加硫を行なってゴムは初めて弾力のあるあのゴムになる．……（中略）……同時にトレッドパターンやサイドウォールのデザインなどの表面成形もやってしまう[9]」ことである．

以上の工程の中でも重要なのが，原料の配合とゴム練り回数である．また，各種ゴム部品の組み立てに相当する成型工程の正確さも品質に直結する部分である．生産工程と能力との関係では，成型機と加硫機の台数が生産量を規定することになる．基本的な生産工程は各社共通であるが，各工程の細かい部分にはタイヤ企業各社の独自製法があるとされる．差別化の源泉は細部に宿るのである．冒頭で述べたように新興国企業の安価なタイヤに対抗するために，わが国をはじめとする先進国のタイヤ企業は，長年築き上げた製造方法や原材料の差別化によって競争するほかないのである．

(2)　わが国主要タイヤ企業の生産技術

生産工程について整理したところで，ここからは生産技術について見ていこう．まず，ブリヂストンの生産技術についてである[10]．生産工程では，原料の配合の際に用途によって成分比を変え，さらに冷却の際に上質な水を使用することで，不純物の混入やそれにともなう薬品との化学反応を防止している．ゴムを使った自動車タイヤは，時間経過や温度変化に弱く，生き物のように繊細であるため，人の手の介在が必須である．また夏と冬では生産条件の調節が必要になる．ブリヂストンでは，前述した成分の配合調節，ゴム練りの回数に加え，特定部材への複数種のゴムの組み合わせを行っている．また，才断済みのゴムシートを繋ぎ合わせる際に凸凹をなくし均一となるよう組み立てを行っている．中京圏，京阪神向けの生産拠点となっている彦根工場では，異物混入対策として部材搬入車両が通るエリアの床をすべてステンレス張りにしている．また1990年から2000年にかけて部門ごとに自動化が進んでおり，将来の人手不足に備えてノウハウの標準化を目指している．しかし，現状は人の手による作業がまだ多い．なおブリヂストンでは，基本的に工場間の関係は製品間分業であり，各工場が一貫生産を行っている．

続いて，住友ゴム工業での生産技術についてである[11]．住友ゴム工業でも以前から多関節ロボットは導入されているが，まだ完全自動化には至っていない．それは，自動化された場合の効率性が期待よりもまだ低いからである．自動車タイヤはサイズや種類のバリエーションが極端に多く，その全てをロボットで対応させるのは困難であるため，特に部材の組み立てでは人の手が必須となるのである．同社の生産技術上の強みは，金型の内製と生産設備の中でも成形工程で使用する設備は自社設計し（製造は外注），重要な要素は特許で保護している点にある．また，住友ゴム工業でも工場間の関係は製品間分業であり，各工場が一貫生産を行っている．また，同じ銘柄であっても地域や国に合わせた性能にしている．同社では6割強を海外生産している．現在，低燃費ニーズやEV向けの車体の軽量化への対応として，新材料や新構造を用い，軽くて丈夫なタイヤを製造することが求められているが，そういったことを可能にする技術力が競争優位の源泉に繋がると考えられている．

自動車タイヤ事業に携わる企業の共通認識として，タイヤ業界における最大のイノベーションとは1948年のミシュランによるラジアルタイヤの発明だとされる[12]．それまで主流だったバイアスタイヤがラジアルタイヤへと置換されていったのは1970年代のことである．今日でもラジアルタイヤは自動車タイヤの主流のままである．それ以外のイノベーションについては，例えばスタッドレスタイヤは1980年代に開発されたが，これはわが国では1991年にスパイクタイヤが禁止されたため普及したものである．他にも，パンクしてもある程度の距離を走行することが可能なランフラットタイヤの事業化や空気を必要としないタイヤの実用化に向けた検討が進められているが，これらもまたラジアルタイヤの発明ほどのインパクトには及ばない．このように，自動車タイヤの生産技術は約半世紀にわたって比較的安定的であり，各社はインクリメンタルな競争を続けてきたと言えるだろう．もう1つタイヤ事業の生産技術に起因する特徴として指摘しておきたいのは，安定的な技術開発の競争環境と高い参入障壁の存在により，とりわけわが国では，中小規模のいわゆる地場企業のような存在の参入を全く許していないことである．

(3)　自動車タイヤの流通経路

次に，国内で生産された自動車タイヤの流通経路について述べる．**図6-10**に示したように，流通経路は主に新車用，市販用，輸出用の3つに分類することができる．

(i) 新車用

新車用のタイヤは，完成車企業からの要求に応えるべく研究開発を経て製造される．自動車タイヤは完成車企業に直接納入するのではなく，まず完成車企業に指定された倉庫へ納入する．そこで完成車企業が委託しているリム組み企業がタイヤとホイールとの組付けを行ってから，完成車企業の工場に納入され

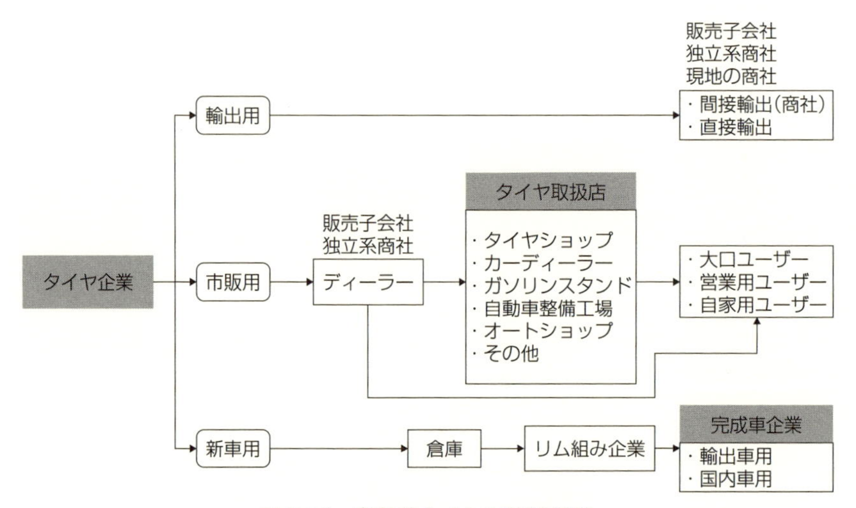

図6-10　自動車タイヤの流通経路

出所）JATMA『日本のタイヤ産業2018』より筆者作成のうえ加筆．

るのである.

また新車用タイヤは，同じ車種用であっても異なる自動車タイヤ企業から納入されることが珍しくない．同一車種・同一グレードであっても複数社からの調達は珍しくない[13].

（ii）市販用

市販用タイヤ流通における最大の特徴とは，多様なチャネルが並存し，流通構造は複雑で多岐に渡るということである[14]．市販用タイヤは工場から出荷された後，タイヤ・ディーラーを介し複数あるタイヤ取扱店へと卸される．このタイヤ・ディーラーは，独立系商社であったりタイヤ企業傘下の販売会社であったりする.

図6-11は，名古屋市に本社があるタクティーでのヒアリングに基づく，わが国タイヤ企業の（タクティーから見た）代表的な流通経路である．同社は自動車用各種部品や用品，オイル，ケミカル等を取り扱っているトヨタ系卸売企業である．自動車タイヤは主にグッドイヤーから調達しており[15]，一部ミシュランからの調達もある．また，タクティーは自動車用品とメンテナンスの専門店である「ジェームス」のフランチャイズ本部としても機能している．タクティーはタイヤ企業各社と仕入れ交渉し，ジェームス各店舗へと市販用タイヤを卸している．他方で，タイヤ企業には各々独自に展開しているタイヤ販売会社があり，そこから市中の様々な小売店舗へと納入されている.

次に外資系企業のタイヤの販路について述べる．**図6-12**は，日本ミシュランの国内販路である．日本ミシュランからタクティーへ供給された自動車タイ

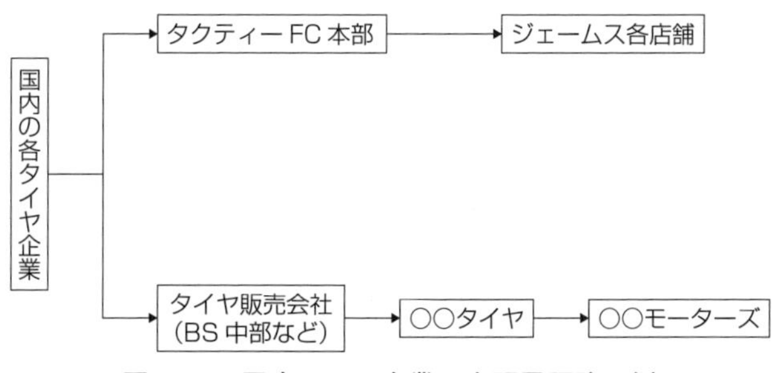

図6-11　国内タイヤ企業の市販用販路の例

出所）タクティーでのヒアリングから筆者作成.

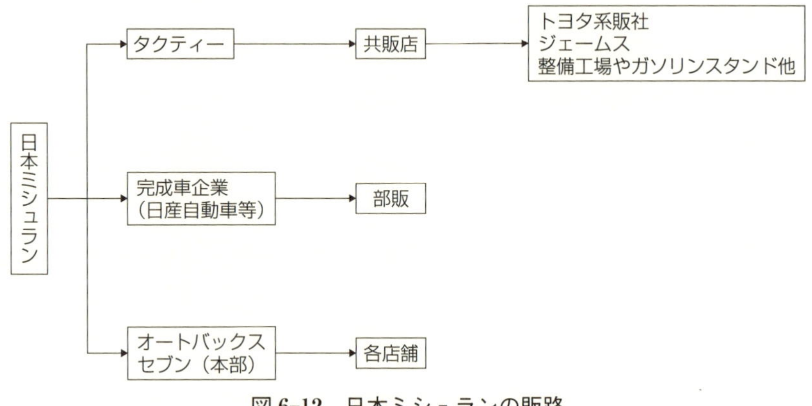

図 6-12　日本ミシュランの販路

出所）図 6-11 に同じ.

ヤは，トヨタ共販店を経て，販売店等の店頭に置かれる．またタクティー以外にも，自動車用品の販売や取付け・交換サービス等を提供する小売店の運営会社であるオートバックスセブンや完成車企業に納入され，それぞれの販売店へと卸される．以上挙げたミシュランやグッドイヤーといった外資系企業は，日本国内では独自の販売網を保有していないため販売力が小さい．そのため，タクティーのようなパートナーの協力が必要不可欠となる．自動車タイヤ事業とは，必ずしも製品のブランド力だけで成り立つわけではないのである．

以上示したような複数の販売チャネルの存在は，タイヤは主要な自動車部品でありながら独自の販売網が構築されており，完成車企業が主体的に供給をコントロールできているわけではないことを意味する．言うまでもなく自動車タイヤは消耗品であるため必ず交換需要が発生する．完成車企業からタイヤ企業に対する新車用タイヤの価格や性能，コストへの要求は厳しい．しかし，だからといって完成車企業が自社ブランドを冠した純正部品として市販用タイヤを取り扱うことはなく，他の部品と異なりタイヤの意匠権すらも保有していないのである[16]．このようにタイヤ企業は自ら販売網を整備しているため，アフター市場で大きな販路を持つトヨタ系タクティーにとっても，国内タイヤ企業の交渉力は非常に大きいのである．

（iii）輸出用

輸出用タイヤの流通は，**図 6-10** で示したように，タイヤ企業各社が海外に展開している販売会社を利用したり，独立系商社に委託したりしていることが多い．また，海外での販売はスムーズな代金回収が難しいことや事業上の様々な制約が大きいこともあり，それらのリスクを回避するため現地の商社を利用することがある[17)]．現在は，前述のように自動車タイヤの海外生産が増加しており，相対的に国内からの輸出の重要性は低下してきている．

3．国内自動車タイヤ取引構造の比較分析

以上の自動車タイヤ事業の整理を踏まえ，本節では，中国地方の自動車産業にとって独立系部品企業であるタイヤ企業がどのような存在なのかを分析していく．わが国完成車企業の国内における自動車タイヤ取引上の最大の特徴は，1つのタイヤ企業に過度に依存せず複数社からまんべんなく調達していることである．一般的な自動車部品の場合，完成車企業は同一部品の数ある調達先のうち，とりわけ関係が深い部品企業（典型的には系列企業）から仕入れることが多い．しかし自動車タイヤに関しては，例えばシェア首位のブリヂストンに限定して調達するというような構図にはなっていないのである．

(1)　マツダ，三菱自の調達状況

図6-13は，2008年と2018年におけるマツダと三菱自のタイヤ調達状況を示している．マツダは，2018年には横浜ゴムから若干多めに調達しているが，各社からの調達量はほぼ同じくらいである．2008年から2018年の10年間の

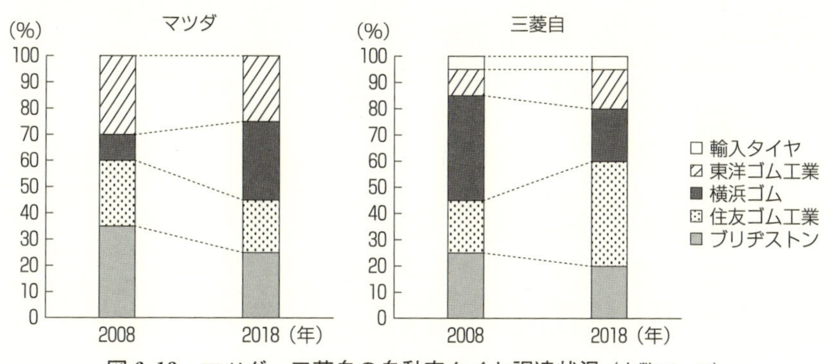

図6-13　マツダ，三菱自の自動車タイヤ調達状況（本数ベース）

出所）アイアールシー［2010，2018］をもとに筆者作成．

変化では，横浜ゴムからの調達量が増えたのが目立つくらいである．これは，横浜ゴムのタイヤを組んだ車種が新しく発売された，あるいはその車種の販売台数が増加したことが要因ではないかと考えられる[18)]．

また三菱自も，横浜ゴムと住友ゴム工業の調達比率が10年間で逆転しているが，どこか1社に依存することはなく，調達先は分散されている．この理由について，例えば三菱自・水島では以下のように認識している[19)]．まず，タイヤ企業に技術・製品開発のための工数を確保してもらうためである．1つの車種あたり10種類以上のタイヤが設定されることもあり，タイヤ企業1社では対応しきれないこともある．また，市場の需給関係が引き締まってくると，タイヤ企業は完成車企業への供給を減らし，一般的に利幅が大きいとされる市販用により多くの生産能力を振り分ける可能性がある．そうなると相対的に交渉力が低い中堅完成車企業の場合，自社への供給が後回しにされかねない．自動車タイヤは完成車企業には製造できないこともあり，何かあったときに足りなくなる部品の最たるものとして挙げられるため，1社依存は危険なのである．また，近年はBCP（事業継続計画）の観点からも1社購買は望ましくないとされている．

(2)　トヨタ，日産の調達状況

次に，**図6-14**は2008年と2018年におけるトヨタと日産のタイヤ調達状況を示している．ここでは提携関係にあるトヨタ＝マツダ並びに日産＝三菱自での調達状況の異同を見ようとしている．ところが基本的な構図はマツダ，三菱

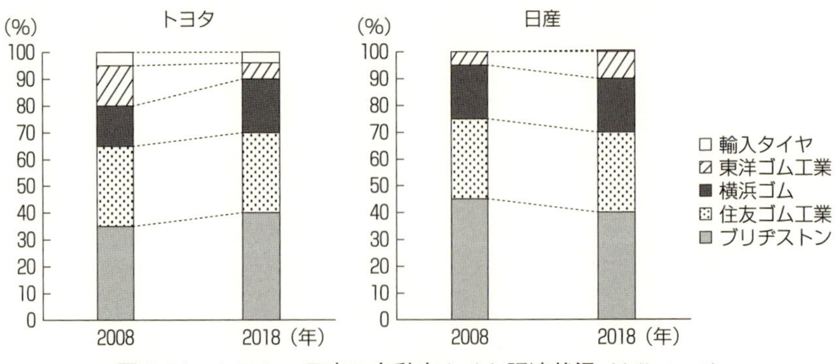

図6-14　トヨタ，日産の自動車タイヤ調達状況（本数ベース）

出所）図6-13に同じ．

自と同じであり，やはり調達先は広く分散しているのである．さらにトヨタと日産の経年変化を見たところ，2008 年から 2018 年までの 10 年間で調達状況にはほとんど変化が見られなかった．

(3)　タイヤ企業からみた納入状況

続いてタイヤ企業から見た納入状況では，**図 6-15** に示すように国内で年間 300 万台を生産するトヨタの割合が各社ともに大きい．また納入先の順位にばらつきがあるのは，タイヤ企業それぞれが得意としているタイヤのサイズや種類が関係しているためと考えられる．ここで最も注目すべき点は，タイヤ企業各社とも多数の完成車企業に納入しているということである．前述の完成車企業からの調達状況も併せてみると，完成車企業と自動車タイヤ企業は互いに依

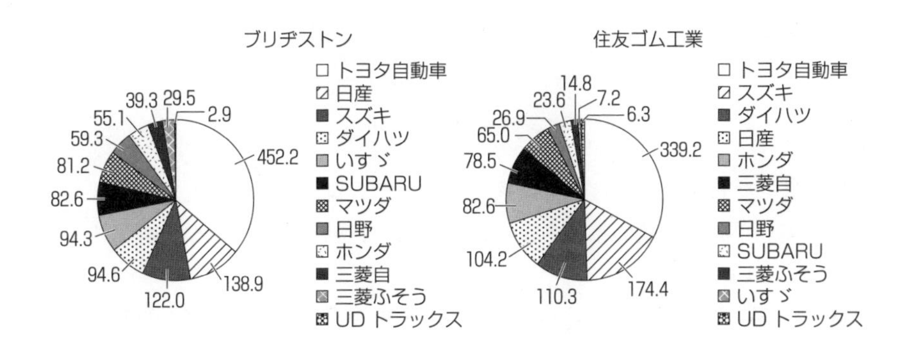

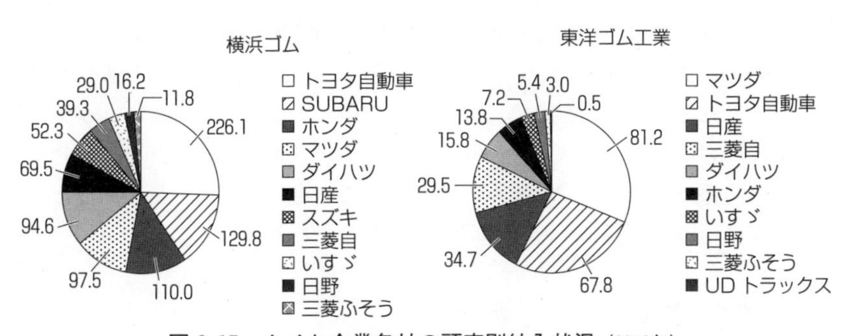

図 6-15　タイヤ企業各社の顧客別納入状況（2018年）

注）単位：生産量千本／月.
出所）アイアールシー［2018］をもとに筆者作成.

表 6-1　わが国タイヤ企業 4 社の国内乗用車タイヤ工場の立地

企業	工場
ブリヂストン	・久留米工場（福岡県） ・那須工場（栃木県） ・彦根工場（滋賀県） ・鳥栖工場（佐賀県） ・栃木工場（栃木県） ・防府工場（山口県）
住友ゴム工業	・名古屋工場（愛知県） ・白河工場（福島県） ・泉大津工場（大阪府） ・宮崎工場（宮崎県）
横浜ゴム	・三重工場（三重県） ・三島工場（静岡県） ・新城工場（愛知県） ・新城南工場（愛知県）
東洋ゴム工業	・仙台工場（宮城県） ・桑名工場（三重県）

出所）各社公開情報をもとに筆者作成.

存性が低く，自動車部品にしては珍しく売り手も買い手も分散している．すなわち，売り手独占や買い手独占から最も縁遠い自動車部品の 1 つと評価することができるのである．

表 6-1 は，わが国タイヤ企業の国内乗用車タイヤ工場の立地を一覧化したものである．東洋ゴム工業の 2 工場からブリヂストンの 6 工場まで，概ね事業規模と工場数が一致していると言える．タイヤ企業 4 社の工場は，トヨタ，ホンダ，ダイハツ，スズキ，三菱自等への納入を念頭に置くとみられる滋賀県，三重県，愛知県あたり，またトヨタ，日産，ホンダ，スバル等への納入を念頭に置くとみられる宮城県，福島県，栃木県に集中して立地していることが分かる．なお中国地方にはブリヂストンの防府工場のみが立地している．タイヤ企業各社は取引関係において特定顧客への依存こそないものの，取引量の論理として大手完成車企業の近隣に工場を展開しているのである[20)].

(4)　論点の整理

以上の調達・納入状況から分かることは，完成車企業とタイヤ企業は互いに取引先を多角化しており，特定企業への過度な依存関係になっていないということである．自動車部品を製造する企業は，一般的にいずれかの完成車企業に依存していることが多く，交渉力も完成車企業の方が強いことが多いものの，自動車タイヤに関しては全く異なる特徴が見られるのである．

また両者の交渉力は取引の性格により異なる．完成車企業とタイヤ企業の取引関係では，完成車企業が提示した新車用タイヤの性能基準を満たしたタイヤ企業が選択される．その際に，要求仕様を満たすことができる企業が1社だけの場合，そのタイヤ企業は完成車企業に対して交渉力が強くなる．自動車タイヤは完成車企業が製造できない部品でありながら，非常に重要な部品であるため，このような場合にはタイヤ企業の交渉力は著しく高くなる．逆に，基準を満たすことができるタイヤ企業が複数ある場合，完成車企業の交渉力が高くなる．このように，完成車企業からの要求仕様の水準とタイヤ企業の技術力との適合性によって両者の交渉力が決まるのである．海外ではこれに加えて，完成車企業の工場との近接性や供給能力も重視されることと推測できる．

小　括

本章の目的は，中国地方自動車産業の中核企業であるマツダと三菱自から見た調達構造，そしてタイヤ企業から見た納入構造の両面を分析することで，独立系部品企業からの調達で最も巨額になる自動車タイヤの取引構造の実態を明らかにすることであった．

自動車タイヤ事業については，その業界構造や主要企業の事業活動上の特徴などが先行研究でほとんど触れられてこなかったため，本章ではかなりの紙幅を費やしてこれらの解説に努めた．自動車タイヤの産業論的理解は，稿を改めて議論したい．

本章の主題である自動車タイヤの取引構造の実態については，以下のような点が明らかになった．まず，完成車企業とタイヤ企業の取引では，互いに調達先・納入先を分散させており，特定企業間での依存関係は見られなかったことである．本章での重要な発見はこの事実の（国内における）普遍性であり，完成車企業の規模の大小が取引のあり方とは無関係だったということである．10年間の動態的変遷を確認してもその傾向は変わらなかった．これに加えて，同一車種・同一グレードであっても完成車企業各社は複数のタイヤ企業から調達することがあると判明した．つまり，新車用の自動車タイヤ事業とは，きわめて市場取引型の性格なのである．タイヤは最終製品の善し悪しを左右するほどの重要な自動車部品でありながら，その実態は完成車企業の系列取引とは対極の様相を見せている．ただしタイヤ企業各社の工場立地状況からは，大手完成車企業重視の姿勢が垣間見られた．すなわち，需要量の大きいところに大規模工場が立地しているのである．

とりわけ本章第3節での分析結果が示唆するのは，企業グループの範疇に含まれない，すなわち中核企業の管理的調整が及ばない独立系部品企業の場合，産業集積を構成する一員として地域経済には統合されていないということである．中国地方自動車産業の中核企業にとっては，自動車タイヤの少なくない部分が域外調達となっており，タイヤ企業とは地理的近接性と関係的近接性のいずれの面においても関係は希薄であった．きわめて市場取引型の生産連関のみの関係に終始しているのである．

しかしながら同じ独立系部品企業であっても，例えばデンソー九州の広島工場（広島市）や曙ブレーキ山陽製造（総社市）のように，中核企業に近接して立地していることがある．後者に至ってはウイングバレイの構成企業であり，関係的近接性もともなう．本章が分析してきたタイヤ企業がそうであるように，一般的に独立系部品企業は，特定地域の中核企業との間に地理的近接性も関係的近接性も希薄なはずであるが，デンソー九州広島工場や曙ブレーキ山陽製造のように独立系（あるいは他系列）企業であってもその子会社単位になってくると，その地域の中核企業との間に地理的近接性があるゆえに擬似的な関係的近接性を帯びることがあるようである．そういった企業は雇用面でその地域に根ざしているため，例えば人口減少社会への対処といった長期的課題に対しても，独立系企業でありながら主体的に関与する姿勢をとりうる存在として理解してもよいだろう．

注

1）浜島［2005］，p. 11 参照．

2）1988年に当時米国第2位のタイヤ企業だったファイアストンを3300億円で買収したことが大きかったとされる．

3）ただしグローバル市場の規模自体は成長し続けているため，トップ3社が明確に競り負けているわけではない．もっぱら新興国市場における低価格帯を取りこぼしているのが要因とみられる．

4）JATMA 統計より筆者計算.
5）産業用車両については軽量化より安全性が重要視されるため，ゴム量の減少はあまり見られない．2018年12月5日に実施した住友ゴム工業本社へのインタビューによる.
6）またこの背景として考えられるのは，ブリヂストン製タイヤの単価が他社よりも高いという可能性である.
7）以降の解説は，2018年9月25日のブリヂストン彦根工場見学，JATMA 公開資料，福野［2003，2016］等に基づく.
8）例示はブリヂストンのものだが，競合他社も個々の工程の名称が微妙に異なるくらいであり，基本的な工程編成の考え方はほぼ同じである．ブリヂストン以外にも，住友ゴム工業，横浜ゴム，グッドイヤーなどがウェブサイト上に生産工程図を公開している.
9）福野［2003］，p. 48 参照.
10）以降，2018年9月25日のブリヂストン彦根工場見学でのヒアリング等に基づく.
11）以降，2018年12月5日に実施した住友ゴム工業本社へのインタビュー並びに2019年2月14日の住友ゴム工業名古屋工場見学でのヒアリング等に基づく.
12）2018年9月25日のブリヂストン彦根工場見学でのヒアリング，2018年12月5日に実施した住友ゴム工業本社へのインタビュー，2019年3月8日に実施したJATMAへのインタビューによる.
13）2018年12月5日に実施した住友ゴム工業本社へのインタビューによる.
14）ここでの説明は，2018年12月10日に実施したタクティーへのインタビューに基づく．なお主要チャネルごとのシェアについては，自動車新聞社［2018］によれば，カー用品量販店（ジェームス，オートバックス等）34.0%，自動車ディーラー19.2%，タイヤ企業系専門店12.9%，タイヤ専門店10.7%，ガソリンスタンド8.3%，自動車修理工場7.1%，インターネット通販6.9%，その他1.1%となっている．このうち自動車ディーラーの一定割合は完成車企業系であることから，市販用流通において完成車企業も間接的ながら一定程度の関与があるということになる.
15）グッドイヤーから調達するようになったのは，日米貿易摩擦が発端である．後発参入のグッドイヤーはわが国で独自の販売網・供給網を有していなかったため，トヨタ系列の用品販売網を利用することになったのである．グッドイヤーは，1999年に住友ゴム工業と自動車タイヤ事業で提携した．2015年に提携を解消したのちも，日本市場の市販用は住友ゴム工業からのOEM供給に委ねられている．2018年12月5日に実施した住友ゴム工業本社及び同年12月10日に実施したタクティーへのインタビューによる.
16）2018年12月10日に実施したタクティーでのインタビューによる.

17) 2018年12月5日に実施した住友ゴム工業本社でのインタビューによる.

18) 2018年12月3日に実施したマツダ防府工場見学でのヒアリングによる.

19) 2018年11月19日に実施した三菱自・水島でのインタビューに基づく.

20) 意外なのは，中国地方と北部九州近隣の工場立地が極端に少ないことである．これら両地方だけで年間の完成車生産台数は250万台規模と大きいにも拘わらず，近隣に展開するタイヤ工場は，ブリヂストンの久留米工場と防府工場，そして住友ゴム工業の宮崎工場だけである.

補論 2　瀬戸内海対岸（四国北部）工業地域の自動車産業への包摂可能性

本書の直接の分析対象は中国地方の5県に展開する自動車産業集積地であるが，完成車企業の主要工場はいずれも山陽3県に立地しており，山陰2県はその後背地として一部が広域産業集積に組み込まれる構図になっている．ここで疑問が生じるのは，山陽3県から見た場合，一定の生産連関がある山陰2県とは南北逆方向のほぼ等距離にある瀬戸内海対岸（四国北部）は広域産業集積に包摂されていないのかという点である．

図 補 2-1 に示したように，四国北部の愛媛県中予・東予地方と香川県全域（及び徳島県北部も）は，マツダの防府工場はともかく，宇品工場，そして三菱自の水島製作所から100 km 圏内に入っている．物流条件として瀬戸内海を挟むという短所こそあるものの，山陰2県もまた東西に中国山地が横たわっているため，山陽3県へのアクセスの悪さという面で山陰2県と四国北部との間にさほど大きな差があるようには見えない．そしてこの100 km 圏内には，四国が誇る大工業地域である愛媛県松山市，同県東予地方の4都市（今治市，西条市，新居浜市，四国中央市），そして香川県の丸亀市，坂出市が含まれる．人口減少社会において，比較的近隣に工業

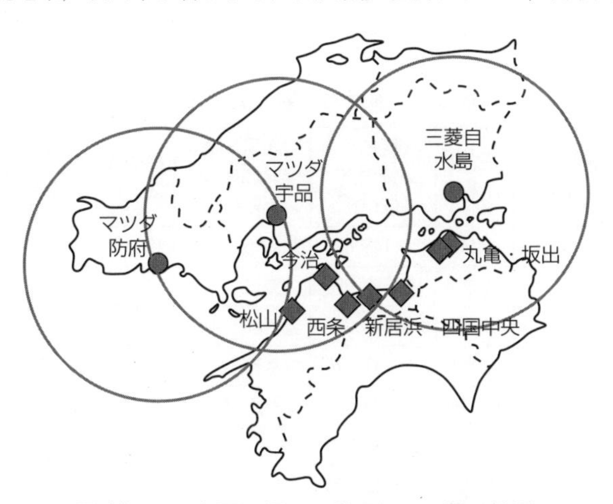

図 補 2-1　主要工場から約 100 km 圏の範囲

出所）筆者作成.

の発達した都市が存在することは，生産連関を補強する上で強みとなるはずである．補論2では，これら工業都市が自動車産業とどのように拘わってきたのか，または今後拘わることができるのかという点を検証する．しかしながら結論を先取りすると，四国北部はこれまでも自動車産業集積には参加してこなかったし，今後もその意思は（一部の大手企業を除いて）弱いようだということになる．詳しく見ていこう．

表補2-1は，四国北部の主要工業都市の従業者数と製造品出荷額等をまとめたものである．比較対象として山陽3県の自動車産業集積の中心都市を併記している．四国北部の各都市は，県内人口が少ない割に従業者数，製造品出荷額等のいずれにおいても一定の存在感を見せる．ただし愛媛県の今治市と四国中央市の主要業種は，前者が造船と繊維，後者が製紙関連であり，香川県の2都市では，丸亀市が造船，坂出市が石油化学と造船となっている．石油化学や製紙業は典型的な装置型のプロセス産業であること，造船は加工組立型とはいえ大物・単品生産の性格が濃厚であることから，加工組立型であり規格品を大量生産する自動車部品とはものづくりのあり方に大きな違いがある．また，住友財閥を育んだ別子銅山をルーツとする事業が連綿と続く愛媛県新居浜市では化学と非鉄金属が，西条市では非鉄金属が主要な業種である．いずれも一見すると自動車産業とは距離がありそうな業種ばかりである．

しかしながら新居浜市，西条市の中核企業となる住友グループ各社，すなわち住友金属鉱山，住友化学，住友重機械工業は，いずれも素材や生産設備で自動車産業に一部参入している．とりわけ前2社は電気自動車向け二次電池材料の世界大手でもある．また住友重機械工業は生産設備企業として少量ながら加工組立型の量産品を手がけている．そのためこれらの中核企業をつうじて新居浜市，西条市にも自動

表補2-1　瀬戸内主要工業都市の概況

四国北部工業都市	従業者（人）	製造品出荷額等（万円）	山陽3県自動車産業主要都市	従業者（人）	製造品出荷額等（万円）
松山市	13,960	37,143,630	防府市	13,037	98,807,240
今治市	11,646	85,728,828	広島市	54,674	301,801,648
西条市	8,961	71,973,293	安芸郡府中町	12,977	59,002,248
新居浜市	9,536	70,241,576	倉敷市	35,950	338,543,569
四国中央市	13,104	66,795,257	総社市	9,228	24,210,850
丸亀市	7,736	27,586,435			
坂出市	6,966	32,612,824			

注）従業者4人以上の事業所に関する統計表．
出所）経済産業省 H29「工業統計表」をもとに筆者作成．

車産業に関与する地場企業が存在するようにも見受けられるが，実態は異なるようである．公益財団法人えひめ東予産業創造センター及び新居浜市産業振興課へのインタビュー[1]によると，次のような問題から両市の自動車産業への関与は極めて限定的なものに留まるという．第1に，もっぱら住友グループの協力会社で構成される新居浜機械産業協同組合では，2000年代半ば頃から住友グループ依存度が下がってきており，今や3割程度に過ぎない．これは中核企業側からの要請・指導にともなうものである．住友グループの地場企業との生産連関はかつてより弱まってきている．第2に，新居浜機械産業協同組合に属する企業の多くは大型製罐を得意とし，もっぱら大物・非量産・少品種のものづくりを生業としていることから[2]，中核企業の取り組む二次電池材料の生産にほとんど寄与していない．第3に，住友グループの中核企業はいずれも地元での技能職の新卒採用を絞っており（技術系，管理系は東京本社一括採用），配置転換で異動してきている従業員が大半である．二次電池材料もまた装置型の生産工程であるため，例えば住友金属鉱山は近年生産能力を大きく増強してはいるものの，そのことが新居浜市や西条市に大きな雇用を生み出す要因にはなっていないのである．以上の点から，愛媛県東予地方が山陽3県の広域産業集積に包摂される見込みには乏しいと言うことができる[3]．

他方で，愛媛県松山市は加工組立型かつ量産品の生産用機械と汎用機械に強い．著名な最終製品企業としては，井関農機，三浦工業，そして松山市近隣（伊予郡松前町）の東レ等がある．公益財団法人えひめ産業振興財団，いよぎん地域経済研究センターへのインタビュー[4]によると，過去には井関農機や三浦工業の下請が発達していた時期もあったが，井関農機は外注先管理政策を改め徐々に内製比率を高めているようである．また，そもそも農機や汎用機械の部品製造や加工の水準では自動車産業の要求品質を満足できない怖れがあり，加工組立型の松山企業もまた山陽3県の広域産業集積に連なることは難しいようである．とはいえ，いよぎん地域経済研究センターの調査によれば，県内に自動車関連事業に参入する企業は約13社存在するとされる．この中には前述の住友グループ中核企業や東レ，帝人といった素材企業も含まれている．他にもヤマセイ（金型，井関農機の元下請），松山機型工業（金型），KEINZ（生産管理系ソフトウェア），タケチ（精密磁石）等の地場企業があるが，どちらかというと量産部品よりも資本財を扱う企業が多い．恐らく県内唯一とされる大量生産型部品企業が日泉化学である．住友グループとの取引から始まり，今ではホンダの内装材を手がけている．ただし自動車部品の量産工場は県外に立地している．

愛媛県内に自動車部品企業が育たないことについては，えひめ産業振興財団は物流コストの高さと不十分な不具合対応力に理由を求めている．後者はともかく，前者は必ずしも決定的な要因ではないだろう．冒頭で指摘したように，物理的な距離では四国北部の愛媛県も山陰2県も大差はないからである．確かに，物流コストに本州四国連絡橋の通行料が加味されるため山陰2県と同等条件とは言い難いものの，四国にはもっと遠方にも高付加価値の量産部品に参入している企業が存在する[5]．四国北部，とりわけ愛媛県の東予地方と松山市が自動車産業にコミットしていない最大の理由は，不具合を極端に嫌忌する規格大量生産，厳しいコスト要請，ジャスト・イン・タイム納入のような細かい納期指定といった，自動車産業固有の厳しい取引条件に魅力を感じない経営者のマインドにこそ求められるのであろう[6]．山陽3県から見た瀬戸内海対岸の状況から判明した事実は，ものづくりの「型」の違いが想像以上に高い参入障壁になっているということなのである．

注

1）以降，2017年12月26日に実施した公益財団法人えひめ東予産業創造センター，2018年12月27日に実施した新居浜市産業振興課へのインタビューに基づく．

2）えひめ東予産業創造センターによれば，協力会社のごく一部には中ロット（3000個程度）規模の生産能力を持つところもあるが，新居浜企業の多くは一直体制であり，設備・生産体制ともに自動車産業のオーダーに対応できるような大量生産には向いていないとのことである．このため大量生産を前提にした場合コスト競争力に乏しい．かつてえひめ東予産業創造センターがトヨタやマツダからの引き合いを受けて新居浜企業に見積を出してもらったことがあるが，競争的な納入価格に対し1桁割高な結果になったという．また新居浜市産業振興課によれば，そもそも新居浜企業は利幅の薄い自動車産業にあまり旨みを感じておらず，経営者の関心外になっているとのことであった．

3）ただし人口面から見た新居浜市は健闘している．中国地方以上に少子高齢化の進む四国地方にあって，新居浜市はここ10年以上にわたって人口12万人規模を維持している．この背景には，高度に発達した第二次産業が安定した雇用機会を提供し続けていることが挙げられる．地方の人口基盤を維持する上で，一定数以上の量産型工場の存在が貢献していることを示していると言えよう．ただし全国的に労働需給が引き締まっていることから，地元の新居浜高専の卒業生はより有利な待遇を求めて都市部に流出しがちであることや，東予地方での就職を希望する学卒者の採用を巡って大手企業と中堅・中小企業間での競争が熾烈になっていることが表面化している．

4）以降，2017年8月8日に実施した公益財団法人えひめ産業振興財団，翌9日に実施したいよぎん地域経済研究センターへのインタビューに基づく．

5）例えば高知県南国市にあるミロクがそうである．同社はもともと猟銃の製造企業であるが，銃床に使う天然木材料を加工する技術をもとにレクサス向けステアリング材を生産するようになった．自動車産業への参入にあたっては，トヨタ系部品企業との合弁子会社（ミロクテクノウッド）を設立し取引に要する固有の知識やノウハウの移転を受けている．

6）その一方で，マツダや三菱自はトヨタや日産と較べて何度も経営不振に陥ってきたことで，広島や岡山の地場企業以上に産業集積を拡げるほどの成長機会に恵まれてこなかったという調達側の要件も指摘しておく必要はあるだろう．

第3部　支援機関の視点

第7章

地域における産業集積力強化に向けた産学官連携の展開

はじめに

(1) 問題設定

ここ数年,「地方創生」をキーワードに地域を1つの単位として,地域経済の再生,活性化を図っていくことが重要な課題となっている.この地域活性化において重要なファクターとなるのが,地域に密着した存在である中堅・中小企業(以下:中小企業)である.わが国のものづくりに目を向けると,国内需要の減少,生産拠点の海外展開,価格競争といった課題に直面しており,大変厳しいものとなっている.これらの課題は地域を支える中小企業に直結しており,中小企業の衰退は地域経済の衰退を意味することになる.そこで地域を支える中小企業には,①これまでの品質(Q),コスト(C),納期(D)に加えた$+\alpha$による競争力の強化,②中小企業による集積力の強化が求められている.

現在,ものづくりの中心的存在である自動車産業を取り巻く環境は,①電動化技術の開発,②自動運転の技術開発といったこれまでとは異なる技術・ノウハウが求められ,巨額の研究開発費が必要となっている.このような状況の中で中小部品企業は,$+\alpha$として完成車企業に対する「開発提案」という1つの質的補完機能[1]が強く要求されるようになってきている[2].しかしながら今後,経営資源の制約が大きい中小企業が,単独でこれらの取り組みを展開していくことには限界がある[3].そこで産学官連携による中小企業の支援・育成が必要となり,わが国において長年,注目されてきている分野である.しかしながら現在の産学官連携をマクロ的視点から見ると,大学の研究者が有するシーズと大企業が有するニーズをマッチング,技術移転させることに重点が置かれていることは否めない.

今後,地域経済を考える上で中小企業の存在を抜きにして語ることはできない．地域経済が様々な課題を抱える中で，中小企業の競争力をいかに高め，産業集積の強化を図っていくのかが重要なポイントとなってくる．そこで中小企業を支援・育成していくことに重点を置いた産学官連携の可能性を検討していくことが必要となる．本章は，中国地方に着目し，特に三菱自の水島製作所（以下：水島製作所）を中心とした岡山県とマツダを中心とした広島県の視点から分析を進めていく．そして地場部品企業の支援・育成に向けて展開されている産学官連携の実態を明らかにし，体系化していくことが本章の目的である.[4]

(2)　中国地方における自動車産業集積

中国地方は，中国経済産業局，5県，公益財団法人5団体[5]，そしてマツダ，水島製作所といった完成車企業および地場企業を中心とした協力会社からなるわが国を代表する自動車産業地帯である．2009年と2014年のデータを見ると製造品出荷額等および付加価値額とも増加傾向にあり，この増加傾向は製造業全体と比較しても大きいものである（表7-1参照）．つまり中国地方の製造業において，自動車産業が重要な位置づけにあることが分かる．しかしながら中部地方と比較すると相対的に規模は小さく，2014年の製造品出荷額等，付加価値額を見ると中国地方は10～11%程度の規模となっている．さらに急成長す

表7-1　各地方における自動車産業の状況（2009年および2014年）

		事業所数			従業員数（人）			製造品出荷額等（億円）			付加価値額（億円）		
		2009年	2014年	2009年比	2009年	2014年	2009年比	2009年	2014年	2009年比	2009年	2014年	2009年比
中国	製造業	13,992	12,401	−11%	524,238	509,465	−3%	216,687	260,808	20%	58,010	68,506	18%
	自動車産業	522	467	−11%	64,112	63,486	−1%	20,418	28,855	41%	4,341	7,817	80%
	自動車産業の割合	3.7%	3.8%		12.2%	12.5%		9.4%	11.1%		7.5%	11.4%	
中部	製造業	37,079	32,220	−13%	1,394,141	1,391,688	0%	532,924	656,444	23%	143,437	198,556	38%
	自動車産業	2,452	2,215	−10%	325,366	338,640	4%	189,720	257,505	36%	41,059	75,229	83%
	自動車産業の割合	6.6%	6.9%		23.3%	24.3%		35.6%	39.2%		28.6%	37.9%	
九州	製造業	18,254	16,162	−11%	620,895	601,939	−3%	193,471	222,052	15%	57,775	61,009	6%
	自動車産業	240	252	5%	40,766	45,974	13%	6,334	30,038	374%	1,362	4,604	238%
	自動車産業の割合	1.3%	1.6%		6.6%	7.6%		3.3%	13.5%		2.4%	7.5%	

出所）経済産業省 H21，H26「工業統計表（細分類）」より筆者作成．

る九州地方にどんどん追い上げられてきており，国内での地位が脅かされつつある．

こういった状況の中，地場部品企業は，これまでメカニカル・車体系部品において塑性加工技術やプラスチック成型技術などを中心に，高いものづくり技術力を有してきた．また戦後から始まった自動車産業の成長過程の中で，技術・製品開発，生産に関する豊富な技術・ノウハウを蓄積してきた．さらにマツダや水島製作所を軸に熟成した取引構造の構築，自動車産業を取り巻く裾野産業の多様的な展開といった強みが，地場部品企業には存在する．一方で地場部品企業は，エレクトロニクス，ソフトウェア関連の技術集積が薄い，先行技術に対する開発提案が弱い，経営規模が相対的に小さいため経営資源が限られるといった弱みを抱えている[6)]．

そこで中国地方の公的機関に求められる課題は，地場部品企業が有するこれまでの強みを活かしながら，従来とは異なる技術・製品，ノウハウが求められる自動車産業において，地場部品企業が競争優位を構築していくために必要となる支援をいかに展開していくのかである[7)]．これまで中国地方は，地域特性や実力を勘案した実態に即した自動車産業振興に対する考えを持ち，実践していく上で必要となる産学官連携体制を構築してきている[8)]．この現状を踏まえて，目代［2013］は，新興の九州，東北地方が自動車産業の集積地として競争力を確保していくために中国地方を参考にすべきだと指摘する[9)]．

現在，中国地方が力を入れていることは，完成車企業と地場部品企業をつなぐハブ的役割を担う地場部品企業（中核 Tier 1）を中心に，ネットワークが持続的に発展するための源泉となる「技術」を強化し，「新製品開発」，「新市場開拓」，「多角化」等に地域の産，官，学，金が連携して取り組んでいく形を作っていくことである[10)]（**図7-1**参照）．まず中核 Tier 1 と完成車企業が自動車開発の方向性を共有し，中核 Tier 1 が地場部品企業に向けてニーズ，課題を発信していく．そしてこれらのニーズ，課題に対応できそうな技術・ノウハウを有する地場部品企業とのマッチングを行い，完成車企業に対して開発提案を行っていくのである．さらに中核 Tier 1 と地場部品企業とのネットワークを強化し，地域内でのモジュール・システム単位での開発提案へとつなげていく．この中で地場部品企業は，次の3つの方向に可能性を見出していくことになる．第1は，既存技術・製品の高度化や新技術・新製品の開発および開発提案能力を強化し，既存市場にさらに浸透していく方向である．第2は，国内からの輸出，

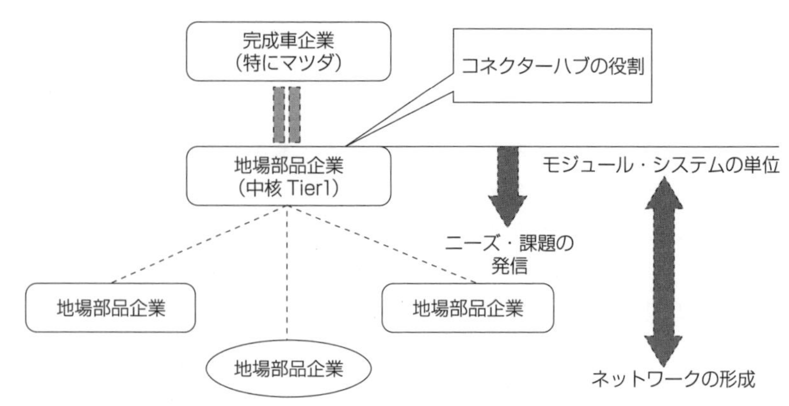

図 7-1　中核 Tier 1 を中心とした中国地方自動車産業のあり方
出所）中国経済産業局［2014］より筆者作成.

海外生産の両側面からコスト競争力を身につけ，海外市場に活路を見出していく方向である．第3は，これまで自動車関連で蓄積してきた技術・ノウハウをベースに自動車非関連市場へと参入していく方向である．これらに共通していることは既存技術・製品の高度化と開発提案能力の強化である．そこでこれら2点に軸を置いた地場部品企業の支援をネットワーク的対応によって展開していくことが，中国地方における自動車産業の1つの方向となる．

中国経済産業局が，上記のような形で中国地方が進むべきビジョンを示した上で，各県がそれぞれの将来的ビジョン，現状に合わせて，最適化に向けた体制整備および施策を展開していくことになる．そして中国経済産業局は，中国地方でのつながり，連携を模索し，ネットワーク的対応において自動車産業の全体最適の実現を目指していくのである．

1．公的機関主導による産学官連携（岡山県）

(1)　地場部品企業と水島製作所の関係

岡山県における自動車産業には，水島製作所の拡大とともに地場部品企業が成長してきたという歴史がある[11)]．この両者の関係は戦後間もない時期まで遡ることができ，水島製作所の一次部品企業の多くは，協力工場として創業したのである．そのため地場部品企業が扱う製品は，三菱自のボディ生産のための内製補完的なものがメインとなり，県内において水島製作所への依存体制が構築

表 7-2　三菱自および水島製作所における生産量の推移

（単位：台）

	2000	2001	2002	2003	2004	2005	2006	2007	2008	2009	2010	2011	2012	2013	2014	2015	2016	2017
水島製作所（a）	506,206	502,747	501,971	513,618	414,159	535,582	618,308	684,437	573,259	404,869	420,296	352,278	246,139	358,765	340,815	309,500	190,839	241,994
割合（a/b）	59%	69%	65%	68%	69%	76%	80%	78%	84%	79%	63%	60%	51%	56%	53%	47%	36%	41%
生産量の変化（2000年比）	1	0.99	0.99	1.01	0.82	1.06	1.22	1.35	1.13	0.80	0.83	0.70	0.49	0.71	0.67	0.61	0.38	0.48
三菱自全体（b）	857,102	729,167	766,389	751,843	599,219	706,048	775,648	875,698	681,688	513,585	663,320	585,860	484,428	637,079	648,595	652,966	531,471	589,663

出所）三菱自『ファクトブック』より筆者作成.

されていった．そのため一次部品企業の多くは，水島製作所の傘下のもと，三菱自からの貸与図に基づき品質の良い低コストの部品を生産する（もっぱら賃加工）ことに重きを置くようになった．

水島製作所に依存し，広域的に取引先の開拓に取り組んでこなかった地場部品企業は，三菱自の動向に大きく左右されることになる．三菱自の調達方針の変更，不祥事による販売不振，経営危機による日産傘下入りが地場部品企業の死活問題へと直結していく．三菱自における2000年以降の国内生産台数を見ると（表7-2参照），2017年には2000年の7割を切る水準まで低下している．さらに水島製作所での生産量は5割を切る水準となっている．また三菱自全体の生産台数に占める水島製作所の割合は，2008年の84%をピークに下降し続けており，2017年には41%まで低下している．つまり三菱自全体の生産量が減少している中で，それ以上に三菱自において水島製作所の役割が低下してきているのである．一方で岡山県では自動車産業に関連する中小企業が約500社存立しており，県内製造業における最大の雇用を抱える中心的な存在となっている．

このような状況の中で，地場部品企業は長年にわたって構築されてきた水島製作所への依存体制から早急に脱却することが急務な課題となり，① 内燃機関から電動化へのシフト対応，② 完成車企業に対する開発提案能力の強化に対する意識を強く持つようになっていったのである．

(2)　プロジェクトの実践を軸とした産学官連携

岡山県は，2011年に岡山県内企業の強みを活かし，次世代自動車関連に必要となる新技術・新製品の開発や人材育成を図ることを目的に，公益財団法人岡山県産業振興財団（以下：産振財団）内に「おかやま次世代自動車技術研究開発センター（OVEC)」を設置した．OVECには事務・設計室と試作・試験室が設けられ，事務・設計室では各種開発に関する検討，三菱自が主に使用する3次元CADシステムの「CATIA」を使った設計作業，競争的資金の獲得に向けた取り組みが展開された．また試作・実験室では開発，設計した部品の試作や評価，実車を用いた研修・検討，さらには試作車の組立・試験が実施された．

OVEC設立の契機は，2010年に地場企業11社が岡山県の支援を受け「チーム岡山」として，株式会社SIM-Driveが行ったEVの先行開発車「SIM-LEI」の試作プロジェクトに参加し，部品供給を担当したことである[12]．この経験をもとにOVECが立ち上げられ，地場部品企業の支援・育成に向けた具体的なプロジェクトが進められていった．OVECは，これまでの完成車企業の要求に対して安く効率的に生産するのではなく，部品企業として創意工夫し，具体化，検証そして提案へとつなげていく開発提案能力の強化を基本的テーマとした．そこでOVECは，①技術・製品開発の促進，②人材育成，に重きを置いた車両づくりを通じて，地場部品企業が自動車全体の視点から技術・製品開発を行える能力の修得を目指したのである．

ここで実際にプロジェクトとして進められたOVEC-ONE（以下：ONE），OVEC-TWO（以下：TWO）について見ていく[13]．ONEは，三菱自の「ギャランフォルティス」をベース車両に「ゆとりの空間と快適な走りを実現した本格派EV」を基本コンセプトに，参加企業がOVECで開発，設計した技術・製品を搭載し，これらの性能等を評価していくための車両づくりに取り組んだ．そしてONEの開発で培ったインホイールモーター車の技術・ノウハウを軽自動車に適用し，実用化を目指していくためにTWOが実施された．TWOは，次世代自動車に求められる軽量化，高性能化，低コスト化の軸から参加企業の得意分野，今後の自動車産業に必要となる将来性のある技術分野の強化に重点を置いて進められた．そして実際にi-MiEVを改造した試作車「OVEC-TWO」の開発を通じて，①インホイールモーター，②車両制御技術，③サスペンション構造に関する開発に取り組んでいった．このプロジェクトへの参加を通じて，地場部品企業は，情報収集および自社に必要となる能力を蓄積していった．本プロジェクトは岡山県，産振財団および公募により参加した地場企業（16社）を中心に進められ，ONEに参加した企業の多くが，TWOへ継続的に参加している（**表7-3**参照）．

次に具体的な実施体制および取り組みについて見ていく（**図7-2**参照）．岡山県が人と費用を拠出し，産振財団が事務的立場でOVECの運営を担当した．プロジェクトは，OVECセンター長である吉田寛氏[14]と参加企業が中心となり進め，ここに大学，公設試験研究機関および県内外の企業が技術指導，部品およびデータの提供，製品・車両に関する試験への協力という形で参加する産学官連携体制が構築された．また三菱自との関係は，ONEでは三菱自がアドバイザーとして関与し，EVに関する技術指導，開発検討用車両の提供を行った．TWOではONEの活動成果が三菱自に認められ，共同研究プロジェクトへと進展した．共同研究は，①インホイールモーターをはじめとする次世代EV

表7-3　OVECへの参加企業

OVEC-ONE （2011年～2014年）	OVEC-TWO （2014年～2017年3月）
（株）アステア	（株）アステア
井原精機（株）	一井工業（株）
内山工業（株）	エムテック（株）
（株）共立精機	（株）共立精機
コアテック（株）	（株）共和鋳造所
新興工業（株）	コアテック（株）
水菱プラスチック（株）	興南設計（株）
ゼノー・テック（株）	新興工業（株）
セリオ（株）	水菱プラスチック（株）
タイメック（株）	ゼノー・テック（株）
（株）戸田レーシング	セリオ（株）
ナカシマプロペラ（株）	タイメック（株）
ヒルタ工業（株）	（株）戸田レーシング
丸五ゴム工業（株）	ヒルタ工業（株）
三乗工業（株）	丸五ゴム工業（株）
（株）メイト	三乗工業（株）
16社	16社

※網掛け部分は，両プロジェクトに参加した企業を示す．

出所）OVEC「OVEC-ONE」,「OVEC-TWO」に関する資料をもとに筆者作成．

技術の研究開発，② 試作EVの製作および評価の観点から進められた．具体的にはOVECが試作EVの基本計画，設計，製作を担当し，次世代EV技術の実用化に関する研究を進め，これに対して三菱自は，試作EVに対する評価技術の研究および評価試験を担当した．実際に，部品企業が新しい部品や技術を開発する際には，共同開発プロジェクトとして完成車企業に試験と評価を繰り返し行ってもらい，その結果をフィードバックしてもらうことが必要不可欠となっている[15]．まさしくOVECと三菱自との関係は，この形態へと進展していったのである．

次にプロジェクトの進め方を見ていく．まず全体会議においてプロジェクトの方向性やテーマ設定，参加企業間，試作車製作，事業化等に関する意見調整

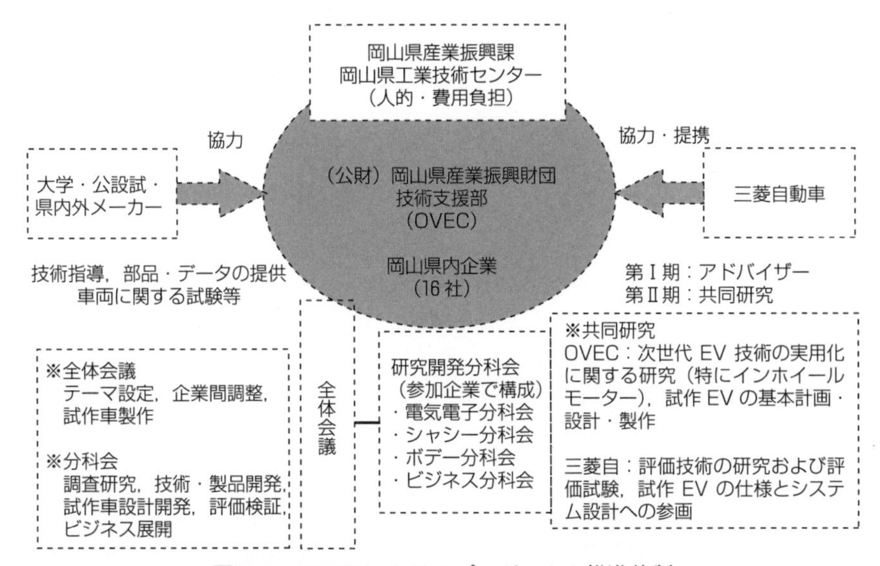

図 7-2　OVEC におけるプロジェクト推進体制

出所）岡山県産業労働部産業振興課［2014］，［2016］および OVEC「OVEC-ONE」，「OVEC-TWO」に関する資料をもとに筆者作成．

が行われた．そして4つの分科会によって，各テーマに沿った調査研究，技術・製品開発および評価試験や試作車の設計・製作が進められた．ONE 開始直後の3カ月間は，参加企業に対して自動車の概要および EV の基礎講座（9講座），EV の要素技術などに関する専門講座（6講座）といった導入教育が行われた．その後，研究開発テーマの検討，CATIA を使った車両および部品設計，そして試作 EV の製作が進められた．また繰り返し評価試験，実用化試験，改良が行われ，次世代自動車に対応した技術・製品の開発へとつながっていったのである．

また OVEC は，プロジェクトの成果を発信するために数多くの展示会に参加している．ここでは試作 EV の展示，OVEC で開発した技術・製品の紹介を行っている．さらに展示ブース内において，参加企業はそれぞれ自社のブースを持ち，自社技術・製品を紹介する機会を設けた．この機会がこれまで三菱自に依存してきた地場部品企業にとって，外部とのマッチングの場，営業の鍛錬の場となった[16]．さらにプロジェクト期間内に OVEC を中心に助成金等の競争的資金や各種表彰制度に関する情報収集を行い，積極的に申請を行い獲得している．この取り組みは，参加企業が技術・製品開発を進める上での資金になると同時に，これらの成果を外部に発信していくことによって，効果的なプロモーション活動となった．

上記の取り組みを通じて，OVECは，地場部品企業に対して次の3つの機会を提供したといえる．第1は，技術・製品開発に関連する人材育成の機会である．これは，車両・システム全体と自社製品との関係性を理解した上で技術・製品開発を行える人材の育成へとつながっていった．第2は，新たな技術・製品開発の機会を創出したことである．OVECによって参加企業はサスペンション，EV関連部品のモジュール品に関する軽量化，低コスト化につながる技術，部品の開発に成功している．これらは，展示会等で完成車企業，大手部品企業およびEV開発のベンチャー企業から引き合いがあり，新規取引先の獲得に成功した参加企業も存在する．第3は，積極的な取引先拡大に動き出す機会となったことである．これまで取引先の拡大には消極的であった参加企業が，県外に出向き自社技術・製品のPRを行い，積極的に取引先の拡大に乗り出している．また参加企業間での情報交換，取引を開始したケースも存在し，地場部品企業間での横のつながりが強化されつつある．

(3)　プロジェクトの実践を通じた開発提案能力の強化

完成車企業が開発機能を有していない岡山県では，公的機関が中心となりプロジェクトの実践を軸とした産学官連携体制が構築された．この体制の強みは，地場部品企業に対して全方位的に支援を展開していくのではなく[17]，以下の視点から主要な地場部品企業の開発提案能力の強化に注力し，県内でのトップランナーを育成していくところにある．

第1は，地場部品企業に対して知識創造の場を構築し，提供したことである．OVECは，地場部品企業に対して，「対話と実践を通じて知識を継続的に創造していくためのプラットフォームとしての空間」である「場」(Nonaka and Konno 1998) となった．この場で得られた成果・データ等の取り扱いは，次のとおりであった．まず参加企業は，OVECへの参加に際して秘密保持契約を結び，事務・設計室内に限りCATIA等のデータに自由にアクセスできる環境にあった．また分科会で得られた成果は，毎月開催される全体会議で報告され，参加企業間で共有される体制が構築されていた．このような中で，吉田センター長を中心に参加企業がプロジェクトを実践し，知識創造サイクル (SECIモデル）[18] が展開されていったのである（図7-3参照）.

まず，経験の共有により個人の暗黙知からグループの暗黙知を創造する共同化プロセスである．参加企業は吉田センター長の指導のもと，実際にCATIAを使った開発・設計を行っていった．つまり参加企業は，吉田センター長が長年蓄積してきた暗黙知である技術・ノウハウをCATIAでの開発・設計作業を通じて共体験し，吉田センター長を観察，模倣しながら，対話と実践を繰り返していくことによって共同化を図っていった．次に表出化プロセスである．OVEC内において，各種開発の検討，開発・設計作業の中で対話と共同思考を行い，①車両づくりを通じて最適な自動車部品を開発する，②インホイールモーターを軸とした次世代自動車の開発，といったコンセプトを明確化していく過程において，暗黙知から形式知への展開が図られていった．次に形式知を体系化し組織レベルでの形式知へと発展させるための連結化プロセスである．ここでは明確化したコンセプトの実現に向けて，具体的な製品仕様へと仕上げていく段階となる．設計過程やデータの組み合わせ，自動車全体からみた部品間の関係性を考慮した試作，評価を繰り返し行っていくことによって，OVEC

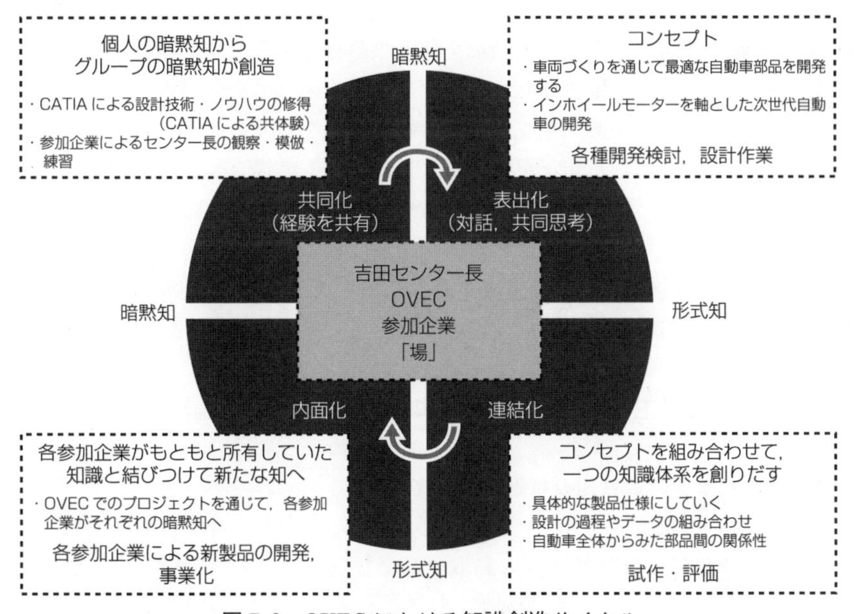

図7-3　OVECにおける知識創造サイクル

出所）Nonaka and Takeuchi［1995］をもとに筆者作成.

として1つの知識体系へと発展させていった．最後はOVECで創造され共有化された知識と各参加企業担当者がもともと持っていた知識をつなぎ合わせることによって，各参加企業担当者が新たな暗黙知を創り出していく内面化プロセスである．上記を経験した参加企業担当者が，自社に戻りリーダー的役割を担うことによって，新たな暗黙知を起点とした技術・製品開発，事業化に関連した知識創造サイクルが，各参加企業内において展開されていくことになる．今回のOVECが，地場部品企業に対して知識創造を促進していく場となり，地場部品企業が，知識創造という価値源泉を生み出していく流れを作り出したのである[19)]．

第2は，完成車企業に対して，次世代自動車に関する技術・製品開発の補完的役割を担っていく可能性を高めたことである．自動車産業において新規プロジェクトの場合，完成車企業と部品企業との関係性は通常とは大きく異なる[20)]．通常，企画段階で完成車企業が開発コンセプトを作成し提示する．これに対して，部品企業は，当コンセプトを実現するための最適方法を提案していく．設計試作段階では完成車企業が仕様・要求を提示し，部品企業が実用化できる技術を開発，提示し，これを完成車企業が試験・評価する流れとなる．この流れの中で，他の部品との相性，自動車全体との整合性を図る統合知識と部品の固有の性能，コスト，生産プロセスに関する部品知識との融合が重要となる．本来，部品企業は部品知識，完成車企業は統合知識を有することが，自社の競争優位へとつながる．しかしながら新規プロジェクトの場合，部品企業にも統合知識が必要とされ，統合知識と部品知識を融合し自動車全体の最適化を意識した開発提案が求められることになる．つまりこのような形で開発提案能力を強化した地場部品企業が，今後完成車企業に対して，次世代自動車に関する技術・製品開発において補完的な役割を果たしていく可能性は十分高いのである．

2．公的機関主導・域外追随による産学官連携（鳥取県）

(1)　これまでの取り組み状況について

鳥取県は，2010年あたりから県内自動車産業の強化に向けて動き出している．まず2009年に公益財団法人鳥取県産業振興機構（鳥取産振構）は，鳥取県自動車部品研究会（以下：部品研究会）を立ち上げた[21)]．また2010年の「鳥取県経済成長戦略」[22)]では，戦略的推進分野の1つとして環境対応型自動車（エコカー）

関連産業を取り上げ，2020年に県内でのエコカー生産を10万台／年，生産額2000億円，部品供給200億円，雇用創出約2000人を実現することを目標に掲げた．具体的な取り組みは，①EV完成車企業の立地，②エコカー生産に対応した部品の供給，③EVタウンの整備に向けた実証実験の実施である．まず鳥取県は，2010年に「SIM-LEI」試作プロジェクトへの参加から着手した．しかしながらその後の活動を県レベルで見ると，鳥取県商工労働部商工政策課のエコカー関連産業の育成・支援に関するウェブサイト情報は，「ハイブリッド自動車の分解解体研修」の案内１件が表示されているのみである[23]．この点を考慮すると，地場部品企業の自動車関連産業への新規参入および拡大に向けて，部品研究会を立ち上げた鳥取産振構が中心的役割を担っていることになる．

(2)　鳥取県産業振興機構を軸とした産学官連携

鳥取産振構における地場部品企業に向けた支援は，①取引先拡大，②基礎的能力の強化が中心となっている．まず取引先拡大の支援において軸となる取り組みは，展示商談会の開催である．その中で特徴的なものが，完成車企業，Teir 1企業へのマッチング機会の創出である．この展示商談会は，地場部品企業の中で独自の技術で競争優位を持つ企業を選定し，完成車企業と選定した企業の中で関係する部署だけを対象とし開催されている．

次に基礎力強化に向けた支援において軸となっている取り組みは，部品研究会の開催である．部品研究会規約によると，目的は「県内の自動車関連企業や大学，専門校，支援機関等が連携し，自動車関連産業への戦略を模索し，取引拡大や新規参入に向けた県内企業の取り組みを支援することで本県自動車関連産業の発展を目指す」ことである．部品研究会は，中国地方における自動車産業，カーエレクトロニクス化の流れ，国内完成車企業の動向に関する講演会，セミナーをはじめ自動車部品の基本構造を学ぶ研修等が基本的な活動となっている．その中で特徴的なものが，自動車関連領域の特定分野に特化して事業の展開を目指していくための勉強会である．地場部品企業が引き受ける量産品は，最終製品を具体的にイメージしづらい部品が主なものである．そこで鳥取産振構は，多品種少量生産型で最終製品がイメージできる分野に絞り，地場部品企業が参入に向けて動き出せるための準備，検討を行う場としての勉強会を提供するのである．2017年度は福祉車両にターゲットを絞り，福祉車両を手掛けるトヨタ車体株式会社の協力を得ながら勉強会を開催していった．まず地場部品企業は，参入を目指す福祉市場，福祉車両に関する情報，知識を習得していった．次に福祉車両のベンチマーキング活動を行い，福祉車両全体の構造および部品との関連性について知見を深めていった．また鳥取産振構は，勉強会において福祉施設ではどのように福祉車両が利用されているのか，生産現場ではどのように福祉車両が組み立てられているのか，実際に現場を「見る」,「知る」，そして「考える」をポイントとした見学会を実施している．この経験を活かし，2018年度は特殊車両分野についての知見を深めようとしている．

次に特徴的な点は，広島県，岡山県とつながりを持ち，各県の取り組みを参考にしていることである．2009年の次世代自動車関連の研究会立ち上げは，2006年の広島県，2008年の岡山県，山口県に続く形で立ち上げられたものである[24]．また研究会の設立趣旨には，「従来の地域内サプライヤーや県外の自動車メーカー，その関連企業及び次世代自動車に向けて先進的な活動をおこなう広島，岡山等の研究会等と情報交換する[25]」ことが明記されている．さらに鳥取産振構は独自でベンチマーキング活動を進めるものの，広島県が展開するベンチマーキング活動にも参加し，積極的に横のつながりの構築に向けて動いている．

上記より，鳥取モデルは，公的機関である鳥取産振構を軸に産学官が連携しつつ，先行的に取り組みを展開する広島県，岡山県を参考にし，つながりを持

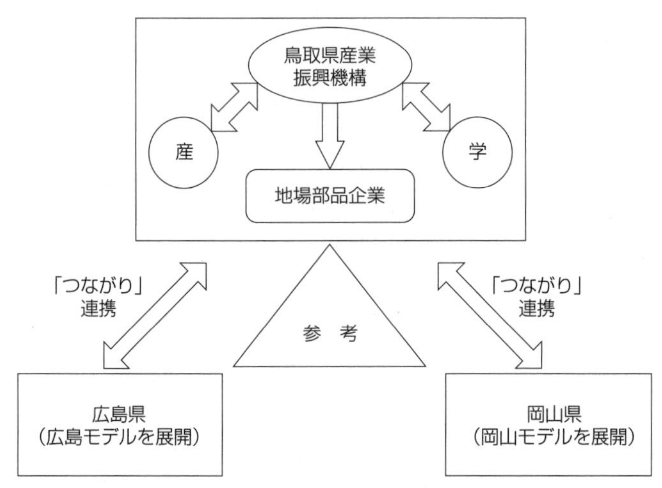

図7-4　鳥取県における産学官連携体制

出所）筆者作成．

ちながら地場部品企業を支援していくモデルとなる（図7-4参照）.

3．完成車企業・公的機関連携による産学官連携（広島県）

(1)　産学官連携の流れ

広島県は，フルセットで開発機能を有するマツダ本社と部品開発機能を有するTier 1が一体となって部品開発に取り組んでいる地域である[26)]．しかしながらマツダの国内生産台数の推移から，地場部品企業に大きな不安要素が存在することが分かる（図7-5参照）．マツダの生産台数そのものは増加傾向にあるものの，国内生産はほぼ横ばいである．つまりこのことはマツダによる海外生産への注力を意味しており，今後国内生産の増加は期待できないということになる．

このような状況の中で，2000年あたりから，マツダと公的機関を中心に地場部品企業を支援する産学官連携が始まっている（表7-4参照）．まず広島県，広島市，広島商工会議所が2000年に「自動車関連産業活性化対策推進協議会」を立ち上げ，地場部品企業を対象とした取引拡大や技術・製品開発に関する支援に乗り出した．2008年に自動車産業のエレクトロニクス化の流れに県内で対応していくために，公益財団法人ひろしま産業振興機構（以下：ひろしま産振構）内に「カーエレクトロニクス推進センター」が設置された．当センターは，

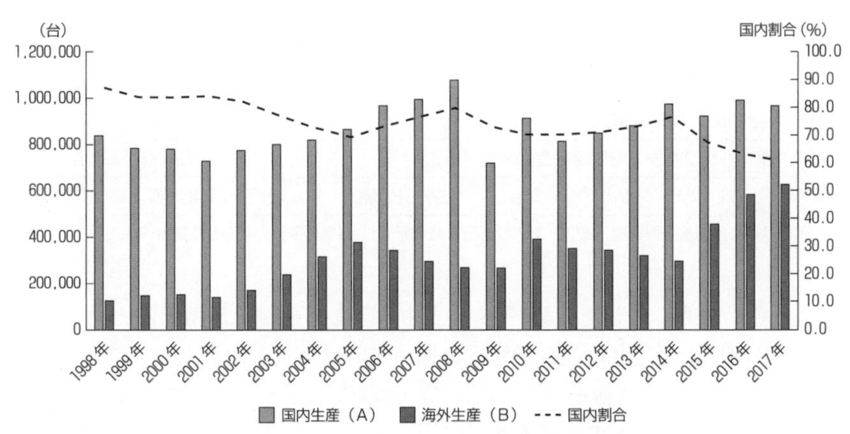

図7-5　マツダにおける生産台数の推移

出所）マツダ会社概況［2005］，［2008］，［2013］，［2017］より筆者作成．

表7-4　広島県における産学官連携の取り組み

	地場部品企業の支援に向けた主な動き	主体機関
2000年	「自動車関連産業活性化対策推進協議会」の立ち上げ	広島県，広島市，広島商工会議所
2001年	完成車企業に向けた「商談会」の開始	ひろしま産振興，自動車関連産業活性化対策推進協議会
2006年	「戦略的産業活力活性化研究会」の立ち上げ	広島県，マツダ，広島大学
2008年	「カーエレクトロニクス推進センター」の立ち上げ	ひろしま産振興，マツダ
	エレクトロニクス化に向けた基礎講座の開講	ひろしま産振興，マツダ，マツダ系 Tier 1，大学
	「炭素繊維複合材料利用研究会」の立ち上げ	マツダ，広島県立総合技術研究所
2009年	「ベンチマーキングセンター」の開設	ひろしま産振興
2010年	「トップミーティング」開始	マツダ，広島県，ひろしま産振興，広島市，中国経済産業局，広島大学
	マツダによる「ニーズ発信会」の開催	ひろしま産振興，マツダ
2011年	マツダによる「ニーズ発信会」の開催	ひろしま産振興，マツダ
	次世代自動車に関する実証実験の開始	ひろしま産振興，中国経済産業局
2013年	「カーテクノロジー革新センター」と発展的改組	ひろしま産振興，マツダ
	マツダによる「ニーズ発信会」の開催	ひろしま産振興，マツダ
	ホンダ車 N-ONE のベンチマーキング活動の実施	ひろしま産振興
2014年	「新技術トライアル・ラボ」の開設	ひろしま産振興，マツダ
	ホンダグループ向け商談会の開催	中国経済産業局，九州経済産業局
	ダイハツ車ムーブのベンチマーキング活動の実施	ひろしま産振興
2015年	「ひろしま自動車産学官連携推進会議」の立ち上げ	マツダ，広島県，ひろしま産振興，広島市，中国経済産業局，広島大学
	「自動車工学基礎講座」開始	ひろしま産振興
	ダイハツグループ向け商談会の開催	中国経済産業局
2017年	「ひろしまデジタルイノベーションセンター」の開設	ひろしま産振興，マツダ

出所）ひろしま産業振興機構［2016］および『日本経済新聞』［広島経済］面をもとに筆者作成.

マツダ OB を中心とした組織であり，産学官連携を軸に地場部品企業での技術・製品開発の促進および人材育成を進めていった．2013 年に当センターは，「カーテクノロジー革新センター（以下：革新センター）」へと発展的改組し，引き続き地場部品企業への支援を行っている．

2015 年には，マツダ，広島県，ひろしま産振構，広島市，広島大学，中国経済産業局を中心とした「ひろしま自動車産学官連携推進会議（ひろ自連）」が設立された．もともとひろ自連の前身は，2011年から半年に1回，広島県の産学官を代表するメンバーが集まり，広島県の自動車産業の基本的なベースとなる考え方を整理する「トップミーティング」である．マツダがフォード傘下に入った1990年代からマツダと地域との関係は希薄になっており，このトップミーティングを通じて，再び地域の産学官が同じ方向を目指していくことに合意し，それぞれの距離が急速に縮まっていったのである[27]．事務局は，マツダ，ひろしま産振構，広島大学に設置され，2030年の自動車社会を予測し，広島県として自動車産業の発展に向けた産学官連携のあり方を「2030年産学官連携ビジョン」として示している．ひろ自連は，次の4点に軸をおいた取り組みを進めている．①技術・製品開発，人材育成の観点からの地場部品企業の支援，②実務者レベルでの専門部会の設置，③必要な施策や実施スケジュールの決定，④2030年に向けた技術・製品開発に関するロードマップの作成である．

上記のとおり，広島県自動車産業における産学官は，連携して時代のニーズ・課題に合わせた取り組みを展開してきている．

(2)　技術・製品開発の促進および人材育成に軸を置いた支援

今後広島県は，地場部品企業がエレクトロニクス化の流れに対応できなければ約6割の取引を失う恐れがあり，関連する自動車産業が地域から消滅していくリスクを抱えている[28]．そこでエレクトロニクス化の流れに対応するために，技術・製品開発の促進および人材育成に重点を置いた以下の支援が展開されている．

第1は，セミナー，講座および研究会の実施である．2006年にマツダ，広島県，広島大学が中心となり「戦略的産業活力活性化研究会」を立ち上げ，この研究会に地場部品企業を巻き込み，エレクトロニクス分野での人材育成に力を注いでいった．2008年からひろしま産振構を事務局に，マツダ，マツダ系Tier 1および大学が中心となり，地場部品企業の若手技術者がエレクトロニクス関連の先端技術を磨くための講座を開講している．この講座は，電子制御ソフト開発に向けた基礎研究をテーマとしており，基礎的なプログラム開発が可能な若手技術者の育成に重きが置かれた．またマツダ，広島県立総合技術研究所等が「炭素繊維複合材料利用研究会」を立ち上げている．広島県内のプレス加工，樹脂加工メーカーなど約70社に参加を呼びかけ，次世代自動車に向けた炭素繊維素材の低コスト化，加工技術の実用化を目指している．2015年からは，地場部品企業の技術者養成を目的とした「自動車工学基礎講座」がスタートしている．この講座は，完成車企業の技術者や大学研究者が講師となり，地場部品企業が，① 自動車技術を基礎的かつ体系的に学び，自動車全体の視点から考える力を養う，② 能力向上に向けた自己啓発の重要性を再認識する，③ 人的ネットワークづくり，の場として活用することを狙いとしている．その他にもひろしま産振構が中心となり，VEセミナー，技術的問題を解決するための思考ツールを提供するTRIZ（発明的問題解決理論）セミナー，技術者向けのコミュニケーションスキルおよびプレゼンテーション技術の向上に向けた仕事力向上セミナーを提供している[29]．

第2は，マツダを軸とした地場部品企業へのニーズ発信である．2010年にひろしま産振構主催で，中国地方の部品企業，大学等の研究機関に向けて，マツダの技術・製品開発方針を伝える「ニーズ発信会」が開催された．まずマツダの開発部門トップの立場にある金井誠太専務執行役員（当時）が，自動車開発の見通しと求められる技術について基調講演を行い，次にマツダの開発担当者が，「電動化」，「知能化」，「軽量化」に関する開発テーマ（21テーマ）について説明を行った．併せてマツダの開発拠点の見学および講習会が実施された．また同様のニーズ発信会は，2011年，2013年と過去4回実施されている[30]．このニーズ発信会は，次の流れを作る契機となっている．マツダからマツダおよび他の完成車企業が求めるニーズ，技術・製品開発の動向が発信され，地場部品企業等がこれらを認識し，地域内で共有化していく．この共有化によって，地域の産学官が連携して，マツダおよび他の完成車企業が求める研究開発，技術・製品開発に取り組んでいくことになる．その結果，地場部品企業は，マツダおよびマツダ以外の完成車企業へ開発提案を行うことが可能になる．

第3は，地場部品企業が実証実験を行う「場」の提供である．まず2009年にひろしま産振構を事務局とし，「ベンチマーキングセンター」が開設された．当センターは，会員の地場部品企業と広島県が共同で車両を購入し，地場部品企業がマツダ車以外をベンチマーク（車両の全バラ）することで，部品開発の基礎となる技術動向を把握し，新たな課題抽出を行っていく場である．この活動の狙いは，① 地場部品企業の費用負担を軽減しながら，それらの開発力の底上げを図っていく，② マツダ以外の完成車企業との取引拡大につなげていくことである．まず会員企業が試乗し，自動車全体の観点から車両評価を行うことから始まる．次にシステム評価が必要となる会員企業には車両を貸し出し，各社が独自にデータ取りを行う．最後に会員企業がセンター内で分解調査を行い，その後，各会員企業に関連する部品を持ち帰り，自社内でさらに分析を進めていくのである．つまり当センターは，会員企業である地場部品企業が，自動車全体の視点から自社製部品を位置づけることで相対視し，技術・製品開発の重要性を認識していく場となる．

2011年にひろしま産振構と中国経済産業局が中心となり，地場部品企業が次世代自動車の実証実験を行う場を作り出した．マツダやトヨタからEV等の車両提供を受け，県内の公道やテストコースにて実用性の評価や燃費測定を行うのである．そこで地場部品企業間で課題の共有化を図り，技術・製品開発の促進，共同研究の発展へとつなげていったのである．

2014年には革新センター内に，「新技術トライアル・ラボ（以下：ラボ）」が設立された．このラボは，地場部品企業にとって将来の技術・製品開発に必要となる先行研究を支援していくためのものである．まず地場部品企業は，事務室においてマツダからの出向者である専任研究員から助言・指導を受けながら，完成車企業の技術ニーズと自社のシーズを軸に技術構想を企画し，将来の技術・製品開発に向けた計画立案を行う．そして実験室で探索的な実証実験を実施しながら，必要となる先行開発リソースを身につけ，新たな技術・製品開発へとつなげていく．その際に必要となる予算は当センターからサポートされ，併せて試験・実験機器等の貸与もなされている．次の一例が存在する．地場部品企業（5社）の若手技術者が，ラボの振動・騒音関連実験に参加し，自動車性能に関するデータ取得実験の計測手法を学びながら，協働で実験を実施していった．そしてこの実験から判明した開発課題をもとに，各企業がラボの支援を受けながら製品開発に着手したというものである[31]．

2017年にひろしま産振構が中心になり，「ひろしまデジタルイノベーションセンター」を設置した．当センター設立の背景には，マツダが活用する「モデルベース開発（MBD）」を地場部品企業へも浸透させていきたいとの思いが，ひろ自連で議論されてきたことにある．マツダは，「スカイアクティブ」技術の開発時にMBDを活用しており，短期間で多くの車種やエンジン，変速機を市場へ投入することに成功している．しかしながら今後，すべての自動車開発を完成車企業が単独で行っていくことは不可能であり，マツダが得意とする

MBDをいかに地場部品企業へも浸透させていくのかが広島県にとって大きな課題になっている．さらにMBDには高性能計算機とCAEソフトが必要となるが，地場部品企業にはこれらを活用できる環境や人材が存在しないとの課題が重くのしかかっている．そこで当センターは，「世界最速クラスの高性能計算機能とCAE計算解析が出来る環境の整備，それを活用した新たなビジネス価値の提供や新たな研究成果等を創造できる人材育成を通じて，地域のものづくりの飛躍的な高度化/成長を図る[32]」ことを目的に，初代所長にMBDの高度化に従事した安藤誠一氏が着任している．つまり当センターには，地場部品企業内にMBDに対応できる人材を育成していく場としての役割が，期待されているのである．

(3)　地場部品企業の取引拡大に向けた支援

次に地場部品企業の取引拡大に向けた支援である．これまで県内の地場部品企業は，マツダに依存しており積極的に取引拡大に動き出してこなかった．そこで2001年からひろしま産振構が調整役となり，マツダ以外の完成車企業に向けた商談会を随時開催していった．対象はダイハツ，トヨタ，日産，ホンダ，スズキそして三菱自であり，国内の完成車企業をほぼ網羅していた．つまりこの時期からひろしま産振構は，地場部品企業のマツダへの過度な依存に問題意識をもち，地場部品企業が自立できるような支援に乗り出しているのである．2014年に中国経済産業局と九州経済産業局が共同で，ホンダ・グループとの取引拡大に向けた商談会を行っている．地場部品企業は，この商談会に向けて前年度にホンダ車N-ONEのベンチマーキング活動を行い，ホンダの自動車づくりに対する考え，ホンダ車における重要性の高い部品とは何なのかを学び，自社製品との関係性を意識した上で商談会に挑んでいる．2015年には中国経済産業局主催のもと，ダイハツ・グループ向けの商談会を開催している．こちらもその前年度に，ダイハツ車ムーブのベンチマーキング活動を地場部品企業を中心に実施している．

以上のように，広島モデルは，それぞれの支援策であるベンチマーキング活動と商談会をリンクさせることによって，相乗効果を創出する仕組みを実現しているのである．

(4)　完成車企業・公的機関連携型モデルの構築

上記のとおり，広島県ではマツダや公的機関が連携しながら，地場部品企業の支援に取り組んでいる．さらに実態を深掘りしていくと，マツダから各公的機関に人材が供給されている．特に広島モデルの事務的役割を果たしているひろしま産振構には，9名の人材が派遣されている[33]．さらに革新センターの専門コーディネータは，2017年時点でマツダからの出向者が2名，マツダOBが4名となっている．ひろ自連設立，地場部品企業に向けた技術・製品開発支援およびそれに要する人材育成という諸局面におけるマツダの役割は非常に大きく，これらの取り組みは，地場部品企業における既存技術の高度化，開発提案能力の強化，そしてその他の完成車企業との取引拡大につながっていくものである．また広島モデルの支援メニューは，県内自動車産業の全体最適化を目指していることから，すべての企業に対して平等かつ同メニューを提供するのではなく，各企業の抱える課題，将来的展望それぞれに応じる形で構成されている（図7-6参照）．まず開発提案能力の強化および完成車企業と地場部品企業間の調整能力が求められる中核Tier 1に対して，「価値創造」に重点を置いた支援を展開する．この支援は，地域発の新たな価値創造の実現を目指しており，将来必要となる技術シーズを創出するための探索的な実証実験の実施，事業化に向けた開発テーマの企画が中心となる．次に開発提案能力の修得および既存技術の高度化が求められるTier 1に対して，「競合優位」に重点を置いた支援を展開する．この支援は，世界レベルでの開発提案型企業の創出を狙っており，事業化に向けた技術・製品開発の促進支援が中心となる．そして既存技術の高度化が求められるTier 2以降に対して，「基盤強化」に重点を置いた支援を展開する．この支援は，地場企業の底上げを狙っており，要素技術のレベル向上，現場改善，情報発信が中心となる．

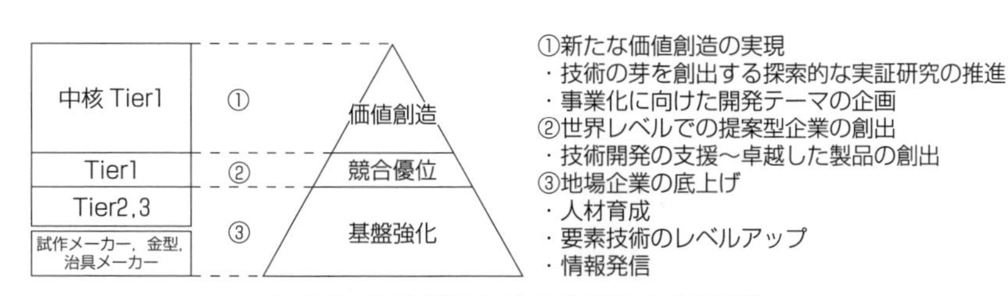

図7-6　広島県における多層的な支援構造

出所）ひろしま産業振興機構［2016］，［2017］をもとに筆者作成．

次に，広島モデルの優位性をマツダと地域経済との関係および「共通価値の創造（CSV）」の視点から整理する．CSV は，Porter and Kramer（2011）によって示された競争戦略における新たな概念である．CSV は，企業が社会的ニーズ・課題に対して優先順位をつけ競争戦略の中に組み込み，事業として取り組んでいくことによって，社会的価値と経済的価値の実現を追求していくものである．CSV の実現には地域社会における産業クラスターの強化がひとつの手法であり，産学官をあげた広島県の取り組みは，各地場部品企業の競争力の向上と産業集積の強化を意識したものである．

そこでマツダと地域経済との関係から捉えると，次のような循環サイクルが創出されることになる（図 7-7 参照）．まず地場部品企業の支援が行われ，マツダにとってプラスとなる既存技術の高度化，開発提案能力の強化が図られていく．このことは，マツダ以外の完成車企業との取引拡大にもつながり，これらの取引の中で，さらに地場部品企業の技術力，開発提案能力は高まっていくことになる．また地場部品企業の国内での取引量の拡大によって，地場部品企業の経営は安定し，この影響が再びマツダにも還元されるという形で正の循環が作り出されていく．この循環の中で，広島モデルは，地場部品企業による①高次元での開発提案，②高品質で安定した供給，③コスト低減という経済的価値をマツダに提供することが可能となる．同時に広島モデルは，地場部品企業の成長および産業集積の強化をもたらし，①地場部品企業間での取引拡大，

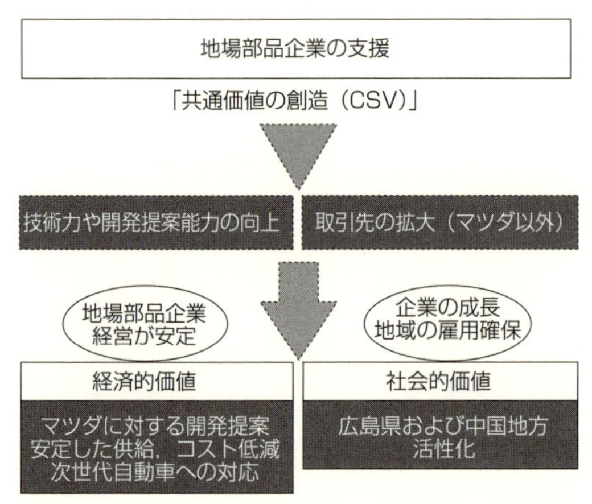

図 7-7　CSV から捉えたマツダと地域経済との関係性

出所）筆者作成．

② 経営の安定化，③ 雇用確保，による地域経済の活性化という社会的価値を創出するのである．

小　　括

中国地方におけるもっぱら地場部品企業支援のための産学官連携は，公的機関が関与し，自動車全体と部品の関係を意識した開発提案能力の修得および強化に重点が置かれ，ここを起点に波及的な効果を生み出していくことが基本形となっている．トヨタ自動車と比較すると相対的に経営資源の限られるマツダ，三菱自を軸とした中国地方において，今後も地場部品企業の支援・育成は必要不可欠なものであり，産学官連携が重要な役割を果たしていくことになる．

産学官連携を通じた地場部品企業の開発提案能力の強化は，完成車企業との取引関係に対して「深さ」と「広さ」の両立を実現することになる．開発提案能力を身につけていく上で重要となることが，① 技術の深い蓄積，② 立体的に考えること，③ 情報の確保となる[34)]．本章で分析してきた広島モデル，岡山モデル，そして鳥取モデルは，程度の差はあるものの，それぞれがこの３点を意識した取り組みを展開している．開発提案能力を強化した部品企業は，主要取引先である完成車企業との先行開発に参加し，協業を通じて新技術・新製品の実用化を実現していくことが可能になる．次に実用化された技術・製品は，他の完成車企業にも広く展開されていくことになる．つまりこのことは，主要取引先である完成車企業との関係の緊密化を図りつつ，他の完成車企業との取引関係の拡大を追求していくことが可能になることを意味する[35)]．次に機能的価値と意味的価値を合わせた顧客価値の最大化に向けた提案が，実現可能になることである[36)]．部品企業にとってQCDが関連する機能的価値だけではなく，顧客企業の環境に応じた問題解決を助けるといった意味的価値の提供が，重要な差別化となる[37)]．今後，B to Bの取引において顧客企業の潜在的ニーズを探り出し，提案型の技術・製品を開発することがますます重要になってくる[38)]．つまり部品企業は，これまでのように単に完成車企業へ部品を供給するだけではなく，自動車の全体最適を考えた上で完成車企業の潜在的ニーズを探り出し，このニーズに合致した提案が求められているのである．

中国地方は，中国経済産業局が地域全体として進むべきビジョンを示し，コーディネイトしていく役割を担いながら，広島県，岡山県が先行的に研究会の立ち上げおよび実施，そして協議会への発展的改組という流れの中で地場部品企業の支援・育成に向けて動いている．まず研究会において，地場部品企業をはじめ県内の産学官の自動車産業に対する意識を高め，基盤を固めた上で，協議会によるネットワーク的対応という形へつなげている．そして具体的な取り組みについては，各県がそれぞれの状況，レベルに合わせて実施している．広島県は，完成車企業・公的機関連携型モデルを構築し，中核 Tier 1，（それ以外の）Tier 1，Tier 2 以降を対象として，全方位的かつ同時進行的な形で広島県の自動車産業の底上げを図っている．これに対して，岡山県は公的機関主導型モデルを構築し，プロジェクトの実践を通じて県内のトップランナーを育成していくという特徴を持っている．岡山県は，中心的な存在となる地場部品企業の支援・育成に力を入れ，これらの企業を起点にハブ的役割を担わせることによって，段階的に岡山県の自動車産業の底上げを図ろうとしたのである．

今後，先行的なモデルを構築している広島県，岡山県を参考にしながら，山口県，鳥取県，島根県がそれぞれのモデルを構築していくことになる．その中で中国地方では，人口減少社会への対応がさらに求められることになる．しかしながら，この問題に対しての特効薬は存在せず，本章で検討してきた産学官連携を軸とした中小企業の支援・育成の積み重ねの延長線上に，解決という道が見えてくるのである．つまり地場企業における競争力の強化が，地域経済の活性化へとつながり，このことによって地域の魅力が高まり，新たな人材を地域へ惹きつけるというサイクルを作り出すのである．そして，これらのモデルを有機的にリンクさせ，地域として全体最適化を図っていくことが，中国地方自動車産業に求められるのである．

注

1）質的補完機能は，「コスト削減や生産効率の向上，独自の加工技術の提供や技術革新など，発注元に対して生産や技術における質的改善と向上を手伝う機能」である（中小企業基盤整備機構［2007］，p. 5 参照）．

2）中小企業基盤整備機構［2007］，p. 3 参照．

3）金融庁は，地場企業の中には自社に必要となる経営計画・戦略を策定し，どのように実行し，どのような人材を確保する必要があるかなどを理解できずに，自社の価値向上が実現できていない企業が多いとの認識を持っている（金融庁［2017］，p. 18）．

4）本章の作成にあたり，ひろしま産業振興機構（2016 年 7 月 5 日，2017 年 12 月 14 日），岡山県産業労働部（2016年7月12日），OVEC（2016年10月20日），鳥取県産業振興機構（2017年3月14日，2018年6月5日），中国経済産業局（2017年7月10日，2019年2月12日），岡山県産業振興財団（2017年7月10日），やまぐち産業振興財団（2017年9月20日）へヒアリング調査を実施している．

5）5団体は，岡山県産業振興財団，ひろしま産業振興機構，やまぐち産業振興財団，しまね産業振興財団，鳥取県産業振興機構である．

6）中国経済産業局［2014］参照．

7）この点について，中国経済産業局は，中国地方における自動車産業および地場部品企業の観点から次のあるべき姿を描き，SWOT分析を行い，道筋を示している（中国経済産業局［2014］）．

8）目代［2013］，p. 246参照．また岩城［2013］は，中国地方における取り組みは，マツダ本社が立地する広島県から始まり，その後中国経済産業局，各県の関係団体を巻き込みながら，中国地方全体への取り組みへと拡大していった（p. 199）と指摘する．

9）目代［2013］，p. 232参照．

10）中国経済産業局［2014］参照．

11）水島製作所と地場部品企業との関係を歴史的な視点から整理した代表的な研究が，渡辺［2011］である．

12）本プロジェクトへの参加について，中国経済産業局から広島県，岡山県，鳥取県に打診があり，岡山県と鳥取県が参加を決定したという経緯がある．本プロジェクトに参加した企業は，（株）アステア，内山工業（株），（株）共立精機，コアテック（株），新興工業（株），ゼノー・テック（株），タイメック（株），ヒルタ工業（株），丸五ゴム工業（株），（株）メイト，セリオ（株）である．

13）岡山県産業労働部産業振興課［2014］［2016］およびOVEC発行の「OVEC-ONE」，「OVEC-TWO」に関する資料参照．

14）吉田センター長は九州大学工学部卒業後，1963年に新三菱重工業（現：三菱自）に入社し，シャシー設計に携わってきた．そして最終的には開発本部副本部長の立場から三菱自における研究開発全般をマネジメントしてきた．1997年に退社後，部品企業での開発・生産技術全般に関する活動，大学等における自動車工学，技術経営（MOT）の教育活動と幅広い分野で活躍していた．

15）近能［2017］，p. 176参照．

16）OVECでの参加は，地場部品企業である参加企業が単独で展示会に参加するより，岡山県という公的機関の看板を掲げて，OVECという形で展示規模を拡大することによって，①費用面での負担軽減，②集客効果の向上をもたらした．

17）OVEC終了後，産振財団を中心に岡山県の地場部品企業を支援していくための「岡山県自動車関連企業ネットワーク会議（おか自ネット）」が設立されている．おか自ネットの取り組みは，次の機会で取り上げることにする．

18) SECI モデルについて，Nonaka and Takeuchi［1995］，野中・遠山・平田［2010］参照.

19) 野中・紺野［2003］，p. 259 参照.

20) 武石［2003］，p. 183 参照.

21) 設立当初の名称は，「鳥取県自動車部品機能構造研究会」であったが，2016 年に現在の名称へと変更している.

22) 鳥取県［2010］参照.

23) 鳥取県ウェブサイト（https://www.pref.tottori.lg.jp/170650.htm）参照.

24) 広島県は「戦略的産業活力活性化研究会」，岡山県は「岡山県次世代自動車関連技術会」，山口県は「やまぐちブランド技術研究会」である.

25)「鳥取県自動車部品機能構造研究会～自動車部品産業への参入を目指して～」参照.

26) 目代［2013］，p. 235 参照.

27)『日本経済新聞』［広島経済］面，2014 年 7 月 1 日，p. 11 参照.

28) 岩城［2013］，pp. 206-207 参照.

29) ひろしま産業振興機構［2017］参照.

30) 2013 年の発信会では，マツダ常務執行役員（当時）であった素利孝久氏が，基調講演「オンリーワンのユニークな技術提案への期待」を行い，その後マツダ技術研究所研究員によって，① 次世代パワーソース技術，② 次世代安全・快適技術，③ 次世代軽量化技術に関する説明が行われた（『日本経済新聞』［広島経済］面，2013 年 8 月 23 日，p. 23 参照）.

31) ひろしま産業振興機構［2016］参照.

32) ひろしまデジタルイノベーションセンター資料「広島における MBD/CAE 活用支援の取り組み：ひろしまデジタルイノベーションセンターの活用成果」参照.

33)『日本経済新聞』［広島経済］面，2014 年 7 月 1 日，p. 11 参照.

34) 中小企業基盤整備機構［2007］，pp. 29-33 参照.

35) 近能［2017］，p. 183 参照.

36) 機能的価値は，製品の技術的な機能や仕様などの客観的な価値基準によって決まる価値であり，意味的価値は，特定の顧客が所有，使用する中で主観的な価値基準によって決まる価値である（延岡・高杉［2014］，p. 17 参照）.

37) 延岡・高杉［2014］，p. 17 参照.

38) 延岡［2006］，p. 249 参照.

第8章

中国地方の自動車産業集積と地域金融機関

はじめに

前章にみたように中国地方では自動車産業活性化に向けた産学官連携による取り組みが顕在化している．同章が指摘するように，これらの取り組みは地域経済の全体最適に向けたものであり，各地域における自動車産業の現状に見合った取り組みがそこで展開されている．

加えて昨今では国の施策として，地方の平均所得向上を目標とする地方創生の掛け声の下，その地方版総合戦略策定に向けて産学官金の連携が求められていることにも注目すべきだろう．特に地域金融機関は地元企業（取引先）をつうじて地域産業に精通していることに加え，企業の創業から再生までの経営支援に関するノウハウを蓄積している．この地域金融機関の強みを活かすことにより，従来の産学官連携の実効性が期待されているのである．ここで金融機関に求められるのは地域企業に関する情報（後述する「ソフト情報」）を活かす取り組みであり，間接金融としての取り組みを拡充させたものともいえるだろう．

この産学官金連携が推奨される背景には，金融機関側の事情もある．わが国ではバブル崩壊とともにその影響力を弱めていった金融機関の復権のため，1990年代中頃から大規模な金融制度改革が展開された．一連の改革を経て，いわゆる護送船団方式と称された金融行政の在り方は大きく変わっていく．1998年には早期是正措置が導入され，自己資本比率が低下した金融機関に対して矢継ぎ早に発動された．そして現在ではわが国の金融機関の不良債権比率は低いもの[1]の，金融機関の営業利益ともいえる貸出利鞘は減少傾向にあり，それは特に地域金融機関に顕著である．その背景には金融機関の事業性資金の需要者である企業数の減少，そして貸出残高と強い相関関係を有する生産年齢人口の減少がある（図8-1参照）．序章でも指摘しているように中国地方の生産年

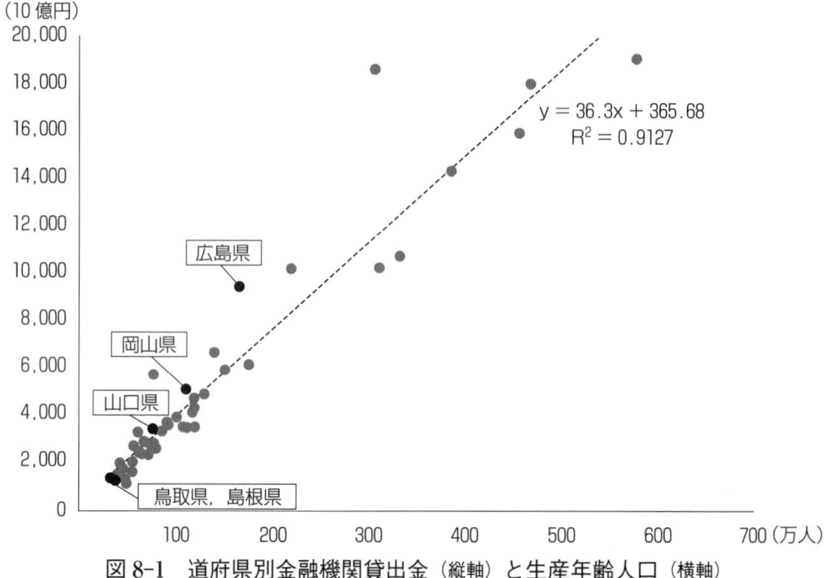

図 8-1　道府県別金融機関貸出金（縦軸）**と生産年齢人口**（横軸）

注）金融機関貸出金は2018年3月末，生産年齢人口は2018年1月1日時点．なお，都市銀行の本店がある東京都，大阪府の値は省いた．

出所）日本銀行調査統計局（都道府県別預金・現金・貸出金（国内銀行）），総務省「住民基本台帳に基づく人口，人口動態及び世帯数調査」（生産年齢人口）より機械振興協会経済研究所作成．

齢人口は他地域に比べると急速に減少しており，このままでは貸出残高の縮小が加速していくことは自明である．

この厳しい経営環境の下，地域金融機関はビジネスモデルの転換を迫られているが，ベスト事例は多くない．各地域金融機関は県境を越えた貸し出しを積極的に増やしたり，スマートフォンなどITを用いた取引を拡大したりと新たな取り組みに着手しているが，結局は限られた市場の取り合いに過ぎない．

そこに危機感をつのらせた金融庁は，2018年4月に「地域金融の課題と競争のあり方」と題する報告書を発表した．金融庁が地域金融機関に言及しているのは過去を振り返っても例がない．このなかで金融庁は，「地域において，将来にわたって健全な金融機関が存在し，地域の企業や住民に適切な金融サービスが提供されることを確保していくことが重要[2)]」と指摘し，地域金融機関の存在意義を強調した．

一方で本書が研究対象とする中国地方のなかでも，マツダが本社機能を置く広島県は自動車産業がその地域経済の核となっている．自動車産業の景気によって地域経済は大きな影響を受けるため，特に景気後退期には金融機関がバッファーとなって同産業，そしてその先にある地域経済を支えてきた構造がみえてくるはずである．

そこで本章では，金融機関[3]がどのように中国地方の自動車産業集積に正対してきたのかを時系列的にみた上で，自動車産業集積地における地域金融機関の今後のあり方について考える．

１．金融行政の変化と地域経済

(1)　地域経済重視に移行した金融行政

自動車産業という具体的な産業への支援をみる前に，金融機関を監督する中央省庁の施策の下，金融機関が果たしてきた役割を時系列的に大別する．本章では，金融機関が間接金融を担う立場として企業経営に多大な影響を及ぼした時期（第Ⅰ期：～2000年），そして地域経済に影響を与える立場として，その役割を[4]模索している時期（第Ⅱ期：2000年以降）の２つのフェイズに括る．

この２つの時期を区分する背景には，日本経済を取り巻く環境変化がある．企業活動のグローバル化など金融機関による融資支援が急がれた時代は，いわゆる日本的経営という文言に内包されるメインバンク[5]制度が確立された．多くの日本企業は複数の金融機関と取引しながらも主な取引行を１つに絞り，自社の経営実態を金融機関に報告しながら経営指導を仰ぐといった関係性を構築してきたのである．この関係性を良好に保つことにより，企業としては金融機関に対し資金供給など柔軟な対応を求めることが可能となる．他方で企業経営が悪化している際には当該企業に金融機関の役職員が派遣され，彼らがその再建に努めることもメインバンク制の特徴だった．

しかし，1990年代から2000年にかけた金融自由化の波を受け，特に大企業では直接金融による資金調達の機会が拡大し，かつてのメインバンク制度は影を薄めていった．また，いわゆるコーポレートガバナンスも従業員重視から株主重視といった米国型へと移行することにより，金融機関，とくに都市銀行などメガバンクが企業経営に占める役割は小さくなっていったのである[6]．

そして金融自由化の波はわが国の金融行政も大きく変えていく．2000年には金融監督庁が金融庁に改組され，旧大蔵省におかれていた金融制度の企画立案に関する事務も同庁に移された．そのタイミングで打ち出されたのが「金融再生プログラム」（2002年10月）である．ここでは主に大手銀行に対して不良債権処理の早期終結が求められた．他方で，このプログラムを地域金融機関に求めると，中小企業など地域経済の担い手に融資が行き渡らない可能性が出てくる．そこで大手銀行とは異なるアプローチとして注目されたのが，リレーションシップバンキングである．2003年3月には「リレーションシップバンキングの機能強化に関するアクションプログラム」（以下，「リレバンアクションプログラム」）が発表され，中小企業金融再生に向けた取り組みの具体例が公表された．

この2000年以降の動きに共通するのは，金融庁が地域経済を重視する姿勢に移行している点だろう．2002年発表の「金融改革プログラム」では地域経済への貢献が，2003年発表の「リレバンアクションプログラム」では地域の金融システムの安定性確保が金融機関に求められた．そして2007年4月には，報告書『地域密着型金融の取組みについての評価と今後の対応』が公表され，全金融機関に対して地域密着型金融の本質に関わる取り組みを推し進めることが強調されたのである．その中では「1．ライフサイクルに応じた取引先企業の支援強化，2．事業価値を見極める融資手法をはじめ中小企業に適した資金供給手法の徹底，3．地域の情報集積を活用した持続可能な地域経済への貢献」[7]の3点が求められた．これらの推進には「画一的・総花的な計画策定・報告は求めず，日常の監督の中でフォローアップ」[8]することが求められ，具体的な取り組み手法は各金融機関に委ねられた．加えて中央，地方の関係機関，関係省庁との連携強化も求められた．金融機関独自による取り組みではなく，他の支援機関と連携することによって，地域経済に貢献することが必要視されたのである．

以上の金融行政の変遷において，金融機関に求められる（求められてきた）役割も大きく変容した．昨今では後述する地域密着型金融という言葉が示すとおり，地域金融機関には間接金融の推進者という立場を超えて，地域全体を支える立場としての役割が求められている．

(2)　地域密着型金融の現状とは

ただし，金融庁が地域金融機関のあるべき姿を描いたものの，上述のように地域金融機関がとても厳しい経営環境にあることは変わりない．2018年3月末時点で中国地方には地方銀行が5行，第二地方銀行が4行あり，そのうち地方銀行１行と第二地方銀行２行が全国平均よりも高い不良債権比率を示している[9]．また，中国地方の信用金庫21行の不良債権比率は最も低い広島県の信用金庫で2.62%，最も高い岡山県の信用金庫では12.51%となっている[10]．全国的に不良債権比率は低く推移しているというものの，特に中小企業金融を主業務とする信用金庫では，総じて不良債権率が高い．

地域金融機関の経営はその域内取引先の経営状況や域内の就業者数に大きく連動する．そのため地域金融機関には，地元企業の業務，業容の拡大や生産性の改善，そして域内に生産性の高い企業を新たに増やすことが急務とされ，その結果として地域金融機関自身も収益を確保する好循環モデルが生み出される[11]．

以上を踏まえ，地域金融機関もより一層，顧客企業の経営支援に注力する姿勢をみせた．例えば中国地方の各地域金融機関のウェブサイトを参照すると，各行ともに「地域密着型金融」の取り組み状況を紹介しており，その実績は現在も増加傾向にある．

しかし，これらの取り組みは需要者には決して好意的には受け止められていないのが現状である．中国地方の完成車企業，自動車部品企業，公的機関，そして地域金融機関を中心にインタビュー調査を行い，「金融機関に求める対応とは何か」，「産学官金の活用実績があるか」を問うたところ，思いのほか需要者サイドの反応は小さかった．極言すれば，「融資以外に求めるものはない」という回答傾向が強かった．

それはなぜか．その解は，金融庁が『平成27事務年度　金融行政方針』で発表した重点施策「企業の価値向上，経済の持続的成長と地方創生に貢献する金融業の実現[12]」にヒントが隠されている．ここでは施策として「① 金融仲介機能の質の改善に向けた取組み（企業ヒアリング等)」，「② 地方創生に向けた金融仲介の取組みに関する評価に係る多様なベンチマークの検討」，「③ 事業性評価及びそれに基づく解決策の提案・実行支援」の項目が挙げられた．例えば「① 金融仲介機能の質の改善に向けた取組み」では，同年度内に地方財務局が国内中小企業計1000社に対し，金融機関との関係や取引関係の実態をヒアリングすることが課せられた．これは地域密着型金融の取り組みが遅々として進んでいないことに金融庁が強い危機感を持った表れである．供給者である地域金融機関がウェブサイトなどで自己評価するほど地域密着型金融への取り組みは内実がともなわないものであり，金融庁が真に求めていたそれとの乖離が大きかったということだろう．供給者と需要者の意識が異なり，一方（金融機関)

は「活動している」と自己評価し，一方（需要者）は「恩恵に与っていない」と捉えているのが実態なのかもしれない．この乖離が，上のインタビュー調査で顕在化した可能性は否めない．

ただし，地域密着型金融をどのような軸で評価するかという点には注意が必要である．地域密着型金融とは，「金融機関が顧客との間で親密な関係を長く維持することにより顧客に関する情報を蓄積し，この情報を基に貸出等の金融サービスの提供を行うことで展開するビジネスモデル[13)]」を指す．ここでいう「情報」とは，金融学界でいわれる「ソフト情報」を指し，金融機関が企業の信用度を判断するために用いる情報であり定性的である．経営者の人柄や経営能力，今後の事業展開について金融機関の担当者が，当該企業と日頃の付き合いをつうじて密接に関わりながら蓄積していく情報であり，企業の財務諸表のような定量情報とは大きく異なる．そのため，どのような視点からそれを評価するかについては判断が非常に難しいのも事実である．

これらの点を踏まえると，中国地方の自動車産業集積における金融機関の役割を今一度見直し，金融機関と需要者側の双方の視点でそれを評価することも重要だろう．

(3)　中国地方の自動車産業集積と金融機関

その結論から先に述べると，地域金融機関を中心としたインタビューから得られる実態は，先の消極的な意見とは対照的なものである．すなわち，中国地方の自動車産業集積に向けた金融機関の取り組みは，他の自動車産業集積地と比べると具体例に富む．他方で，言うなれば需要者である企業や他の支援機関が金融機関の持つ「能力」を活かしきれていない側面の方が強い．インタビューという限られた定性調査に基づいたものであり，加えて他地域比較も検証できていないことから，この評価は限定的である．しかし，文献調査もしくはウェブサイト情報等で入手できる限りでも，中国地方の金融機関はこと自動車産業に関して特徴的な活動を展開している（そして他地域の事例はほとんど確認できない）．

これらの活動の背景には，やはり中国地方に大きな影響を及ぼす自動車産業の存在がある．第一次オイルショック時の広島経済は「東洋工業（当時）がボーナスの支給を遅滞させた時，地元の福屋百貨店では売上高が例年より六％落ちたという噂が流れたくらいだし，広島一の繁華街流川銀座もまた大きな影響を受けたといわれる[14]」ほどである．その地域経済への影響の大きさを重視した金融機関による取り組み事例を，先に区分した金融行政上の第Ⅰ，Ⅱ期に分けてみていこう．

2．中国地方の自動車産業集積に向けた金融機関の働き

(1)　第Ⅰ期：「マツダ再建期」(1974～1996年) に向けた住友銀行の取り組み

(ⅰ) 住友銀行による東洋工業への出向対応

まず，第Ⅰ期にみられる具体例が，住友銀行（現三井住友銀行，以下，住銀）主導による東洋工業（現マツダ）再建に向けた取り組みである．1970年代，東洋工業はロータリーエンジン（以下，RE）搭載車で経営拡大を図っていた最中にあった．しかし，RE車のメイン市場である米国でREの問題点を環境保護局から指摘されたことをきっかけに販売減に陥る．この米国市場における販売不振とRE車の在庫増のほか，需要環境変化への対応遅れなどを受け，東洋工業は一気に経営危機に陥った．当時，東洋工業のメインバンクだった住銀は当時の様相を，「東洋工業は広島に本拠を置く有力企業であるため，同地方の地方経済に果たす役割はきわめて大き[15]」いとした上で，「仮に同社の経営危機が発展してドラスチックな対応を迫られた場合，雇用や部品の発注をはじめ，同地方の経済の繁栄にとって，同社に代わる有力な存在を見いだすことは不可能[16]」と指摘した．

この事態を重くみた住銀は，「東洋工業の経営危機を打開することは，主力銀行に課せられた社会的使命であるとの判断[17]」のもと，金融機関として「可能なあらゆる手段を尽くして同社の再建を支援することを決意[18]」する．先述したメインバンク制度の下，主力行が大企業支援に乗り出した典型例である．この再建策を担当したのが，住銀副頭取（当時）の磯田一郎氏で，同氏がマツダの担当役員（管掌役員）に着任した．一方で東洋工業側も再建支援のための人材派遣を住銀に要請し，1974年には住銀から花岡信平氏（のちの同行副頭取）が出向した．

翌1975年には，「東洋工業問題[19]」を専門に担当する部として融資第二部が住銀内に設置された．そして磯田氏の指示の下，同行常務取締役だった巽外夫氏が融資第二部長に着任し，1976年には常務取締役の村井勉氏が東洋工業の副社長として派遣されている．住銀が個別企業対応のために「独立の部を設けた

のは，当行で初めての異例の措置」[20]であり，住銀をあげて支援体制が整えられた．結果としてピーク時には，住銀から9人の役員・部課長クラスが東洋工業の担当役員のほか，経営企画部や購買本部に出向した[21]．

（ii）東洋工業とフォードの連携構築

東洋工業の生き残り策として，他の完成車企業に同社を託そうとした住銀は，トヨタやGMに提携話を持ち掛けるも良い返答は得られなかった[22]．そして1977年には，東洋工業が1971年から小型トラックを供給していたフォードに話を持ち掛ける．当時のフォードは北米と欧州を主市場とし，中・大型車を得意としていた．一方で当時から日本企業の独擅場だった小型車市場ではフォードも苦戦しており，多くの赤字を抱えていた．この小型車市場と，同じく弱みであったアジア市場をカバーすべく，フォードは東洋工業からのオファーを受け入れる[23]．

この提携話が進められた裏では，住銀がフォードに対して東洋工業支援の方針策を協議するなど，両社間の連携構築に向けた必死の努力があったという．こうして1979年に東洋工業とフォードの資本提携が実現し，1996年にはフォードから社長が出向，フォードの保有株は33.4%まで上昇する．

ここでの住銀の金融機関としての使命は「フォードを逃がさないように東洋工業を説得するとともに，逆に東洋工業がフォードの言いなりにならないようにバランスよくコントロールする」[24]ことにあった．その結果，同行とフォードは「フォードの本国メインバンクにも劣らないほどの関係性を構築」[25]したとされる．

（iii）コスト削減に向けた取り組み

その間，1970年代半ばには東洋工業にコストコントロール部[26]が設けられた．原価企画の概念がほとんど無かった東洋工業に，銀行からの出向者がその概念を移転していったという．住銀の調査部出身者は，さまざまな業種のコスト構造に精通しているため，その知識が東洋工業に移転されたのである．

また，1985年のプラザ合意をきっかけに，マツダ[27]は円高への対応にも迫られた．日本の完成車企業は米国市場向けの大半を輸出対応していたが，円高では採算が取れない．このような時代背景からマツダ内でもコストダウン要請がより厳しくなり，プラザ合意後[28]に遂行されたMI（マツダ・イノベーション）計画では期間3.5年で調達コスト3割減が目標とされた．計画のスタート時には半期5％低減の値を実現するがそれも年々厳しくなり，社内の部会活動による低減活動に発展，それが効果を上げることとなったという．そこで展開された手法のひとつがCFT（Cross Functional Team）活動[29]である．CFTでは財務や購買といった異なる部門が集結し，コスト削減とそれに相対する品質向上に向けた取り組みが急ピッチで進められた．この取り組みをベースに，マツダは専門部品企業も取りこんで設計能力を高めていった．

そしてコスト低減の一環として，マツダは部品の軽量化や共通化に取り組み，部品点数の削減も試みる．この時期にマツダ資本の部品企業の設立に着手したのも，コスト低減を目的とするものだった．マツダはエンジンやシャシーなどの内製品が部品総額の3割，残り7割は専門部品企業からの購入品が占めることを確認した上で，高額な購入品の自社内製化を推し進めていったのである．この取り組みは購買本部が立案し，経営企画部と入念な打合せを何度も重ねた上で実現した．購買本部や経営企画部は前述のとおり多くの住銀出向者が汗を流した部署である．

部品内製のために設けられた企業の代表例がマツダ，フォード，松下電器産業（現パナソニック，以下，松下）による合弁会社，日本クライメイトシステムズ（1987年設立，以下，JCS[30]）である．同社設立のきっかけとなったのが，上述の購買本部によるカーエアコンの採算性確認である．JCS設立以前，マツダはカーエアコンを大手部品企業から購入していたところ，実際は購入価格の3割ほど安価な価格帯で生産可能であることを見極めた．そして当時，カーエアコンに出遅れていた松下に，同社のメインバンクでもあった住銀が合弁会社設立の話を持ちかけた結果，3社による合弁会社設立が実現する．マツダはJCS設立後，カーエアコンを実に4割安で調達できるようになったという[31]．住銀出向者も積極的に動いた原価低減活動にかかる取り組みは，カーエアコンのほか，オーディオ部品の合弁会社設立にもつながった[32]．

そのほか，部品調達上の工夫も住銀出向者によって推し進められた．例えば当時の主力車種ファミリアはバリエーションも多かったことから金型調達に100億円もの費用を要した．その費用を金融機関から借入するよりも，当時はリース調達する方が金利も安かったため，期間3年の金型リースをリース会社と共同で対応した．そして今後も増加が見込まれる車種に同様に対応するため，マツダの金型事業そのものを分社化した（マツダツーリングセンター，1988年）．

金型事業の分社化に際してはマツダ社内から「心臓を取られるようだ」と反対の声もあがったが，結果的に金型調達費の価格牽制にもつながったという．他の金型供給企業とも価格を競合させることが可能となったためである．この分社化に至っても，これも設備リースを利用するなどリースがフル活用された．リース利用には，住銀リースを中心に地場金融機関リースと協調して取り組み，地元の協力も得たという．

マツダ支援のため住銀からの出向者が調整役となって進めた合弁会社の設立やリースの活用などは，住銀の本業からすればマイナスになりかねない．しかし，彼らはマツダの利益を第一に考えた取り組みを推し進めた．その背景には住銀本部からマツダへの出向者に対して出された「マツダと住銀の利益が相反したときは，マツダ側の利益を優先する[33]」指示があった．そのため，住銀との軋轢が生じることなく，マツダの現場にいる出向者はマツダマンの立場として事業に着手することができたのである．それほどこの指示が彼らの大きな支えになった．

これらの取り組みの結果，マツダは3.5年で3割のコスト削減[34]に成功した．この達成の背景にはマツダの現場の努力とともに，地場部品企業の協力，そして住銀側の働きがある．そして特にフォードとの提携は，マツダだけではなく部品企業にも正の影響を及ぼした．専門部品企業からなる洋光会でコスト低減活動が活発化したのもその一例である．部品企業はその先の市場にマツダだけではなく，フォードの存在も視野に入れていた[35]．活動に参加する部品企業はエンジニアをマツダのラインに参加させ，部品の開発初期段階から積極的に関与していくスタイルが採られたのもこの頃からである．

以上に住銀が東洋工業，マツダの再建に向けて行った取り組みを見てきた．住銀から東洋工業に対しては，銀行の本店支配人や常務取締役など重要なポストを担っていた人材が出向し，フォードとの提携やコスト削減に向けた取り組みが進められたのである．金融機関の知恵を梃に東洋工業，マツダは経営再建に乗り出したとともに，生産，製造技術を強化していったともいえるだろう[36]．このほかにも，マツダの協力部品企業の組織化やマツダを中心とする部品取引システムを強靭化するための働きかけも[37]，住銀からの出向者が中心となって進めていった．

そして現在でもマツダは主力行を三井住友銀行[38]としているが，前述のようにメガバンク制度が縮小していったことを背景に，両社の関係性はマツダ再建期よりも薄れているようにみえる[39]．ただし，当時の住銀による支援は「他の金融機関では類をみない取り組み[40]」であり，金融機関として中国地方の自動車産業集積の中心に立つ完成車企業を支えた事例として重要である．

(2)　第Ⅱ期：地方創生時代における金融機関の役割模索期（2000 年以降）

（ i ）広島銀行 法人営業部金融サービス室 自動車関連担当[41]

マツダ再建期において住銀（三井住友銀行）がメインバンクとしての存在感を大きくした一方で，中国地方の中核企業２社を支える地域金融機関も自動車産業を支えてきた立役者である．マツダが住銀（三井住友銀行）という都市銀行との関係性を保つ一方で，その大半が中小企業として区分される中国地方の自動車部品企業は地域金融機関をメインバンクとして活用してきた[42]．中核企業２社を都市銀行が，その周辺企業を地方銀行などが支えてきた構図である[43]．実際に，マツダと取引がある部品企業のうち，地場企業で占める東友会企業 62 社の主要行を確認すると，中国地方に本社機能をおく 49 社のそれは広島銀行やもみじ銀行，広島信用金庫，呉信用金庫といった地元の地方銀行，第二地方銀行，信用金庫が全てを占める．

そしてここで注目する広島銀行は，広島県内の企業がメインバンクとして認識しているシェアトップの有力行である[44]．同行は 2001 年に法人営業部金融サービス室に自動車関連担当を設置し[45]，自動車産業に関連する取引先企業に対して経営コンサルティング機能の強化を進めている．なお，多くの地域金融機関は業種別残高の内訳を製造業，建設業といった中分類別の値を公表しているが，製造業の内訳に「自動車関連業」，「造船・船舶業」といった具体的な産業を提示しているのは広島銀行のみと思われる．同行は「地域経済のインパクトということを考えるのであれば，その企業が属する産業が，地域内の産業全体のどのくらいの割合を占めるのかということが，重要産業の判断材料になると考えている．また，この地域の該当産業が全国的にはどのくらいのシェアを持っているのか分かる資料があれば，競争力を測るうえで有益[46]」とみなしており，自動車産業に対して手厚い支援体制を整えていることが把握できる．

また，広島銀行が公表する会社説明会資料では，バンキング業務への取引強化を図る材料として「マツダ関連サプライヤーのニーズ[47]」が示されており，そのニーズに対応できる行内体制の整備，そこから生じる収益見込などが明示されている．例えば中京や関東地方など他の自動車産業集積地にある主要地方銀行のIR資料などを参照しても，広島銀行のように自動車産業支援を全面的に押し出している金融機関はほとんど見当たらない．

そして特筆すべきは，取引対象を企業単位ではなく自動車部品企業が集積した「マツダクラスター」全体としている点にある．同クラスターを俯瞰し，主に顧客企業が取引関係を持つ中核企業2社の動向分析を実施，そして取引企業個社の定性分析を行っている取り組みが同行の特徴である．この取り組みは取引先企業という「点」を個別支援するのではなく，自動車産業集積という「面」の持続的成長を視野に入れたものであり，自動車産業の拡大が地域経済の活性化につながることが前提とされている．

なお，自動車産業に関与する同行の取引先は設備，素材企業含め約200社ある．先の帝国データバンクによる調査では同行顧客社数は1万4446社と報告されていることを鑑みると，自動車関連の取引企業数自体は小さく映る[48]．しかし，広島県の製造品出荷額等の約35%[49]を占める輸送用機械器具製造業の割合を考えると，自動車産業を軽視することは決して出来ないことが，同行の取り組みにも現れている．

この自動車関連対策の発足のきっかけは，マツダの購買技術部退職者が同行に入行したことにある．マツダの購買担当者は地場部品企業の情報を収集する能力に長けており，マツダの部品取引システムを熟知する恰好の人材である．以降，シニアアドバイザーとしてマツダの元購買担当者がその職に就き，情報収集に従事している．また，自動車関連担当の中には，取引先企業との信頼関係を構築し，企業支援にあたるため，「10年選手」[50]となって地域の自動車産業を支えている行員もいる．

以上のように自動車関連担当の行員層を厚くした上で展開されているのが，ソフト情報を重視した自動車産業支援である．広島銀行では自動車関連対策発足以前から自動車産業に対応する部署はあったものの，融資審査を行うセクションに留まっていた．そこから法人営業部に部署替えがなされ，現在は顧客の財務状況だけで融資の可否を決めるのではなく，「対象となる顧客（部品企業）の固有技術がマツダにどう直結するのか」，「同社の今後のビジネスモデルはうまく機能するのか」といった視点が重視される．ここでは企業の目先の収益や動向は度外視し，地域経済がうまく循環することに重点が置かれているのである．

この取り組みを展開するため，自動車関連担当は域内における部品取引システムを可視化することにも注力している．先述した約200社の自動車産業に携わる取引先企業の中でもTier 2，Tier 3層の企業に対して頻繁に足を運び[51]，そこから得た情報を基にプレス加工や機械加工，内外装，金型といった裾野工程のそれぞれをTier 4，Tier 5レベルまで遡って把握することに努めている．そこで収集した企業情報[52]を同行内で共有することにより，マツダの部品取引システムを細部に亘り概観できる．債務超過が続くような財務内容が芳しくない企業でも，その可視化によって「潰れては困る」と認識される企業と判断されるのであれば，同行は支援を行うという．企業に寄り添い，ある期間は伴走しながらサポートを行い，域内の部品取引が断絶しない支援を金融機関の立場から行っている．

（ii）広島銀行 法人営業部と広島市のものづくりとの関わり

この「マツダクラスター」を最重視する取り組みに加え，同行事例で興味深いのは自動車関連担当という一部署のみが自動車産業集積に向き合うのではなく，広島銀行全体として同産業支援に関わる体制にある点である．その一例が，広島市経済観光局産業振興部ものづくり支援課との連携に顕在化している．いわば，官金連携のパターンである．

広島市も自動車産業支援に積極的であり，なかでもTier 2企業の生産技術力向上に注力している．域内企業のうち特にTier 2企業は，納入先から与えられた図面のまま生産することに終始しており，そのために生産技術力が停滞しているという．ものづくり支援課はそれを課題とし，Tier 2企業が生き残るためには「生産技術力の強化と人財の確保・育成」が必要としている．その課題解決に向けた取り組みの1つとして，「Ene-1プロジェクト」が進められている．

Ene-1とは単三形充電池を動力源とする車両を用いた競技で，その車両は手作りである．構想力，設計力が必要とされることに広島市が着目し，域内Tier 2企業の生産技術力強化のために同競技への参加を目指した[53]．そこで立ち上げたのが「広島自動車産業開発技術力向上研究会」（2018年9月発足）である．広島市が事務局となり，広島工業大学が車両の基本構造などのノウハウ支援を，そして広島銀行が同行の情報を活用し，このプログラム展開の目的に沿った参加企業を広島市に紹介するなどの連携を行ったほか，同研究会に対して資金援助も行っている[54]．この取り組みも，広島銀行と広島市の情報のキャッチボールの中で展開されたものであり，互いに良好なパートナー体制を築いたことがプラスに働いた．金融機関が同様のプログラムに資金援助をする事例は多いが，本事例ではプロジェクトに参加する企業の紹介など，銀行の情報がうまく公的機関の想定する姿（ここではプロジェクトの展開）にフィットしたのである．

以上，広島銀行を例に挙げて金融機関による自動車産業支援をみた．特に広島経済を俯瞰したとき，自動車産業が地域経済に大きなインパクトをもつことを十二分に把握したうえで展開されている支援である．ここで再度強調すべきは，広島銀行が中国地方の中核２社の経営，戦略情報に加え，同行の取引先企業のソフト情報を活用している点だろう．特に取引先企業の情報については，広島銀行は自動車関連担当の担当者や支店レベルで整理するのではなく，行内で統一した事業性評価シートに反映させて情報を共有している[55]．多くの金融機関では，担当者レベル，各支店レベルでの情報しか持ち得ていないことがほとんどであるが，広島銀行は取引先のソフト情報の行内共有化を組織的に進めているとも言えるだろう[56]．そしてこれらはまさしく，金融庁が求める「地域の情報集積を活用した持続可能な地域経済への貢献」を具現化している．

(3)　中国地方の産学官と地域金融機関との連携可能性

以上に，地域経済に大きな影響を及ぼす自動車産業に対する「金」の立場からの取り組みをみてきた．第Ⅰ期のマツダ再建期においては大手都市銀行が金融機関の持つ知恵を投入し，マツダの経営を支援した．第Ⅱ期の広島銀行による取り組みは同行が中国地方の自動車産業集積を俯瞰し，その域内の経済活動をより強靭にするための取り組みとも括ることができる．特に第Ⅱ期において展開される企業のソフト情報を重視する取り組みは，昨今の地方創生において金融機関に求められる役割に直結するほど具体性に富む．地域金融機関が推進する地域密着型金融の事例を参照しても自動車産業を対象とするものは皆無に等しいが[57]，中国地方ではその素地が，地方創生が叫ばれる以前から整えられてきた．

このソフト情報を活用した取り組みは，前章がテーマとする「産学官」との連携にもうまく重なりあう要素を含む．先の広島市と広島銀行の連携例以外にも，経済産業省中国経済産業局と地域金融機関という連携パターンも一例に挙げられる．中国経済産業局が整理する「地域金融機関との連携推進プログラム2013による取組」では，中国経済産業局と地域金融機関との施策連携が３テーマ掲げられている．そのひとつ「各産業分野や横断的支援事業と金融機関との連携」では，「自動車分野をはじめとする海外展開支援」が謳われている[58]．連携推進プログラムが初めて発表された2011年度は「自動車分野（展示商談会での連携[59]）」が言及されており，2013年度ではその海外展開支援とベクトルを変えているものの，「自動車」は引き続き施策連携の対象とされている．

いわゆる「産学官金連携」というフレーズは頻繁に目にするが，例えば「官」の立場で全体調整を行う各地域の経済産業局単位でもその取り組みは異なる．その違いはもちろん，地域を構成する主要産業が異なることに起因するため，単純に比較することは出来ないが，「自動車産業」を対象にした連携は中国地方の特徴であるともいえるだろう．なお，東北地方[60]を除くと，国内他地域には自動車を対象とする連携プログラムはほとんど確認することが出来ない[61]．

この中国経済産業局と地域金融機関の施策連携の中では，「経営系人材の育成」（2011，2012年度），そして2013年度からは「経営系・全員参加型の人材育成」も項目として挙がっている．これは金融機関の顧客企業に対する経営セミナーの実施など，自動車関連企業を対象に，自社の優位技術を活かした事業展

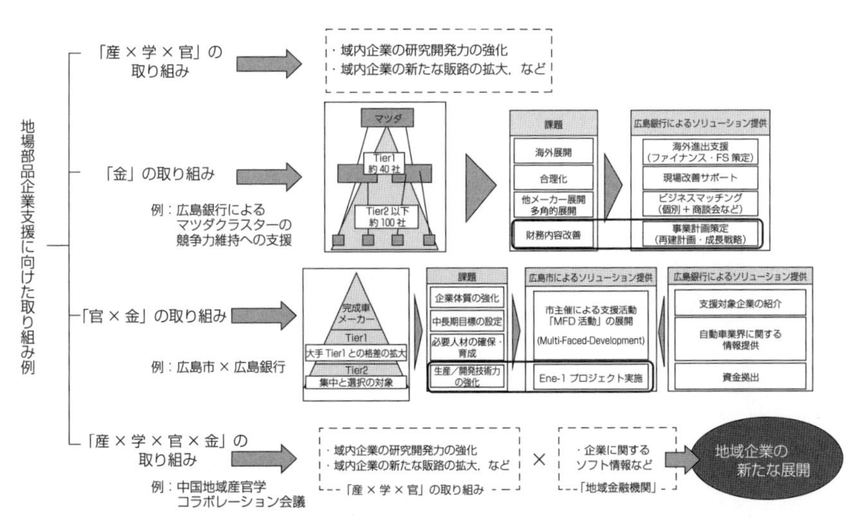

図8-2　中国地方自動車部品企業に向けた支援連携パターンイメージ

注）ここで表記する「マツダクラスター」下のTier 1約40社，Tier 2約100社の企業数は広島銀行が把握する地場Tier 1であり，他の公的機関が公表するTier 1数とは異なる．なお同値は，経済産業省［2015］，p. 6より確認．

出所）筆者作成．

開を担う人材育成のためのセミナー開催などが一例である．これらのプログラム展開時には，中国経済産業局と地域金融機関が連携，協働するスタイルが採られている．そこでの役割分担は，明確である．域内の金融機関は地方銀行や信用金庫など，その業態に応じて取引先企業の規模が異なる．中国経済産業局は金融機関ごとに異なる顧客層を念頭に置き，具体的なセミナー内容を企画提案し，金融機関がその開催費用を負担するという[62]．

金融機関は第Ⅱ期にみた広島銀行の例のように，ソフト情報を蓄積しやすい立場にある．しかし，顧客情報を安易に第三者に開示することはない．そのため，この「官金」連携パターンでは，金融機関は「資金支援の上で重要なパートナー」[63]となり，地域企業の経営力強化に向けた取り組みを支えている．

これらの中国地方における各機関の連携パターンを，特に地場の自動車部品企業の立場からみると**図8-2**のイメージとなる．

小　　括

以上に中国地方の自動車産業集積に向けた金融機関の支援例を挙げた．これらの取り組みにおいて金融機関が直接支援するのは個別の取引先企業（広島銀行×広島市の事例では，行政の取り組みへの支援）だが，結果として自動車産業集積，そして地域経済全体の活性化が視野に入れられている．

また，本章では触れなかったものの，中国地方には自動車産業に参入意欲を持つ中小企業の経営支援を行うA信用金庫（山陰地方）の取り組み例もある．ほかにも株式会社 YMFG ZONE プラニング[64]のように中堅・中小企業の成長支援を行う立場から，自動車産業の構造変化に関する研究会を山口県と開催するなど，今後の自動車産業に関する情報発信を行うといった取り組み例もある．両行ともに，その営業エリアは広島県ほど自動車産業が大きな割合を占めるわけではないが，この取り組みの1つひとつが結果的には中国地方の自動車産業集積の量的，そして質的拡大につながる．

こうした金融機関の支援例が確認できる一方で，既述した需要者側の金融機関の取り組みに対する反応の鈍さは，地域としても未だ金融機関の能力を活かしきれていないことに直結する．その能力とはまさに，ソフト情報の活用力である．中国地方のある金融機関へのインタビューでは，「行政の自動車産業に関する施策打合せ時に，当行の取引先企業の声を紹介するなど，施策立案に向けての情報提供を行う」（B銀行）といった例も耳にした．これは企業の実態をよく知る金融機関だからこそなしえたものである．

金融機関のもつ情報は，例えば産学官金連携を推進する上でもきわめて重要である．「産学官金」連携というと，これらの4つのファクターが同じレベル[65)]で取り組みに携わるイメージがあるが，それは必須ではないだろう．例えば産学官金が連携し，新たな自動車部品の開発に取り組むケースを想定してみよう．金融機関は特定製品の技術に明るいわけではないため，開発そのものに関与することはほとんど無い．しかし，金融機関はその開発費をどのように捻出するかについての多くの情報を提供できる立場にある．前章にみたように，中国地方の各産学官連携モデルは，自動車産業を対象に網羅的な支援を行っていると括ることができる．このような産学官連携による自動車産業への全方位的な取り組みと，金融機関による個別最適を図る取り組みが調和して，地域経済全体の最適化へとつなげることができる．

これらの取り組みは，中国地方の自動車産業集積地にすでに芽吹いている．そして今後は，本書が指摘する同地の自動車産業の課題解決に向けて，金融機関がそれをどのようにサポートしていくのかが問われてくるだろう．

注

1）金融庁ウェブサイト参照．全国地域銀行の2018年3月期決算では，集計対象106行の不良債権額，不良債権比率はいずれも1999年3月期の金融再生法に基づく開示以降，過去最低値となっている．

2）金融庁［2018］，『地域金融の課題と競争力のあり方』，p. 26参照．

3）後述するように中国地方の自動車産業集積に対しては，地域金融機関だけではなく都市銀行も同地では重要な役割を示した経緯がある．一方で金融機関に求められる役割も変化しており，現在の地域経済に大きく関与するのは地域金融機関であるため，本章タイトルには「地域金融機関」を付した．

4）「模索している」とするのは，前掲の金融庁［2018］が示すように，役割を担っていると評価するには道のり半ばだからである．

5）なお，メインバンクについての定義は明確ではない．青木・パトリック［1996］は「“メインバンク”とは，“X銀行はY社のメインバンクである”とか，“Y社はX銀行をメインバンクとしている”と言われるように，金融機関，企業，規制当局の間で使われる慣用表現」（p. 15）であり，「銀行と企業がメインバンク関係を有していることに関して，当事者間の間では一般的に合意されているものの，メインバンクの正式なあるいは法的な定義は存在しない」（同上）としている．

6）他方で，9割以上の中小企業がメインバンクを有しており（中小企業庁［2014］），そのほとんどが地方銀行，第二地方銀行との指摘もある（中小企業庁［2016］，p. 312参照）．また，自動車関連企業の海外進出においてメガバンク制がどのように変容しているのかを言及した向［2001］も「アッセンブリ―メーカー（ここでは完成車企業）が自己資本力を持っていても，サポーティング・インダストリーの裾野は広く，その資本基盤は脆弱な企業が少なくない」（p. 6，かっこ内筆者補足）とし，「国際的知名度の低い企業が多数海外進出する場合は，どうしてもアッセンブリーメーカーのメインバンクを利用した現地でのファイナンス支援体制が不可欠」（p. ii）と指摘している．このようにメインバンク制が全て消失したわけではなく，その場面によって未だ続いていることにも注意が必要である．

7）金融庁［2007］，『地域密着型金融の取組みについての評価と今後の対応について』，p. 5参照．

8）金融庁［2007b］，『地域密着型金融の取組みについての評価と今後の対応について：概要』，p. 1参照．

9）金融庁ウェブサイト参照．2018年3月期決算における不良債権率の平均値は1.71%だった．

10）いずれも2018年3月期決算を参照．なお，信用金庫の全国平均値は提示されていない．

11）金融庁はそれを「顧客との共通価値の創造」と表現している（金融庁［2016］，p. 2参照）．

12）金融庁［2015］，p. 13参照．

13）金融庁［2003］，『リレーションシップバンキングの機能強化に関するアクションプログラム』，p. 3参照．

14）宮本［1980］，p. 49参照．

15）住友銀行行史編纂委員会［1985］，p. 58参照．

16）同上．

17）同上．

18）同上，pp. 58-59参照．

19）同上，p. 59参照．

20）同上．

21）同上．

22）以降の住銀に関する記述は2018年10月4日に実施した住銀からマツダへの出向経験

者へのインタビューを主としている.

23）提携話をフォードに持ち掛けたのは住銀の巽常務（当時）だった．初協議は短時間のアポイントメントだったがフォードのピーターセン副社長（当時）はその時間が過ぎ，秘書から次の約束時間が迫っていることを伝えられても，それを次々にキャンセルさせ話し合いを延々と進めたという．提携話を成功裏に進めた両氏は，時期は異なるもののちにそれぞれ住銀頭取，フォード社長に就任した.

24）前掲22）インタビューによる.

25）同上.

26）のちに経営企画部に発展的改組された.

27）東洋工業は1984年にマツダへと商号変更しているため，同年以降はマツダと記す.

28）マツダウェブサイトではMI計画は1988年5月スタートとされているが，前掲インタビュイーによると1986年には既に計画は着手されていたという.

29）CFTについては日産の取り組み例が知られているが，マツダではすでに行われていた取り組みとのことである.

30）2019年現在は，Hanon Systems（韓），パナソニック，マツダの3社が株主として構成する.

31）加えて，従来から調達していた大手部品企業からも同様の価格帯で調達することが可能となった．JCSの納入価格が競合価格へと移行することにより，大手企業もそれに対応せざるを得なくなったのである.

32）カーオーディオ部品に対しては，マツダ，フォード，三洋電機（以下，三洋）による3社の合弁企業FMSオーディオ設立（1990年，マレーシア）につながる．同社は当時のマツダの購入価格から4割安い価格帯での生産を目標に掲げ設立された．合弁に際してはエアコン事業と同様に，マツダは松下の参画を求めたが，当時，トヨタやGMを主要顧客としていた松下は首を縦に振らなかったという．そこに住銀が仲介し，三洋が加わる結果となった．なお，同社はその後，三洋に売却され，現在はパナソニックの子会社となっている．現在もマツダのオーディオ部品の6割は同社製とされる.

33）前掲22）インタビューによる.

34）新規部品も含め，新車ベースでの値とのことである（前掲22）インタビューによる).

35）当時，フォードの小型車はマツダ設計によるシャシー，ボディが用いられた.

36）本節では住銀側の取り組みからマツダ再建期の動向を示したが，当時，東洋工業の職員だった河村［2000］は「銀行支配がもたらしたマツダの最大の変貌は，独立企業から植民地企業への転落」（p. 225）と記している．当時の様相は当事者によって受け止め方が異なるということだろうが，河村も指摘するように「当時の融資の継続と役員の受け入れは両社トップによる，れっきとした双務的商行為」（p. 195）であることは事実である.

37) 彼らはトヨタの協豊会を参考にし，元々は地場企業で構成される東友会のみだった協力部品企業の組織化を推進していった．具体的には洋光会（部品企業），洋友会（石油，商社），洋栄会（金型など地場企業）などの立ち上げである．従来は「懇親会に過ぎなかった」協力企業の組織化を図ったもので，特に洋光会は専門部会も設けてマツダを支えるための体制を整えていった（前掲インタビューによる）．興味深いのは，地場企業だけではなく，関東や関西地域の部品企業も巻き込んだ取り組みを重要視した点である．このマツダの協力部品企業の組織化については，別稿に譲りたい．

38) 住友銀行は2001年に三井住友銀行へと商号変更している．

39) ただし，2018年6月現在でも取締役専務執行役員に三井住友銀行出身者が就くなどの例がある（マツダウェブサイト参照）．また，2012年には，マツダ本社工場の一部や体育館，防府工場の駐車場などを三井住友ファイナンス&リースに売却するなど，当時の赤字経営からの脱却のため，メインバンクのグループ会社の協力も得ている（同上ウェブサイト参照）．

40) 前掲22) インタビューによる．

41) 本項は主として広島銀行 法人営業部金融サービス室 自動車関連担当へのインタビューによる（2018年6月18日，同年11月12日）．

42) 日本の主要完成車企業8社の取引銀行を確認すると，トヨタ，日産，ホンダ，三菱自のそれには都市銀行もしくは日本政策投資銀行など政府系金融機関の名が連なる．他方でマツダとダイハツ，スズキ，スバルは主要行こそ都市銀行だが，マツダが広島銀行，山口銀行と，ダイハツは農林中金，スズキは静岡銀行，スバルは群馬銀行，足利銀行といったように各地方銀行の名も挙がる．ダイハツを除くマツダ，スズキ，スバルは大都市圏産業集積地以外に本社機能があり，その経営に地元の地方銀行が関わってきたことが想定される．

43) これらの地域金融機関も，前項のマツダ再建期には少なからず部品企業の支援を続けてきたと考えられる．マツダが苦境にあるときは，関連する部品企業の経営も同様だからである．その一片を，本稿でみる広島銀行の取り組みにみることが出来る．なお，相対的に国内中小企業とメインバンクの関係性を分析した先行研究はほとんど見当たらず，「メインバンク・システムに関する分析は，歴史的に大企業中心であったことは間違いない」（酒井［2010］，p. 9）との指摘もある．本項（第Ⅱ期）では2000年以降の地域金融機関の働きに焦点を絞るが，本来であればマツダ再建期（第Ⅰ期）に部品企業に対して地域金融機関がどのような支援を行ってきたのか（もしくはされなかったのか）の視点も重要である．この点については追って調査対象としたい．

44) 帝国データバンク［2018］による．同調査によれば，広島県内企業がメインバンクとして認識している銀行のトップが広島銀行でシェア37.0%，次いでもみじ銀行が同17.8%，広島信用金庫が同12.4%と続く．なお同調査結果は，帝国データバンクが保有する企業のデータから導き出されたものであるため，各金融機関をメイン取引先としている企業実数とは異なる．

45）金融サービス室には自動車関連担当だけではなく，船舶関連担当や医療・介護関連担当，エレクトロニクス関連担当，観光関連担当が設けられており，広島県の主要産業をサポートする体制が整えられている．

46）経済産業省「地域企業 評価手法・評価指標検討会（第４回）」ウェブサイト要旨参照．

47）例えば同行の「2017年度決算の概要」資料では，マツダが2018年度から次世代商品群を投入すること，そしてマツダとトヨタが共同出資会社を設立し，米国に工場を新設予定であることから，マツダと取引がある部品企業においても「次世代商品群に対応する設備新設・更新」，「マツダ進出に伴う現地工場新設，既存工場増強」など，「資金調達・海外進出・ビジネスマッチング」のニーズ発生を想定している（広島銀行［2018a］，p.19参照）．

48）他方で広島銀行の貸出金残高のうち，自動車関連業が占める割合は2.7%と思いのほか小さい（広島銀行［2018b］，p.19参照）．地域金融機関の貸出先は，当該地域で製造品出荷額等の比率が高い産業といった業種偏重がみられると想定していたが，この値は広島県の製造品出荷額等でも自動車製造業関連の14%程度しかない造船・海運業関連よりも小さい（造船・海運業の貸出金残高が全体に占める割合は10.6%，同上資料参照．製造品出荷額等は経済産業省［2018］より算出））．これは足元の自動車産業が好況であり，それに伴って自動車関連企業が無借金化していること，もしくは借入をしてまでの設備投資を控えているといったことが一因していると考えられる．

49）経済産業省H29「工業統計表（地域別統計表）」より算出．

50）金融機関の支店担当者は金融庁が定める５年ルールで勤務することが一般的である．

51）上述のとおり自動車関連担当ではマツダOBを採用しているため，一般的な金融機関の職員よりも現場の目利き力がある．金融庁が推進する事業性評価では金融機関に対して目利き力を求めているが，通常の金融機関業務とは異なるため例えば製造現場を見てソフト情報を得るのは非常に難しい．同行の取り組みのように現場OBを活用し，ソフト情報の本質を得るあり方は他の金融機関にも参考になる．

52）本稿では詳細は記述しないが，金融庁が推し進める事業性評価のモデルは広島銀行にある．橋本［2016］によれば，「取引先企業を財務諸表のみで評価するのではなく，数字に表れない技術や顧客基盤，組織力などで見極める『定性分析』のモデル」を開発したのは金融庁の現地域金融企画室長である日下智治氏であり，同氏は広島銀行行員時代にその取り組みに着手していた（p.86参照）．日下氏は広島銀行の自動車関連対策で「企業の財務力とその企業が有している技術力を2軸とした評価を行うというアプローチ」を採り，その技術力評価のために「マツダOBの知見を活用」して技術力の定量化を推し進めた．その結果として，「企業に対する支援の内容が明確になるため，財務力と紐付いた引当という制度そのものを乗り越え」（日下［2018］，pp. 22-23）たという．

53）2020年夏に鈴鹿サーキット（三重県鈴鹿市）で開催されるEne-1グランプリへの参加を目指す．

54）参加者は広島市，地元中小企業12社，広島工業大学，広島銀行の4者である．

55）広島銀行はこの事業性評価を「様々なライフステージにある企業の事業内容や成長可能性を適切に評価」するためのものと位置づけており，この取り組みは全国的にも注目されている（前掲経済産業省ウェブサイト参照）．

56）中国地方のある支援機関は，広島銀行がもつ企業情報と，地域経済活性化のために同行がこれらの情報を活かす潜在能力の高さを評価している（同機関へのインタビューによる）．

57）全国地方銀行協会のウェブサイトなどを参照しても，その取り組み例は見当たらない．金融機関は必ずしも特定産業のみを顧客としているわけではないが，特に国が公表する「産業構造ビジョン」では自動車産業一本足打法からの脱却が求められていることも一因すると想定される．取り組み例として多く目につくのは，観光業支援であることがそれを裏打ちしている．

58）他2テーマは，「産学官金ビジネス・マッチング交流会」，「技術事業化評価事業（目利き事業）」が掲げられた（中国経済産業局［2013］，p. 2参照）．

59）中国経済産業局［2011］，p. 2参照．

60）東北経済産業局は，トヨタ自動車東日本の発足（2012年）をきっかけに，域内企業の自動車産業参入を支援する事業を展開している．

61）国内9つの経済産業局ウェブサイトのうち，産学官連携サイトを確認した結果による．

62）中国経済産業局地域経済部へのインタビューによる（2019年2月12日）．

63）同上．

64）山口フィナンシャルグループの完全子会社．

65）例えば取り組みに係る金銭負担や人材，時間などのボリュームを指す．

第9章

オール広島体制の到達点と課題
――支援企業・機関から見たマツダ「モノ造り革新」――

はじめに

本章の目的は，2000年代央から始動したマツダ「モノ造り革新」を，在広島の支援企業・機関からの視点で再評価し，オール広島体制の到達点と課題を明らかにすることである．とりわけ後者の論点を重視する．近年の広島経済再建に貢献したマツダ「モノ造り革新」については，既に多くの当事者によって語られているが（金井［2018］，人見［2018］，前田［2018］），同社の取り組みを直接，間接に支えた地場部品企業，開発ツールベンダ，国・自治体といった支援企業・機関の視点からは，平山［2018］以外ではほとんど論じられていない．周知のとおり広島県は，トヨタの本拠地である愛知県と並び県内産業に占める自動車の存在感が極めて大きく，そのため県内にはマツダを支える様々な企業が広範に集積している．「モノ造り革新」は，確かに広島経済の再生に大きく寄与し，同時に中核企業としてのマツダの国際競争力，そして協力関係にある広島の地場企業の能力を大幅に伸張させた．

しかしながら，マツダが「モノ造り革新」を進めた背景には，切迫した事情があったのも確かである．そしてまた，グローバル市場での競争を念頭に置いたマツダの行動指針が，これからの広島経済，すなわち地場企業の経営方針と必ずしも軌を一にするとは限らないのである．したがって多様な側面からマツダ「モノ造り革新」を評価することは，同取り組みの正の側面ばかりでなく，負の側面，すなわち課題の析出にも繋がる．これこそが本章の意義なのである．

特定地域における経済主体間の関係性から，その固有性や立地上の競争優位の源泉を見いだすという視点は，例えばPorter［1990］のクラスター論によって分析枠組みが与えられている．Porterは，産業クラスターの競争優位を決定づける4つの要因を提示した．それらは，要素条件，需要条件，企業の戦略と競争環境，関連産業・支援産業である．本章が着目する広島の地場企業及び開発ツールベンダは，関連産業・支援産業に属する．またPorterは，これら4つの要因と相互作用する重要な存在として政府（本章でいう国・自治体）を挙げる．ただし政府の役割はあくまで4つの決定要因の補完に過ぎず，それ自体が産業クラスターの競争優位を形作るわけではないとされる．以降この点にも注意を払い分析を進める．

1．マツダ「モノ造り革新」とは

(1) 「モノ造り革新」の定義

マツダ「モノ造り革新」は，次のような諸概念から構成される．すなわち，開発における「コモンアーキテクチャー」，生産における「フレキシブル生産」，これら両者を接続する商品構想上の「一括企画」，また個別技術では内燃機関の効率性を限界まで追求した「スカイアクティブ技術」，同社ブランディングの要となる「魂動デザイン」，さらには販社刷新の象徴たる「新世代店舗」である．「モノ造り革新」とは，これら複数の要素から説明される，重層的かつ複合的な企業革新活動だったのである．

(2) 「モノ造り革新」の到達点

金井［2018］によれば，「モノ造り革新」は2005年頃から始動したとされる．当時のマツダは，1996年に米フォードから33.4%の出資を受け入れて以来，フォード・グループのアジア部門という位置づけであった．2000年代半ばは，新興国市場の立ち上がりにともない，世界的に自動車産業が量的に成長していた時期でもあり，マツダもまた売上高が伸びていた．しかしながら2008年に米国発金融危機が起こったのをきっかけに，財務面での負担が大きかったフォードはマツダから資本撤退を始める[1)]．当然ながら，同時期のマツダもまた業績不振に陥ることになる．具体的には，2008年の連結売上高3兆4758億円，営業利益1585億円のピーク時に対し，翌決算では売上高を17%も落とし赤字に転落した．最悪期だった2012年3月期には連結売上高2兆331億円，営業損失387億円まで業績が悪化した．「モノ造り革新」は，始動期こそフォード傘下のもと業績好調の中で進められたが，その推進の後半期は，まさに同社の存続を左右するほどのプロジェクトだったと言える．

「モノ造り革新」は2012年2月上市のCX-5に結実した．その後も，マツダが第6世代製品群と呼ぶ一連のフルモデルチェンジ，新型車投入が次々と成功したことで同社の財務状況は急回復を見せる．2018年3月期の連結売上高は3兆4740億円と2008年のピークに迫るまで回復し，営業利益も1464億円（最高は2016年3月期の2268億円）と安定的に推移している．以上のように，マツダ「モノ造り革新」は同社を好業績へと導いた．ただしこの背景には，同社の再建を直接，間接に支えた多くの存在があったことを忘れてはならない．本章が着目するのは，それら支援企業・機関が果たした役割である．

2．支援企業の貢献

(1)　広島地場部品企業の革新と支援機能

本節では，マツダ「モノ造り革新」を支援した企業の事例研究を進める．はじめに広島地場部品企業に焦点を絞る．わが国自動車産業の部品取引システムを見るときには，各完成車企業の協力会組織を分析単位とするのが1つのアプローチになる．本章では，地場組織の東友会と翔洋会に加盟する複数の企業について事例研究を進める．第4章でも指摘してきたように，全国組織の洋光会に較べると，地場組織の東友会及び翔洋会の平均的企業規模は著しく小さく，中小企業を中心に構成されているのが特徴である．例えば両協力会組織には，東証1部上場企業は東友会第3部会に所属するユーシン，西川ゴム工業，ダイキョーニシカワの3社しかない．そのうち本社が広島にありマツダへの取引依存度が高い，いわゆるマツダ系と呼べる上場企業はダイキョーニシカワ1社のみである．マツダ「モノ造り革新」とは，これら圧倒的多数の中小・中堅部品企業とごくわずかの大規模部品企業とで進められた取り組みだったのである．

表9-1は，次節で支援機関として紹介する，ひろしま産業振興機構カーテクノロジー革新センターが，地場企業のうち「中核Tier 1」と定義する8社と，同機構が旗振り役となってTier 2ばかりで組成した共同受注組織CNBトーユー（9社）に参画する企業のうち財務情報を入手できた6社の基本情報，収益力，国内外多角化の状況を一覧化したものである[2)]．この表から読み取ることができる特徴は次の3点である．第1に，中核Tier 1には連結ベースで売上高1000億円前後でありながら過小資本の企業が多いことである．地場企業にはオーナー系（同族企業）が多く，実力面では上場が可能ながら意図的にそうし

表 9-1　広島中核 Tier 1 と Tier 2 共同受注組織

企業名	主要部品領域	資本金：億円	従業員数（単独）	売上高（決算年，単独：億円）2013	2014	2015	2016	2017	売上高推移	連結参考：億円
中核 Tier 1										
ダイキョーニシカワ	内装・外装	54.3	2,653	803	1,005	1,142	1,216	1,243		1,700
ヒロテック*	プレス：ドア，排気系	1	1,321	659	688	684	662	695		1,743
デルタ工業*	シート	0.9	1,205	702	706	720	784	896		1,500
東洋シート*	シート	1	680	306	329	365	325	307		892
オンド	P/T 用鍛造部品	0.9	1,180	425	508	554	580	578		861
広島アルミニウム工業*	P/T 用ダイカスト部品	3.5	1,823	788	892	964	859	941		1,400
日本クライメイトシステムズ	カーエアコン	30	382	242	295	295	296	260		—
NS ウエスト	メーター，HUD	30	300	94	129	157	184	156		—
Tier 2共同受注組織：CNB トーユー										
泉工作所*	鍛造，樹脂成形，パイプ加工，機械加工，熱処理，プレス，溶接，組立，表面処理の一貫生産	0.10	28	4.4	4.2	4.2	4.3	4.3		—
市林鐵工所*		0.15	18	2.5	2.4	2.4	2.4	2.4		—
中本螺旋製作所*		0.05	17	2.8	2.7	2.6	3.0	3.9		—
花岡鉄工*		0.10	14	1.9	2.1	2.0	2.0	2.0		—
浜野鉄工所*		0.10	17	2.0	1.9	1.9	1.9	1.8		—
松田鉄工*		0.12	43	6.2	5.8	5.4	5.5	5.5		—

企業名	マツダ依存度	国際展開 ※含 JV 中国	タイ	メキシコ	その他	九州生産拠点
中核 Tier 1						
ダイキョーニシカワ	75%	○	○	○	○	○
ヒロテック*	54%	○	○	○	○	○
デルタ工業*	**80%	○	○	○	○	×
東洋シート*	88%	○	×	○	○	×
オンド	66%	○	○	×	×	×
広島アルミニウム工業*	**45%	○	○	○	○	×
日本クライメイトシステムズ	91%	○	親会社経由	○	○	×
NS ウエスト	70%	親会社経由	親会社経由	親会社経由	親会社経由	×
Tier 2共同受注組織：CNB トーユー						
泉工作所*	45%	×	×	×	×	×
市林鐵工所*	3%	×	×	×	×	×
中本螺旋製作所*	30%	×	×	×	×	×
花岡鉄工*	80%	×	×	×	×	×
浜野鉄工所*	95%	×	×	×	×	×
松田鉄工*	＜50%	×	×	×	×	×

注）＊＝同族企業，＊＊＝東京商工リサーチ調べ．連結参考値は2017年のもの．
出所）各社へのインタビュー，東京商工リサーチ及び帝国データバンク企業情報をもとに筆者作成．

ない企業が一定数存在する[3]．第2に，マツダへの売上依存度はTier 1の方が明確に高いことである．第3に，Tier 1とTier 2とでは，収益力，国内外多角化（国際展開，九州生産拠点）の全ての面で大きな格差が見られることである[4]．

第2，第3の点は，マツダ第6世代製品群展開後の5カ年の売上高推移からもう少し考察できる．まず気づくのは，中核Tier 1はマツダと密接に連繋したことで過半の企業が売上高を伸ばしたのに対し，Tier 2共同受注組織の企業はほとんど成長していないことである．CNBトーユーへのインタビューによれば，Tier 2の場合，主要取引先であるTier 1次第でマツダへの売上依存度が大きく異なる点が指摘されていた．しかしながらここでの実態は，直接の顧客であるTier 1の業績如何に拘わらず，それがTier 2の直接的な成長にはほぼ影響していないことを示している．また同じくインタビュー時には，そもそもマツダの「モノ造り革新」という用語そのものを知らないという発言があった．CNBトーユーに参画するTier 2は，ここ10年くらいでTier 1からTier 2に取引階層が移ったのであるが，それ以降は成長機会からも遠ざかっていることになる．これらから，地場企業とマツダとの関係性においては，取引階層によって「モノ造り革新」から与る恩恵は大きく異なっていたことが明らかになった．

それでは各社が「モノ造り革新」に対し，具体的にどのような形で貢献し，その成果がどういったものだったのかという点を検討しよう．**表9-2**は，各社へのインタビューから，「モノ造り革新への対応」という貢献面，「『一括企画』での受注経緯」という成果面の2点について整理したものである．前者は地場企業がどのような努力によってマツダを支援したのかという点を，後者はその結果各社がどのように処遇されたかを示す．とりわけ後者の論点は，マツダ「モノ造り革新」の枢要である「一括企画」に焦点を絞っている．すなわち，発注側（マツダ）の一括企画が，著しく貢献した受注側（地場企業）に対して，一括発注という形で報いたのかどうかという点に関心がある．

まず「モノ造り革新への対応」については，中核Tier 1各社が計画順序生産への対応という方法で貢献したことが分かる．計画順序生産とはマツダ「モノ造り革新」を成功に導いた重要な生産思想のことである．わが国の完成車企業はいずれも複数車種を単一ラインで生産するという，いわゆる混流生産を得意とするが，マツダはこれをさらに高度化しており，小型車から中型車，スポーツカーからミニバンまで混流生産することができる．しかも，これを消費者

表9-2　地場企業の「モノ造り革新」への貢献と成果

企業名	モノ造り革新への対応	「一括企画」での受注経緯
ダイキョーニシカワ	計画順序生産への対応(混流生産)	一括受注ではなかったが継続受注
ヒロテック	機能面は共通化，構造面は不可 開発機能の一部をマツダに移管	一括発注ではなかった ※ドアASSYは競合なく独占受注継続
デルタ工業	計画順序生産への対応(混流生産)	第4世代以降，特定車種での受注が続く
東洋シート	計画順序生産への対応(混流生産)	一括受注ではなかった（コンペ有）
オンド	計画順序生産への対応(混流生産)	単品受注からユニット受注へ（海外も受注）
広島アルミニウム工業	独自生産システムで能力向上	第6世代エンジンブロックは受注（コンペ有）
日本クライメイトシステムズ	計画順序生産への対応(混流生産) 開発機能の一部をマツダに移管	一括受注ではなかったが継続受注 ※1車種目を受注すると後続車種の受注有利に
NSウエスト	計画順序生産への対応(混流生産)	一括受注ではなかったが継続受注(2社発注へ) ※1車種目を受注すると後続車種の受注有利に
CNBトーユー(Tier 2)	「モノ造り革新」自体の認識なし	部品共通化の影響を受け，取引するTier 1次第で受注量が大きく増減した企業も

出所）各社へのインタビューをもとに筆者作成．

への納車順に生産することに特長がある．同社ではこれを計画順序生産と呼ぶ．このような高度な混流生産を実現するためには，その工程と完全に同期した部品企業の存在が不可欠となる．広島の中核Tier 1の多くは，「モノ造り革新」推進期にマツダからの指導・協力を得ながら，計画順序生産に対応する術を身につけてきたのである．そのためにはマツダ同様に，部品開発におけるコモンアーキテクチャー，生産におけるフレキシブル生産を成し遂げることが必須であった．なおTier 2共同受注組織については，前述のとおり「モノ造り革新」そのものを認知しておらず，当初からこの枠組みに参画する資格を有していなかったとみられる．

次に「『一括企画』での受注経緯」については，マツダは単純に一括発注という形で地場企業を処遇しなかったことが分かる．ただし一定の傾向はあったようである．例えば複数のTier 1にあるように，一括受注ではなかったものの結果として継続受注しているケースである．インタビューによれば，受注時の競合はあったとしても，第6世代製品群は一括企画の名のもと車種間の設計が相似形をなす場合が多いため，最初の開発車種（CX-5が典型）を受注すれば，その後の車種の競合時にかなり有利になったとのことである．ただしマツダの部品発注の考え方は，かつてのように地場企業に対する仕事量の配分・調整とは一線を画すようになってきており，同社が目指すプレミアム・ブランド化に向けて品質要件は年々厳しくなっているとのことである．ここに挙げた中核Tier 1の8社は地場企業の中でも有力企業ばかりであるため，各社の企業努力によって結果として受注が継続しているものと見た方が正確であろう．その証拠に，Tier 2共同受注組織では優勝劣敗が鮮明である．ここでも取引階層間の格差を確認することができるのである．

(2)　開発ツールベンダの支援機能

次に，部品企業とは異なるアプローチでマツダを支援した開発ツールベンダの事例である．ここではマツダの革新的な内燃機関技術「スカイアクティブ」の開発に寄与したMBD（モデルベース開発）のツールベンダであるdSPACE Japan（以下，dSPACE）の事例を見てみよう[5)]．

MBDとは，線形図をもとにシミュレーションを駆使してプログラムを書く開発手法のことである．MBDの利点は，従来人の手を介して行われてきた制御設計の多くを自動化することで，開発リードタイムの短縮が可能であること，また開発の手戻りが圧倒的に減少することで実現される開発生産性の向上に集約できる．それに加えて，こういった問題解決のフロントローディング（Clark and Fujimoto [1991]）が新たな付加価値創出に繋がることもある．設計開発上の試行錯誤に要するコストが下がるため，開発期間中に従来よりも多くの選択肢を試すことができるのである．企業のイノベーション創出において，これは大きな利点であろう．マツダ「モノ造り革新」では，もっぱら内燃機関の制御設計においてこの手法が導入され，その際のパートナーがdSPACEであった．

dSPACEはドイツの企業であり，ハードウェアとソフトウェアとを組み合わせた，自動車開発に特化したMBDのツールベンダである．ドイツ系とあって，ISOやAUTOSAR（AUTomotive Open Source ARchitecture）といった国際標準規格への対応力にも強みがある．競合他社には，米国のナショナルインスツルメンツ，同じくドイツ企業で世界部品大手ボッシュ傘下のETAS，国内ではデンソーテン等が挙げられる．MBD開発ツール業界では事業領域の細分化が進んでおり，競合間であっても提供できるツールの領域，得意とする顧客範囲が異なるため，直接的な競合関係というのは起こりにくいとされる．そのような競争環境であっても，dSPACEは母国ドイツではダイムラー，BMW，

VW 等，米国ではGM，フォード，日本ではトヨタ，日産，ホンダといった主要完成車企業全てと取引がある．

マツダからdSPACEに声がかかったのは，「モノ造り革新」が始動してしばらく経った時期のことである．米国発金融危機によってフォードとの関係が薄れる中，業績が低迷したマツダは，開発コストが嵩む実物での評価試験を多用した内燃機関の開発が難しく，仮想技術を駆使する必要性に迫られていた．当時からマツダはCAE（Computer Aided Engineering）を比較的得意としており，一定の技術蓄積はあったようである．dSPACEはマツダのスカイアクティブに必要な制御設計のうち，とりわけ制御モデル（線形図）から仕様書への自動変換，そして仕様書から量産コードの自動生成の部分において大きく貢献してきた．注意すべきは，MBDを使いこなしてきたマツダが，MBDの全工程をdSPACEとのパートナーシップで完結させているわけではないという点にある．dSPACEが大きく貢献した領域以外にも，マツダは独自にCAEを駆使したシミュレーション技術を活用している．したがって自動車産業におけるMBDツールベンダ業界には，今なお支配的企業が不在なのである．

インタビューによると，dSPACEがマツダのMBD活用の仕方で高く評価しているのは次の2点だという．第1に，統合制御という考え方をわが国完成車企業で真っ先に導入した点にある．複数の制御要件をMBDに落とし込み，効率的な開発を進めるというアプローチは，まさに慧眼であった．第2に，スカイアクティブ技術の開発と同時に，MBDの人材育成を進めた点にある．MBDを一過性の便利なツールとして看過するのではなく，今やそれを車両開発全般に拡張させようとしている．そのための投資を継続的に行ってきたことで，規模的には中堅完成車企業に過ぎないマツダがMBDの旗手とも呼ばれる存在になったのである．

3．政府（国・自治体）の貢献

(1)　広島県の支援機能

本節では，マツダ「モノ造り革新」を支援した政府（国・自治体）の事例研究を進める．政府による支援の最大の特長は，広島県の財団であるひろしま産業振興機構（以下，産振構）と経済産業省中国経済産業局との緊密な連携にある．はじめに広島県による支援スキームについて見ていこう．

産振構では，21世紀以降立て続けに県内自動車産業活性化のための施策を展開し，産学官連携の枠組みを発展させてきた[6]．2003年から2005年までのモジュール・システム化研究会の活動を継承し，現在の産振構・カーテクノロジー革新センターの前身にあたるカーエレクトロニクス推進センターを2008年に設立した．その後，2009年にはベンチマーキングセンター[7]，VE（Value Engineering）センターを相次いで立ち上げ，その活動を実質化してきた．さらには2011年にひろしま医工連携・先進医療イノベーション拠点が設立され，地域イノベーション戦略推進地域／地域イノベーション戦略支援プログラムが発足した．これらの活動を踏まえ，2013年には前述のカーエレクトロニクス推進センターがカーテクノロジー革新センター（以下，カーテク・センター）へと改組された．

カーテク・センターの役割は，県内企業の基盤強化，競合優位，価値創造を実現することにある．そのための具体的な取り組みとしては，ベンチマーキング活動，新技術トライアルラボ活動，人材育成活動の3点を挙げることができる．産振構へのインタビューによれば，活動の最大の特長は地場企業に対するハンズオン型の支援にあるという．すなわち，広島県の財団という公益性の側面から地場企業を広く浅く支援するのではなく，意欲と実行力に優る特定企業を集中的に支援することである．またカーテク・センターの歴代センター長（2019年2月時点で3代目）は全てマツダ出身者で占められている．のみならず，複数名のマツダ出身者，大手電機企業出身者がコーディネータとして活躍しており，組織的かつ実践的な支援体制が整っている．成果の一例として，防音・遮音測定のノウハウを学んだ地場企業6社が，その後このスキルを梃子に提案型営業ができるようになったことが挙げられる．

(2)　経済産業省中国経済産業局の支援機能

次に，国（経済産業省中国経済産業局）の支援スキームについてである．2014年に政府が「自動車産業戦略2014」を策定したことを契機に，中国経済産業局は「ちゅうごく地域自動車部素材グローバル戦略」を立案した．目的は，中国地方5県にコネクターハブ（中核企業）を育成することにあった．コネクターハブとは，いわゆる需要搬入企業（伊丹・松川・橘川編［1998］）のことである．そしてそのような企業を育成するために，前述の広島県同様にハンズオン型支援を標榜したのが特長であった．中国地方の中心地であり，とりわけ自動車産業への依存度が高かった広島県（産振構）との間には，当時から連携関係が構築されていた．

(3)　オール広島体制の確立と人的資源網

広島県と中国経済産業局の自動車産業支援体制は，2010 年５月の関係諸団体を集めたトップミーティングに始まり，2015 年６月１日に設立された「ひろしま自動車産学官連携推進会議（通称：ひろ自連）」へと収斂した．ひろ自連の構成団体は，産振構，マツダ，広島大学，広島県，広島市，中国経済産業局の６つであり，これらが代表者会議を構成する．

ひろ自連は「2030 年産学官連携ビジョン」の実現を目的としているが，その野心的な狙いとは，「2030 年までに広島を自動車の聖地にする」というものである．**図 9-1** に示したように，ひろ自連は３つの委員会，２つの検討会，４つの専門部会から構成され，前節で挙げた中核 Tier 1 の大半がいずれかの活動に参画している．このことからも明らかなように，産学官挙げて自動車産業立県を目指すという意味で，ひろ自連の設立を以て，マツダを中核企業とするオール広島体制が確立したのである．

このことは，広島県内の自動車産業に直接，間接に関与する利害関係者が一堂に会し，様々な意思決定や調整ができるという点で積極的に評価すべきであろう．しかし同時に，これはマツダを中核とした単一産業の支援・育成に対し

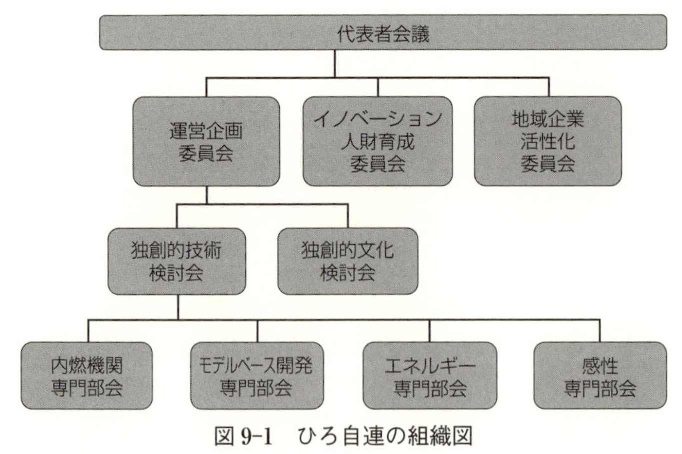

図 9-1　ひろ自連の組織図

出所）https://www.hirojiren.org/hirojiren/

てここまでの体制を整備しなければならなかったという同県にとっての危機感の現れでもある．ひろ自連の設立自体はマツダの第6世代製品群上市後のことであり，直接的な支援の成果が認識されるのはやや先のことになる．マツダ並びにその生産連関に繋がる地場企業の持続的繁栄の一部は，ひろ自連の取り組みに委ねられているのである．

ところで広島県における産学官連携については，ユニークな点を指摘することができる．それは，マツダが産学官連携の全方位にわたり，人材供給源として機能していることにある．**図9-2**にその人的資源ネットワークを示す．

前述のとおり，マツダは産振構のカーテク・センターの歴代センター長を輩出している．他にも，広島大学をはじめとする県内主要大学に講師等を派遣していたり，地場企業に役員を派遣していたりする．これだけではなく，地元最大の地域金融機関である広島銀行の融資関係部門にも人を送り込んでいる．これら産学官及び金融機関は，相互に支援や取引関係を形成しており，それが最終的に広島県の中核企業であるマツダの国際競争力形成に帰結するという構図になっているのである．

またこのような回路形成にあたってキーパーソンに挙げられるのが，初代カーテク・センター長の岩城富士大氏と中国経済産業局地域経済部の平山智康氏の両名である．彼らは産学官の複数の立場に身を置きながら[8]，マツダを中核と

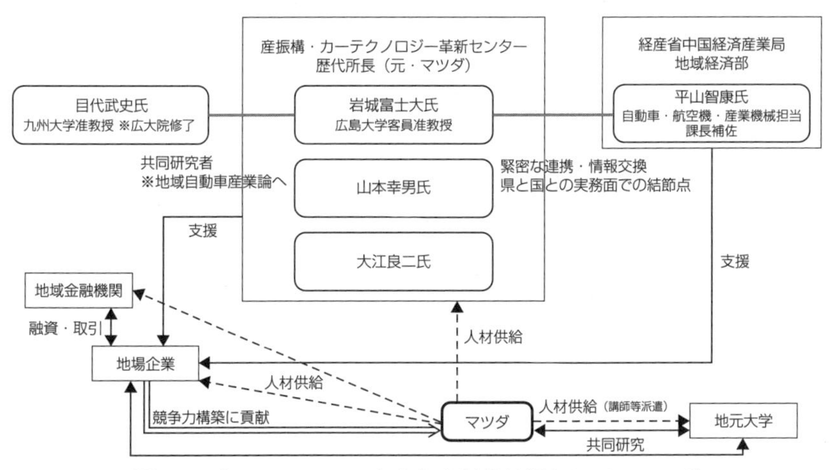

図9-2　キーパーソンの存在と人材供給源としてのマツダ

注）個人の所属・職位はインタビュー当時．
出所）関係先へのインタビューをもとに筆者作成．

するオール広島体制確立までの揺籃期を支えてきた．本節冒頭で述べた，広島県における政府による支援の最大の特長が産振構と中国経済産業局との緊密な連携というのは，組織対組織というよりも，これらキーパーソン間の交流と情報交換による賜物だったと評することができる．比較的長い期間にわたって県と国との実務面での結節点が不動だったことは，オール広島体制の確立にとって間違いなくプラスに作用したはずである．

4．オール広島体制の課題

――グローバル企業としてのマツダの経営戦略と地場企業のCASE対応能力――

今や広島県においては，産学官並びに金融機関も交えたオール広島体制によって中核企業であるマツダの支援枠組みが完成した．しかしながらその一方で，自動車産業を取り巻くイノベーションの競争環境は劇的な変化を見せている．その最たる要素はCASEへの対応であろう．

グローバル市場で競争する今日の完成車企業は皆，このCASEに翻弄されている．それはマツダとて例外ではない．**表9-3**に示すように，マツダのP/T（Power Train）電動化技術並びに自動運転関連技術は，前者がもっぱらデンソーをはじめとするトヨタ系部品企業に，後者は独メガ・サプライヤーの一

表9-3　マツダのCASE領域調達先（2016年）

			調達先企業数	調達量トップシェア企業名	シェア（%）
P/T電動化技術	電動車向け主要部品	システム制御ECU	2	デンソー	100.0
		インバーター	2	デンソー	100.0
		DC-DCコンバーター	2	豊田自動織機	100.0
		エンジン補助／駆動用モーター	2	アイシン・エイ・ダブリュ	100.0
		ハイブリッドトランスミッション	2	アイシン・エイ・ダブリュ	100.0
		電気自動車用減速機	1	日立オートモティブシステムズ	100.0
		メインバッテリー	2	プライムアースEVエナジー	100.0
		車載充電器	1	ニチコン	100.0
自動運転関連技術	ブレーキ部品	ABS	3	コンチネンタル・オートモーティブ	82.7
	ブレーキ部品	ESC	3	コンチネンタル・オートモーティブ	82.6
	車体電装品	先行車両認識デバイス	2	コンチネンタル・オートモーティブ	91.0

注）複数社調達でも立ち上げ前機種が対象の場合，既存調達先1社だけでシェア100%の場合がある．
出所）アイアールシー［2016a］をもとに筆者作成．

角を占めるコンチネンタルに大きく依存している．これらの部品供給において，前節で議論したような広島の地場企業の存在感は皆無である．第4章で言及したように，歴史的に見て，地場企業がマツダの国際競争力形成に貢献してきたのは，もっぱらプレス，機械加工，鋳鍛造，内装・外装の領域であり，技術的にはいわば“枯れた”部品の供給に限定されてきたのである．

またマツダは，2030年にほぼ全ての車種に電動化技術を搭載する方針を表明済みである．もっともここでの電動化技術とは，内燃機関を搭載するHEV（ハイブリッド車）やPHEV（プラグインハイブリッド車）を含むと同社は説明しており，中長期的にも部品調達構造が激変するというわけではなさそうである．ただしマツダは2018年3月期の決算説明会において，戦略的な部品企業との協業範囲はバッテリ，コネクティビティ，先進安全技術の領域だと断言してもいる．字義通り受け取るならば，地場企業との既存部品取引はこの範疇に含まれないことになる．マツダや同社を取り巻く支援企業・機関がいくら広島県に集積し一致団結しようとも，グローバル市場で競争するマツダにとっては高付加価値領域への進出が不可避となる．そこに地場企業が貢献できる余地は極めて乏しい．

実際，地場企業のうち中核Tier 1へのインタビューによれば，一部の企業がCASE対応として熱のマネジメントであったり樹脂材を用いた絶縁技術であったりといった内容で直接的な貢献を見込んでいるが，その反面，大半の企業は基盤技術としての軽量化[9]に注力するので精一杯であり，デンソーやコンチネンタルのようにCASEの中核的技術を主導する能力は持ち得ないのが実態なのである．何よりマツダもまた，地場企業にはそのような能力を期待してはいないだろうとのことであった．もっとも中国経済産業局へのインタビューによれば，CASE対応への間接的貢献である部品の軽量化は現実的な解として認識されており，オール広島体制の支援の方向性は，これを1つの軸に進められていくもようである[10]．

もう1つ指摘しておくべきことは，マツダが第6世代製品群で成功していく過程でMBDが次世代の製品開発モデルとして脚光を浴びるようになったが，その開発ツールの調達もまた地場企業ではない（かつ外資系の）dSPACEに委ねられていることである．MBD活用の先駆者として取り上げられるようになったマツダであるが，その開発機能の中枢が地元で調達されていない事実は認識しておく必要があるだろう．

小　　括

本章の目的は，マツダ「モノ造り革新」を支援企業・機関の視点から再評価し，オール広島体制の到達点と課題を明らかにすることであった．到達点として評価できることは明白である．それはこの取り組みにより，マツダが牽引し広島県内の自動車関連企業の競争力と収益性が底上げされたことである．次に，産学官並びに金融機関を交えた利害関係者が結束してマツダを支える枠組みが確立したことである．とりわけ後者の点は，政令市規模を網羅する産業関係者のベクトルが概ね一致しているという点で意義があり，利害関係者間のコミュニケーション・コスト節約に大きく寄与する．これ自体が広島自動車産業クラスターの強みとして認識することができよう．国・自治体が巧く民間活力を引き出した好例である．これは，Porterのクラスター論における政府の役割について一定の示唆を与えることになる．それは，特定地域の問題意識が共有される場合，利害関係者のベクトルを揃える上で極めて重要な役割を果たしうるということである．条件次第では，政府は必ずしも産業クラスターの補完機能に留まるわけではないのである．

続いて課題を指摘する．本章がより重視するのはこちらの論点であった．第1に，マツダ「モノ造り革新」の本質は，広島の地場企業を巻き込んだ既存技術領域を中心とした企業グループの革新活動だったということである．これ自体には正負両面の評価を与えるべきであろう．なぜなら，マツダにとっての「モノ造り革新」が，例えばトヨタや日産といった大手完成車企業が高度経済成長期に成し遂げてきたような一連の取り組みを（大なり小なり上回りながら）踏襲したという側面は否めないからである．具体的にはこういうことである．一括企画やコモンアーキテクチャーという思想はモジュラー開発を駆使したマス・カスタマイゼーション，フレキシブル生産は混流生産（の進化形），そして本章では直接言及しなかったが，マツダが地場企業と進めてきたABC（Achieve Best Cost）活動は協力会加盟企業へのカイゼン指導といった具合に，いずれも既存の概念で言い換えることが可能なのである．誤解を怖れずに言うならば，マツダの「モノ造り革新」とは，競合他社と較べて20年，30年のビハインドをようやくグループ全体で解消した取り組みだったのである．ただしこれは，マツダが真にグローバル企業として大手完成車企業と伍していくだけの条件が整ったことを意味している．ゆえに正負両面の評価と表現したのである．他方で，地場企業にとっての「モノ造り革新」ではカバーしきれなかった高付加価値領域への対応の限界については，要因が構造的なものであるため，より深刻視する必要があるだろう．

第2に，「モノ造り革新」の推進とオール広島体制確立の過程において，地場企業間の格差拡大，階層の固定化が進んだことである．ひろ自連に参加する地場企業はいずれも Tier 1 ばかりであり，競争劣位にある Tier 2 等は，ますます国・自治体の目玉政策から遠ざかるばかりである[11)]．企業間の実力差は，人的資源の採用面でも顕著である．本章の分析対象としてきた企業群へのインタビューによれば，昨今の労働需給の逼迫により広島企業間での人材獲得競争が熾烈になっており，知名度や企業規模，あるいは直近の業績の差が採用面の格差に直結しているようである．そしてまたこの人手不足の問題は，中核企業であるマツダもまた広島地場企業の競合相手となるほどの深刻さなのである．

第3に，中核 Tier 1 といえども，「モノ造り革新」推進期において，長期的な競争力喪失を予見させる事態が起きていた点である．先の**表 9-2** にあるように，ヒロテックと日本クライメイトシステムズは，従来自社が担ってきた開発機能の一部をマツダに移管せざるを得なかった．このようなマツダによる地場企業の開発領域への侵蝕は，中核 Tier 1 の上流工程への関与を狭める．その帰結については慎重に評価する必要があるだろう．

第4に，オール広島体制におけるマツダへの過度な人的資源依存の是非についてである．広島県の中核企業としてマツダの貢献が大きいという点は正当に評価すべきであるが，地域の産業政策が一民間企業に左右されかねないという懸念がある．広島県の産業政策がマツダの我田引水に堕すようなことだけは避けなければならない．マツダの影響力が巨大であるだけに，オール広島体制のガバナンスには慎重さが必要不可欠である．

第5に，マツダの業績好転にともない県内の自動車生産が急回復している今，県内諸企業が広島内向き志向へと回帰してしまわないかという懸念である．過去，マツダは独創的な製品や技術で一世を風靡したかと思うと，その後長期間にわたり業績低迷を続けるということをくり返してきた．もはやその二の舞を演じてはならない．今後，仮にマツダの業績が悪化した際に，オール広島体制の優位性がどこまで保持できるかという点が，産業クラスターとしての広島の実力を顕すことになるだろう．

以上5点が，活況に湧く広島経済を俯瞰した上で導出した課題である．本章では，広島地場部品企業と国・自治体への多数回にわたるインタビューに基づき，マツダの「モノ造り革新」を支援企業・機関側から再評価するという同取り組みのパラレル・ストーリーを提示してきた．オール広島体制は，地域経済振興にとって当地の利害関係者が一体化した取り組みであるという点において優れたモデルと言える．だがその一方で，中核企業であるマツダにとっての存立基盤は，あくまでグローバル市場に求められているのも厳然たる事実なのである．これこそが本章の示唆する最も重要な点であった．一部の中核 Tier 1 を除けば，地場企業の多くは未だ国内事業に重心が置かれていること，またその技術力には偏りがあるという弱点も指摘してきた．国・自治体ともにオール広島体制の要として十分な支援の姿勢と意向を持ってはいるものの，事業会社間に横たわる存立のあり方の違いというものを今後どのようにして乗り越えていくのかという点も広島経済のサステナビリティを考える上で真剣に検討していく必要があるだろう．それはすなわち，グローバル企業と地域経済の共生を図るという視点なのである．

注

1）フォードの資本撤退は段階的に進み，2015年に両社の間の資本関係は完全に解消された．

2）中核 Tier 1 各社には以下日程でインタビューを実施した．2018年6月26日デルタ工業とオンド，7月2日東洋シート，7月3日広島アルミニウム工業と日本クライメイトシステムズ，7月17日ヒロテック，7月24日 NS ウエスト，7月27日ダイキョーニシカワ，また本章では言及していないが，他にも東友会の加盟企業として同年6月19日モルテン，11月1日キーレックスにも訪問した．Tier 2 共同受注組織を構成する CNB トーユーには2017年12月4日及び2018年6月18日に，東友会協同組合事務局には2016年10月11日及び2019年2月12日にそれぞれインタビューした．

3）2019年2月12日に実施した東友会協同組合事務局へのインタビューによる．

4）広島の部品企業のうちいくつかは北部九州に生産拠点を設け，トヨタ自動車九州や日産自動車九州との取引を始めているが，より現実的なのは隣県の山口県防府市からの納入である．もっぱらマツダ防府工場向けの生産・納入のために防府に展開する広島企業は，九州での取引先多角化の橋頭堡としてこの拠点を位置づけようとしているとされる．実際，北部九州の完成車企業から防府に展開する広島企業に引き合いは来ているようである．ただし九州は山口と較べて人件費が安く，逆に品質要件は厳しいため，容易に取引には結びついていないのが実情である．2017年9月14日九州経済調査協会，9月20日やまぐち産業振興財団へのインタビューによる．また本書では，広島企業（を含む中国地方の地場部品企業）の国際展開については分析してきたが，九州進出については十分に深められなかったため，今後の課題としたい．

5）以降，2018年9月24日に実施した同社へのインタビューに基づく．

6）以降，2016年6月7日にひろしま医工連携・先進医療イノベーション拠点，2016年3月下旬，2016年7月5日，2017年12月4日に産振構・カーテクノロジー革新センターで実施したインタビューに基づく．

7）マツダは毎年10台以上のベンチマーキング（ティアダウン）活動をしていたが，部品企業はそこで分解した部品等を持ち帰ることが許されなかった．本センターは，部品企業からの要望に応える形で県の事業として始まった．部品企業が部品を持ち帰るのに加え，センターが解析レポートを地場企業に配ってきた．年間2台程度のベンチマーキング結果は，日経BP社から出版もされており，その収益で次の分解用車両を購入できることもあったとのことである．

8）岩城氏は広島大学等に，平山氏は岡山大学にそれぞれ在籍歴がある．

9）電動車，とりわけ電気のみで動くBEV（Battery Electric Vehicle）は，重くて嵩張る二次電池を搭載しなければならないため，車両全体の軽量化は重要な課題になっている．

10）2018年6月19日に実施した経済産業省中国経済産業局へのインタビューによる．

11）ただし第7章でも言及したように，一般的な中小企業支援の取り組みは産振構の別の部門をつうじて行われている．ここで強調したのは，ひろ自連のような大型支援プログラムに限定したものである点に注意されたい．

終　章

中国地方自動車産業に内在する３つの問題性

本書では，中国地方の自動車産業において中核企業に位置づけられる，マツダと三菱自・水島を頂点とする企業グループの経営戦略論と地域経済論とを折衷した，動態的な産業集積の態様を審らかにしてきた．本書の研究目的とは，中国地方の自動車産業集積における（大手完成車企業の立地する集積地とは異なる）固有性を突き詰めていきながら，同地方が抱える様々な課題に対して有益な示唆を提供することであった．本章では，本書での議論を簡単にふり返り，研究目的に則した中国地方の自動車産業に内在する問題性を提示し，結びとしたい．

１．論点の整理

本書の第１部では，中核企業２社に注目し，その競争力形成に至った歴史と両社の調達構造を分析した．調達構造とはすなわち，産業集積内部における中核企業と取引先企業，とりわけ地場企業との関係性を示すものである．ここで明らかになったのは，マツダと三菱自の調達構造は，トヨタや日産といった大手完成車企業ほど系列企業が充実していないことから，他系列や独立系及び外資系の企業を積極的に活用することによって成立しているということであった．海外市場ではその傾向がいっそう顕著であった．言い換えると，国内調達構造の海外市場での再現性がトヨタや日産と較べて格段に低いのである．この要因としては，中国地方の地場企業は相対的に小さいため国際展開が中核企業の期待するほどには進んでおらず，やむなく日系や先進国系の部品企業との調達を拡大してきたことを指摘することができる．ただしこれらの点については，マツダや三菱自の自社系列企業の脆弱性をクローズアップするよりも，両社の部品取引システムには（経路依存的な要因こそあったものの結果として）一定のフレキシビリティが備わっており，自社系列以外，とりわけ外資系との取引にも抵抗が少ないということを積極的に評価した方がよいだろう．オープン・イノベーションの利点が喧伝される今日においては，こういった組織能力は最先端の技術を導入する上では有利に作用すると考えられるからである．そして両社のこういったフレキシビリティの獲得には，過去に外資系完成車企業の資本傘下にあったという背景が大きかったことは，両社の歩んできた歴史からも指摘することができるのである．

次に第2部では，中核企業2社と取引する部品企業群に着目した．ここでは，中核企業2社との資本・生産連関の濃淡を意識し，地場協力会組織の加盟企業，山陰2県に展開するやや生産連関の弱い企業，そしてマツダと三菱自とは取引関係こそあるものの両社の企業グループには含まれない大手独立系企業という順に分析してきた．当然ながら，地理的近接性と関係的近接性の両面が高いほど，中核企業2社への依存度が高いこと，その裏返しとして中核企業2社への事業上の貢献度も高いということが明らかになった．ただしこれは平均的な傾向であり，個々の状況は異なっていた．例えばマツダの東友会加盟企業であっても，上場し本社を関東に移転している企業やマツダへの取引依存度がそう高くない企業が存在した．三菱自・水島のウイングバレイ加盟企業はより多様であり，三菱自・水島との旧来からの取引を最重要視する企業もあれば，2000年代の三菱自の経営再建期間に他業種を含め多角化を成し遂げた企業もあった．山陰2県の場合，鳥取県と島根県とでは少し様子が異なっていた．鳥取県はもともと鳥取三洋電機があったことからエレクトロニクス系の集積が顕著であり，なおかつ関西地方との結びつきが顕著に見られた．島根県は中西部を中心にマツダの広域圏産業集積の範疇と呼べる程度に自動車部品関連企業の工場が展開しているが，東部には日立金属安来工場を中核企業とする特殊鋼生産の集積が存在する．また島根県は鋳物業が盛んな土地であるが，その大手企業2社の親会社は大阪府にあるため，ここでも関西地方との繋がりを指摘することができた．山陰2県に共通する特徴は，大手企業に都市部からの誘致企業が多いことである．またこれら山陽3県に展開する地場協力会組織，そして山陰2県の（鳥取県の多くは独立系）地場企業群の大半は，規模がかなり小さいことも指摘した．これに対して大手独立系企業の代表例として取り上げたタイヤ企業は，中国地方に工場があること自体が稀であり，中核企業との関係はあくまで市場取引型であった．ただしこの点は，いずれの完成車企業系列にも属さないという意味で相手がトヨタであろうと日産であろうと同様だということも明らかになった．

最後の第３部では，集積内部での産学官金連携の要となる，国・自治体並びに金融機関といった支援機関を中心に議論を展開した．明らかになったことは，中国地方の各県で少しずつ性格は異なるものの，行政が自動車産業を支援するという意味では他の地域と較べて格段にコミットメントの水準が高いという点であった．例えば広島県では経済産業省中国経済産業局と県とが密接に連携し“官主導”の，岡山県では県の力を借りながらもどちらかというと“民主導”の連携をそれぞれの特徴としながら実績を残してきた．完成車企業の工場が存在しない鳥取県では，中国地方ではなく愛知県のトヨタにその顧客を求めるという野心的な取り組みが進行中である．これら行政による支援が具体的成果を生み出している（生み出しつつある）背景には，それぞれにキーパーソンと呼べるような人材が存在することが大きかった．各県の企業や集積の特性を知悉し，なおかつその存立のあり方に対して常に問題意識を持ってきた人の存在こそが，中国地方における行政からの支援枠組みを実効性あるものへと育ててきたのである．他方で金融機関については，各県に有力地方金融機関があるものの，自動車産業に限定した支援という文脈では（広島銀行を除くと）そこまで際立った行動が見られなかった．むしろメガバンクの地方支店の方が，その情報力を活かし企業の経営再建や海外進出等の局面で適切なアドバイスや支援をしている印象を受けた．しかしながら歴史を紐解いていくと，中国地方以外と比べれば金融機関が中国地方の自動車産業の発展に貢献してきたことは間違いない事実である．今後は，地場企業側がもっと金融機関の融資以外の能力を引き出すように働きかけていくことが望まれているのである．

以上が簡単ながら本書で議論してきた内容の要約である．続いて，本書の研究目的であった中国地方の自動車産業が抱える本質的な問題性についてである．

２．問題性の指摘

本書での研究期間に筆者らが様々な企業，団体，公的機関を訪問し見えてきた中国地方の自動車産業に内在する問題性とは次の３点である[1]．順に説明しよう．

問題性１：戦略的な“随伴進出”放棄の罠

これはもっぱら第１部の分析から見えてきた問題性である．中核企業の国際展開に対する地場企業の意思決定，とりわけ中核企業と足並みを揃えて国際化（＝随伴進出）することに躊躇を覚える企業のことである．今日，多くの完成車企業は自社系列企業，つまり企業グループの範疇にある取引先といえども明確に随伴要請することは稀になっている．あくまでその意思決定の帰結は部品企業側の責とされる．そのため部品企業の中には，高いリスクを背負ってまで国際化しなくとも，国内取引をしっかりと固めておけば良いという考え方になるところも出てくる．戦略的に随伴進出を放棄するという選択である．しかしながらその意思決定がとてつもなく大きな代償を支払うことになるということを強く指摘しておきたい．海外市場において中核企業は，随伴進出できなかった（あるいは主体的にしなかった）部品企業から国内で調達していた部品の代替先を選定しなければならなくなる（場合によっては内製する）ため，海外市場における調達構造の再現性は低下する．代替先候補はいくつか想定される[2]．典型的なのは，現地に進出済みの日系ないし他の先進国系企業から調達することである．QCD の条件さえ見合えば，民族系企業からの調達もありえる．ただしわが国完成車企業の現地調達の傾向[3]から推察するに，実態として前者，さらに言うと企業グループ以外の日系企業からの調達が現実的となるだろう．

問題は，これが企業グループ以外の企業に取引の実績をもたらすことにある．国内であれば地理的近接性と関係的近接性の両面で有利な地場企業の“シマ”として踏み込めない領域のはずが，海外市場であれば外部の企業であっても比較的容易に完成車企業との間に新規取引口座を開くことができる[4]．中核企業は時間の経過とともに海外工場を次々と新設していくだろうから，随伴進出しなかった企業はその都度当該進出先国市場での取引を失う反面，代替先企業には取引実績がますます蓄積されることになる．そうしていずれ代替先企業は，随伴進出しなかった地場企業の国内市場での引き合い時に強力なコンペティターとして登場するのである．この時点で代替先企業は“外様”ではなくなっている．そのためこの段階に至ってしまえば，競合の結果は不透明になってくる．つまり，国際化に躊躇し国内市場に固執するということは，中長期的には注力したはずの国内市場すら失う余地を自ら作り出すことになるのである．海外市場において中核企業の調達構造の再現性確保に貢献した地場企業とそうでない企業との格差はここにおいて露顕する．本書で何度もくり返してきたように，本質的に自動車産業はグローバル市場での競争論理に組み込まれている．ゆえに，いかなる企業のどのような事情が背景にあろうとも国際化しないという選択肢はありえないのである．また国際化とは，裏を返せば他の完成車企業と取引を始めるための近道でもあるということを示唆している．企業経営の高度化は不可欠ながら，リスク相応のリターンは十分に期待できるということである．

それでは具体的にどうすればよいのか．ここからはあくまで試論に過ぎないものの，例えばこれまで国際展開の実績がなく現地で有望なパートナーを見つけられる見込みに乏しいような地場企業の場合，すなわち個社では手も足も出ないようなときには，中核企業主導の地場企業再編も有効な選択肢になる．企業同士の再編とまでは言えないながら，既に成功した先例がある．例えばマツダのメキシコ展開の際には，広島の地場企業のうち，シート企業２社（デルタ工業と東洋シート）とプレス部品企業２社（キーレックスとワイテック）がマツダからの要請を受けて各々合弁企業を組成し随伴進出した．これらの企業はいずれもマツダの取引先として大手の部類に入るため，国際化に手も足も出ない企業の事例とは言えないが，中核企業が適切に手を差し伸べることさえできれば，地場企業の国際化リスクを極力小さくしながら随伴進出を実現させることができるということを証明している[5)]．こういった地場企業の再編は，中核企業の主導無くしては決して進むことはない．地場企業に一定の方向性を与えながら現地調達の再現性を高めていくことが，翻って地域経済の存続にも繋がるのである[6)]．

問題性２：生産工程自動化のパラドクス

これはもっぱら第２部の分析から見えてきた問題性である．中国地方の自動車産業に携わる部品企業の多くが，人口減少への備えとして生産工程の自動化を進めようとしている．このことは部品企業の立地や規模を問わず共通している．中核企業とて例外ではない．人口減少，とりわけ生産年齢人口の急減期を待たずして，わが国では2012年のアベノミクス開始以降，有効求人倍率は上昇を続けており，既に外部労働市場の需給関係は逼迫している．筆者らの中国地方での一連の企業調査でも，広島市や岡山市ですら現場技能職の採用に大なり小なり影響を来していることが明らかになっている．どの企業でも外国人技能実習生を採用しており，政府もその受け入れ期間の延長に動いてはいるものの，これとて労働力不足の本質的な課題解決にはなりえない．送り出し国側の事情に決定的に左右されるため，決して安定的な労働力の供給源ではないのである．現に2010年代前半頃まで技能実習生の最大の送り出し国であった中国では，経済成長にともない賃金が上昇したことで，若者はわざわざ日本で実習に参加することに魅力を感じなくなっている．そのためここ数年で技能実習生の出身国構成が変わってきており，ベトナム人がその中核を占めるようになっている．

わが国の人口減少問題はこれに追い打ちをかけることになる．そこで企業はこぞって生産工程の自動化を志向し，より少ない従業員でも生産活動が維持できるような方法を模索している．筆者らが数々の現場を観察した限りでは，その動きは既に具体化され進行しているようである．確かにこれは，各社の生き残りにとって最善の選択の1つなのであろう．しかしながらここで人口減少問題，とりわけ地方から人が減っているという避けがたい事実をふり返る必要がある．序章でも議論してきたように，2000年代以降に製造業と建設業とが地方で衰微したことにより，働き口を失った若者（生産年齢人口）が都市部へと流出した．いったん都市部に流出した人口は，基本的にその出身地やそれ以外の地方に回帰することはない．もはや地方には雇用基盤がないためである．そのため，ある地方の全域で生産工程の自動化率が軒並み高くなると，そこでの現場技能職需要が著しく低下することになり，結果として地方から人を奪ってしまうことになる．生産年齢人口のうち若年層は次世代の人口再生産の基盤でもあることから，若者が流出してしまった地方での人口の自然増はもはや期待できない．こうして高度に自動化が進んだ地方では，もはや労働集約的な量産規模の工場を再生産することはできなくなる[7]．このことは生産活動のフレキシビリティにとって大きな制約となる．全ての生産活動が自動化で対応できるわけではないからである[8]．また人口の厚みがなくなると，いずれその自動化を検討する技術者（知識労働者）までが育たなくなってしまう．これも序章で指摘したように，人口増加にはその地域に高等教育機関が必要とされるが，人口減少が著しくなればこれすら維持できなくなる怖れがある．わが国の旧・帝国大学の所在地を考えれば，このことの妥当性は明らかであろう．本来は人口減少に対応するための生産工程の自動化が，かえって人口減少を加速させる要因になりうるというパラドクスである．地方で労働集約的な生産機能の再生産を放棄するということは，人口減少を所与とするとき，それが不可逆的行為なのだという点を我々は決して忘れてはならないのである[9]．

ところで筆者らが企業調査を進める中では，「生産しやすい現場づくり」という声も一定数聞くことができた．これは一見すると生産工程の自動化に似ているようであるが，その効用は単なる人減らしのための自動化とは大きく異なる．生産しやすい現場づくりの内容が，これまで積極的に現場技能職として採用してこなかった女性や高齢者（既存従業員再雇用）の労働力活用だからである．この取り組みには必然的に労働環境の改善や福利厚生面での充実をともなうため，従業員満足度を高め離職率低下に寄与することだろう．何より，地方に雇用基盤を提供し続け量産工場を一定程度維持することに繋がる．若年女性の安定雇用はその地方での生活を保証することになるため，壊滅的な人口減少に対し歯止めをかける要因にもなるだろう．とりわけ女性の現場参入には，従来の生産思想を一変させ新たなイノベーションを惹起することが期待される．したがって生産工程の自動化は，生産しやすい現場づくりと二人三脚で企画し実行されるべきである．

ただしこれだけでは競争力ある工場の必要条件ではあっても十分条件ではない．地方発の魅力ある製造業のあり方を発信していくことで，優秀な人材を少しでも地方に留めることができるかもしれない[10)]．そこでの発信内容とは，政府が旗振りをする「働き方改革」をさらに進歩させたものでなければならない．わが国が先進国の中でも先頭を切って直面している急激な人口減少は特殊な環境制約であり，それが最も著しく顕在化するのは大都市部ではなく地方である．中国地方には，地方発の魅力ある製造業のあり方を検討し発信していくことのできる産学官金のプレーヤーが揃っている．これを強みとして認識すべきでる．

問題性３：外部労働市場への訴求力不足

これはもっぱら第３部の分析から見えてきた問題性である．問題性そのものというよりも，ややソリューション提起寄りの論点になる．先の問題性２とも拘わる人的資源上の問題ではあるが，ここでの対象は現場技能職ではなく技術者を念頭に置いている．マツダと三菱自・水島といった中核企業はグローバル企業であり，国内でも知名度が高いため技術者や幹部候補人材の採用について今のところ大きな課題は抱えていない（三菱自では技術系人材は東京一括採用後，水島に配属される）．その一方で，地場企業の多くは未上場であり中核企業と較べるとどうしても知名度や待遇面で劣位にある．外部労働市場での需給関係が逼迫してくると，中核企業と地場企業の間，あるいは地場企業間で優秀な若手人材の争奪戦になってしまう．こうなると，産学連携の枠組み等で有力大学の研究室と関係を結ぶ中核企業や地場企業の中でも有力な数社にばかり人材が集中してしまうことになる．ライバルは中国地方ばかりではない．就職をきっかけに東京や大阪といった大都市圏に転じることを志望する若者は少なくないからである．

それでは地場企業が圧倒的に不利なままなのかというと，必ずしもそうとは言えないようである．筆者らが企業調査を重ねて見えてきたのは，地場企業には比較的オーナー系が多くそもそも上場を志向しているとは限らないこと，また上場していないからこそ連結決算を外部に積極的には公表していないことである．そのため，海外子会社の業績を合算すると実は“隠れ大企業”と呼べるような事業規模の存在が明らかになることも少なくなかった．また企業規模や売上高自体はそれほど大きくなくても，ある特殊な領域では高い技術力を誇るような企業も散見された．こういった企業の一部には，中核企業同様に産学連携の枠組みを利用して地元の頭脳である広島大学や岡山大学といった国立大学の研究室（時には関西圏の主要国立大学まで）と交流関係を持ち，そこから人材の供給を受けているところもあるが，それはまだ少数に過ぎない．地場企業の多くは，自社に優れた競争優位があったとしてもそれを訴求するための有効な手段を持っていないため，技術者の採用面で常に苦戦しているのである．

そこで，産業集積を形成する地場企業が（少数であっても）安定的に優秀な技術者を採用するために，産学官の繋がりを活かした紐付き奨学金による技術者採用のための仕組みづくりを提案したい．それは例えば，ひろしま自動車産学官連携推進会議（ひろ自連）や岡山県自動車関連企業ネットワーク会議（おか自ネット）といった既存の産学官連携プラットフォームを活かすことで実現できると見込んでいる．

具体的な手順はこうである．これらの枠組みの中で，広域かつ専門分野別インターンシップ制度を整備し，奨学金の給付対象候補者を各大学から募る．インターンシップ期間をつうじて企業側と学生側の双方に将来的な雇用・就業の意思確認ができた場合，研究室の配属が決まる学部3回生進級時点，あるいは修士課程進学時点で奨学金の給付契約を結ぶのである．所属研究室との調整は必要であろうが，企業側の要望を考慮して研究テーマを選ぶこともありえるだろう．また県内出身者を特定することさえできれば，中国地方以外の主要大学に進学している学生にも適用することで，Uターン就職のきっかけづくりにもできるはずである．

この制度には2つの大きな利点がある．1つ目は，大学の研究室との共同研究とは異なり，仮に奨学金給付学生の在学時の研究活動が期待どおりにいかなかったとしても，技術者採用という形で企業が実を取ることができる．筆者らの企業調査時には，共同研究型の産学連携の課題として，企業側のニーズと大学側のシーズが必ずしも合致しないことや両者の間にはプロジェクト推進の時間や費用の感覚に埋めがたいギャップが存在することが当事者から指摘されていた．紐付き奨学金制度であれば，最終的に技術者の採用という点で奨学金給付という投資に対するリターンが一定程度担保されることになる．考え方次第であるが，奨学金は予め給付額が決められるため，共同研究よりも低コストで運用することができるかもしれない．２つ目は，この制度が地域でのリクルーティングを巡る事前調整型取り組みだということである．企業と学生とは専門分野別インターンシップの場でマッチング済みであり，確約こそないものの，どの企業がどの学生の採用に動いているのかは可視化されている．これであれば，外部労働市場をつうじて就職活動期に企業間で熾烈な採用競争になり，結果として知名度に優る中核企業や一部の有力地場企業ばかりが有利になるということも少なくなるだろう．学生にとっても利点は多い．それは例えば，比較的長期間にわたって経済的恩恵に与ることができることに加え，特定企業とのコミットメントを深めることで就業上のミスマッチを事前に排除できるといったことである．また，大学での研究そのものに明確な目的意識を持つことにも繋がるはずである．

以上のような紐付き奨学金制度は，他の地方に較べて産学官の距離感が近い中国地方だからこそできる取り組みだと言えるだろう．細部の制度設計は慎重に行う必要があるものの[11)]，産業集積に参加する企業に広く人材採用の機会を拓くという意味で，検討するに足る提案ではないだろうか．

３．残された課題

以上が本書での一連の分析から導出した，中国地方の自動車産業に内在する３つの問題性である．これらの問題性に通底する本質は，合成の誤謬にある．産業集積を形成する各社は，生き残りを企図して個別最適の行動を進めようとしてきた．それ自体は営利目的の経済主体として合理的である．競争の過程で優勝劣敗が生じることもあるだろうが，それは健全な取り組みの帰結であり経済を成長させる原動力である．ただしそこに（地方ではより顕著な）人口減少問題というわが国固有の環境制約が加わったとき，個別最適は必ずしも全体最適とは言えなくなる．前節で指摘したように，多くの企業が国際展開すれば追随できない企業が現れて産業集積全体の競争力に悪影響を及ぼしかねないこと，人手不足を解消するため生産工程の自動化を図れば図るほど地方から人口が減ってしまうこと，各社が限られた優秀な人材を獲得しようとすると集積内部に軋轢を生んでしまうこと，これらの背景は皆共通しているのである．重要なことは，当該地方が置かれた事業環境を俯瞰することで合成の誤謬の存在を指摘し，意図的にそれを調整しようとする存在・意志・行動力がその地方に具わっているかどうかである．かねて合成の誤謬は対処しがたいものであったため，それが後に大きな社会問題になることも珍しくない．例えば，いわゆるロストジェネレーション世代という言葉を生む原因にもなったように，わが国では2000年前後に経済界がこぞって新卒採用を絞り込んだため，今やどの企業にも中堅層が不足していることなどがそうである．これと同じような構図に陥ってはならないのである．

本書は地域自動車産業論というカテゴリーを標榜し，あくまで中国地方という限定された地域経済の再生産に寄与しうる実践的な議論を試みてきた．しかしながら最終的に建設的な提案に至らなかった点もある．その最たるものは，労働集約的でありながらも競争力のある国内量産工場のあり方を検討し，その維持・存続に向けて具体的かつ実践的な手法の提示にまで及ばなかったことである．自動車産業にとっては，どのような形であれ企業活動の国際化が存立のための絶対条件であることを指摘し，その上で人口減少が進む地方においては優秀な技能職や技術者を地方に留めることが最重要の課題であると主張したことまでが本書の到達点である．優れた人材を中長期的に安定確保することは，労働集約的でありながらも競争力のある国内量産工場を成立させるために必要不可欠な要素である．しかしながら，そのような人材を擁して集積内部で一体どのような量産工場を営めばサステナブルなプロフィット・センターでいられるのかという具体的条件までは明らかにできなかった．本書はあくまで筆者らの研究プロジェクトの一里塚に過ぎない．ゆえにこの点は今後の課題としたい．

注

1）本節での指摘は，経済産業省中国経済産業局地域経済部の皆様との数度にわたる意見交換を経てまとめたものである．ご指摘や助言を頂いた方々には，ご協力に感謝申し上げる.

2）ここでは，国内調達の延長として捉えられる輸出対応のことは除外している.

3）海外市場での日系企業による現地調達の傾向については，佐伯［2018］（第６章）も参照されたい.

4）企業間での取引口座の重要性については，例えば稲水・若林・高橋［2007］参照.

5）一般に，わが国自動車産業の取引慣行としてバルキー（重量物かつ輸送効率の悪い荷姿で相対的低付加価値）な部品の調達では地理的近接性が重視される．本書が分析してきた地場企業の多くは，まさにこのバルキーな部品領域に長けている．地場企業が既に高い納入シェアを誇るこれらの部品領域ならば，随伴進出を着実に進めることで海外市場の受注を防衛することが可能になるはずである.

6）ただしここで挙げた考え方は，あくまで中核企業都合のものに過ぎない．地場企業にはそれ固有の論理があって然るべきである．地場企業にとって企業活動の国際化とは，第一義的には国内産業集積での取引関係を海外市場にも外延することであるが，その方法論や展開可能性にはいくつかの選択肢がある．ここで論じてきた①単独進出（グリーンフィールド型の海外直接投資）や②国内同業種との合弁企業設立のみならず，③進出先国のパートナーとの合弁も有効な手段である．異なる取引階層として進出することも考えられる．④国内では Tier 1 の企業が，海外市場では Tier 2 として参入する場合である．これは新規取引先の開拓時や，欧米のメガ・サプライヤーと取引する際に採られることが多いだろう．欧米のメガ・サプライヤーにとっては，設計開発まで分かる日系部品企業を取引先とし，製造委託することの利点は大きいようである．2018 年 7 月 2 日に実施した東洋シートへのインタビューによる.（岡山県の部品企業では中核企業側の事業環境の変化にともない国内でもこのような動きが見られる.）また逆に，⑤国内では Tier 2 だった企業が，海外市場では Tier 1 になることもある．2018 年 8 月 20 日に実施した広島銀行バンコック駐在員事務所へのインタビューによると，海外市場では日系企業の進出はせいぜい Tier 1 止まりであり，Tier 2 は非常に少ないとのことであった．そのため例えば鳥取県本社のアイエム電子などは，タイへの進出が 2012 年と他の日系企業に較べ遅かったものの，Tier 2 需要が想定以上に大きく現地での事業活動が短期間に急成長したという事例もある．2018 年 8 月 21 日に実施したアイエム電子（タイ）へのインタビューによる．海外市場においては，Tier 1 か Tier 2 かはさほど大きな問題ではない．京都産業大学経営学部の北原敬之教授（元デンソー）は，かねて Tier 1 や Tier 2 は取引階層の序列のことではなく，ビジネスモデルとして認識すべきであるとの持論を展開されてきた．まこと慧眼であろう．その他にもトヨタ・グループの中国におけるアフター市場ビジネスで行われている，⑥有力部品企業が他の日本企業の部品を流通させたり，民族系を含む現地企業等の生産する部品に自社ブランドを付与して販売したりするといった商社的機能を利用するという手もある．ただしこの手法の場合，中核となって流通網を整備する企業の存在が不可欠であり，なおかつ商材は定期交換部品や補修部品に限定される．また当のトヨタ・グループでも試行錯誤が長く続いており，大きく成功したビジネスモデルではないことに注意が必要である．なおアフター市場での３大商材はＴ（タイヤ）・Ｂ（バッテリ）・Ｏ（オイル）とされるが，このうち前２者では完成車企業はその流通に一切関知しておらず，それぞれの専門部品企業が独自に流通網を構築しているという特殊事情がある．2018 年 12 月 19 日に実施した，デンソー並びに豊田通商へのインタビューによる．

7）これが大都市圏であれば事情は異なる．少なくとも短期的には，地方からの社会流入によって人口減少が緩やかに進むため，条件次第では労働集約的な生産機能を回復させることもできると考えられる．

8）大企業と中小企業とがなぜ社会的分業関係として併存してこられたかを考えれば自明のことであろう．ロットの小さい半端な作業やごく短い納期への対応は，本来規格大量生産を得意とする自動化工程にはそぐわない．また自動化を維持し更新していくための設備投資負担も大きい．十分な検討を経ないまま人を減らすことだけを目的とする自動化を推し進めるのは，諸条件を無視して中小企業が大企業と同じ土俵に立とうとするようなものであり，無謀だと言わざるをえない．

9）伊丹［2019］は，「あきらかに，海外現法の売上増と国内の産業の付加価値の規模拡大は強い相関をもっている．海外現法へのさまざまな輸出が，国内産業の付加価値を大きくしているのである．その意味では，海外なくして国内なし，でもある」（p. 140）と断言している．さらに，「（今なおわが国製造企業が強みを持つ）複雑性製品の多くでその生産を支えるのは，しばしばコモディティ型製品の大量生産を経験することによって培われた生産技術や生産設備だということ……（中略）……つまり，複雑性産業セグメントをめざすには，逆説的だがコモディティ製品の生産ベースを何らかの形で維持するあるいは確保する必要がある」（p. 159，かっこ内筆者補足）とも述べている．前述の問題性１とも拘わって，伊丹の主張に対して筆者らは全面的に同意する．ただし伊丹の姿勢はあくまで普遍的なものであり，その行動主体が人口減少の影響を避けられない地方に立地する企業の場合どうなるのかという点にまでは言及できていない．

10）これのみならず，より直接的な方法での訴求も重要である．それは，労働分配率の見直しによる大幅な賃金上昇の実行である．序章では中国地方５県の製造業の賃金が低いことを指摘したが，人口減少社会において優れた人材を惹き付ける上で，これは強みではなく弱みだと認識を改めるべきである．

11) インターンシップやその後の奨学金給付期間での双方の義務の明示やトラブルシューティングといった細部の作り込みに加えて，学生の職業選択の自由を保障するために，当該学生が万一奨学金の拠出元の企業に就職しない場合に，奨学金の返金を以て関係性を破棄できるとするような“退出条件”も詰めておかねばならない．

補論3　先行研究の検討

序章で言及したように，本書では，自動車産業の分析における（企業グループの）経営戦略論と（集積の固有性を意識した）地域経済論とを折衷した産業集積の動態的研究のことを地域自動車産業論として提唱しようとしている．以下，この議論と密接に関連する産業集積論，企業間関係論（企業グループ論），国際経営戦略論の3つの先行研究領域をサーベイし，本書の分析枠組みがどのような視点から組み立てられているかを示す．

(1)　産業集積論の視点

地域の固有性を念頭においた自動車産業の実態を描写した先行研究としては，例えば広く全国の自動車産業の集積地を取り上げたもの（藤原［2007］，小林・丸川編［2007］），そして本書の分析対象に合致する比較的新しい研究であれば，広島県のマツダ等の動向を解説したもの（木村［1999］，植田［2010］，岩城［2013］，菊池［2012，2014］，山崎［2014］），岡山県の三菱自を中心とする機械工業集積を分析したもの（渡辺［2011］），そして中国地方に加えて新興の集積地である東北地方と北部九州圏（福岡県，大分県，熊本県）とを比較対象としたもの（折橋・目代・村山編［2013］）を挙げることができる．他方で，中国地方全域あるいは隣接する北部九州の自動車産業集積を広範に捉えた分析としては，経済産業省自動車課編［2014］並びに同省の地方経済産業局がまとめた報告書（経済産業省中国経済産業局［2006，2008］，経済産業省九州経済産業局［2015］）が産業政策を交えた議論を展開している．また，北部九州に中国地方の山口県を加えた輸出志向型の拠点を一括りにした藤川［2015］の研究等がある．

これら地域経済の中に自動車産業を位置づけた諸研究は，（本書が分析対象とする中国地方はもちろんのこと）当該地域ごとの特徴や課題を明示している．これに対し本書では，地域の中核企業たる完成車企業の競争優位獲得にとって集積がどのように寄与しうるか，あるいは中核企業との相互作用により取引先企業側はどのような競争力を獲得することができ，そのためにどのような行動が必要なのかという側面により大きな関心を寄せている．

特定地域を念頭に，そこでの自動車産業の生成と発展の経緯，そして存続上の課題を企業視点と行政視点から包括的に論じた地域自動車産業研究としては，前述の折橋・目代・村山編［2013］が本書にとって直接的な先行研究となるだろう．折橋らの研究では，トヨタや日産をはじめとする大手完成車企業の巨大な分工場が立地する東北地方と北部九州圏における地域自動車産業の実態と課題が詳細に検討されている．これらの地域は，序章にて指摘したように，中核企業の産業財需要が集積内部では不完全にしか満足できない場合を指す域外依存型の典型例である．これら両地方に共通する特徴としては，中核企業の開発機能及び調達権の不在，（地場企業からの）現地調達率の低さ，国内他工場との競争といった諸点を挙げることができる[1)]．とりわけ最後の点は，分工場型経済圏はそれがいくら巨大な規模を誇ろうとも，その成長の余地が国内市場と自由貿易圏が拡大する今日において先細りが懸念される輸出とに限定されているという本質的な弱点を示唆している．したがってこれら域外依存型の集積とは，先に挙げた開発機能及び調達権の保有や現地調達率の引き上げをつうじて地域に根ざした活動へと高度化していかない限り，その存在意義は中核企業の（本社近隣の）主力工場ないしは海外工場の生産量変動のバッファに矮小化されたままであり，したがって国内市場の長期的縮小・衰退の行方次第によっては潜在的に撤退の蓋然性を抱えたままなのである[2)]．

折橋らの研究よりもさらに遡ると，自動車産業に対象を限定したものではないが，中央大学経済研究所編［1976］もまた特定地域の産業集積を詳細に分析した研究として挙げられる．同研究では，日立製作所を中核企業とした下請構造の解明に焦点が絞られている．とりわけ，昭和30年代から40年代にかけての抜本的な下請再編政策（無差別な下請利用から階層別下請管理への転換）の経緯が記されており，史料的価値としても高いものである．日立製作所には自動車部品製造を担ってきた佐和工場があるが，これら輸送機械に携わる分野では，「『乗用車組立メーカー』→『日製（日立製作所）』→『一次下請』→『二次下請』→『家族経営（三次下請）→内職』[3)]」といった6段階にもわたる下請利用の階層性が存在すると報告されている．特定地域の産業集積を細かく見ていくことで，このような複雑な取引関係を明らかにすることができるのである．そしてそれは同時に，地域の産業集積で従事する従業員（≒住民）の存在を意識することでもある．産業集積の存続は，地域の住民の暮らしや人口規模によっても大きく左右されるのである．

そもそも産業集積の議論は，マーシャルやウェーバーの古典的研究を起源とする．マーシャルは集積内部に同業種企業が多く立地することで生じる外部経済を指摘し，他方のウェーバーは企業立地が近接することによる費用最小化が集積の生成論理にあたると説明した．すなわち，「マーシャルは同一産業の地域的集中の利点や地域の特色について，またウェーバーは同種工場の規模拡大や工場の統合について，それぞれ異なる方法で説明をしてきた[4)]」という違いがある．集積論の系譜をレビューした松原［1999］では欧米の比較的新しい産業集積研究を取り上げており，「スコットの集積論がウィリアムソンの議論に基づいていたのに対し，ストーパーは，浅沼萬里［1997］の『関係的技能』に発想を得ていると思われる[5]」と述べる．ウィリアムソンの取引コスト・アプローチ，そしてそれを発展させた浅沼の諸研究は，今日の（とりわけ自動車産業を強く意識した）サプライヤー・システム研究に理論的基盤を提供しているが，産業集積研究の中でこれらを位置づける視点は斬新である．このことは，産業集積に具わる取引システムとしての側面を象徴している[6]．

また，「新産業集積論」と呼ばれる欧米の諸研究（クルーグマン，ピオリ＝セーブル，ポーター，スコットら）をレビューした伊藤［2000］は，欧米と日本の集積を形成する主体間に相違があることを次のように指摘した．すなわち，「加工組立工業の先進国である欧米の場合，……（中略）……部品加工部門・半製品製造部門は，完成品製造部門の内部において，分工場あるいは補完的な作業場の形をとって成立し，以降も，外注よりも内製の比率が高いままに今日に至っているが……（中略）……日本の場合，この部・半製品部門が法人格として独立した，下請・関連工場の形で受け持たれている[7]」ということである．伊藤の指摘は，わが国の産業集積を構成する企業群には，中核企業とは別個の存在として独立した企業ばかりではなく，資本関係を有し中核企業の別働隊として組織された企業が一定の割合を構成する事実を説明している．そしてこの点は，本書が地域自動車産業論を中核企業と集積内部に立地するその他の企業とを一連の企業グループとして捉えるアプローチとも整合的である．同時に伊藤は，欧米の新産業集積論から次のような示唆を得ている．それは，「『産業集積』を超歴史的に，また，国民経済という環境から切り離して，形式的な抽象の世界で議論することはほとんど意味をもたないように思われる[8]」ということである．同様の指摘は植田［2000］にも見られ，「産業集積の持っている機能やポテンシャリティは，それぞれの地域の独自性に規定され，特徴を持っていることが多い[9]」とも評価されている．確かに産業集積はその性質上いくつかに類型化することが可能であるが，それぞれの集積には経路依存的な生成の論理があり，また国や地域が抱える歴史的文脈にも左右される．本書が地域自動車産業論を標榜するのは，このような考え方を強く支持するからである．

続いて，わが国での産業集積研究の系譜を確認しておこう．植田［2000］では，戦前の「月島調査」，そして1950年代から1960年代に進められた東京大学の労働問題研究グループによる京浜工業地帯調査にわが国の産業集積研究の起源を求めている．その後1970年代に入ると経済地理学が，そして1980年代に中小企業論がそれぞれ産業集積を研究対象とするようになってきたと説明する．両者の違いとしては，「経済地理学からのアプローチの最大の特徴は，特定工業地域を対象に分析を行い，工業地域のシステムをトータルに描こうとしたこと……（中略）……中小企業論や産業論からのアプローチのように特定の企業間関係，特定の産業を最初から抽出して分析する方法とは異なっていた……（中略）……したがって地域の産業構造，分業構造の実態把握に分析の焦点が置かれ，地域全体の構造把握が重視された[10]」ことが挙げられている．また植田は，「産業集積本質論・理論的研究を進めているグループには，直接そうした分野と関係を持たない経済学，経営学の研究者が広く参加している……（中略）……既存研究への言及は少なく，対話が十分に成立していないように思われる[11]」とも指摘している．産業集積研究をめぐっては，古くから関与してきた経済地理学，中小企業論の論者同士はもちろんのこと，これら実証研究者と理論研究者との間にも研究上の交流が希薄であり，それは同時に相互の研究資源の浪費とも捉えられかねない状況になっていることは危惧すべき点である．

わが国の産業集積が転換点を迎えたことについては，植田［2004］が次のように整理している．それはすなわち，「日本の産業集積は日本の製造業が持っていた『フルセット型産業構造』『国内完結型の産業発展』を前提に成立していたのであって，こうした条件は1990年代以降，経済のグローバル化，日本企業の海外進出，日本企業の海外からの部品調達の増大という変化の中で，変わりつつある[12]」ということである．フルセット型産業構造とは，関［1993］の中では「明治の近代工業化以来一貫して追及され……（中略）……すべての産業，技術分野を一国内に抱え込む[13]」こととして紹介され，「日本の近代工業化をめぐって，海外から導入された大型の技術，設備の多くは地方圏に投入され，企業城下町を形成していった[14]」と説明されている．この点は，先に紹介した伊藤［2000］や植田［2000］の主張とも整合的である．つまり，わが国の産業集積には固有の生成論理があり，その経路依存性がわが国の集積上の性格をかなりの程度規定しているということである．

フルセット型産業構造が機能していた時期，すなわち1980年代頃までの産業集積を下請生産システムの視点から論じたのが渡辺［1985，1997］による一連の研究である．渡辺［1985］は，「親企業側からみた生産分業上のピラミッド構造と，下請企業側から把握される下請中小企業の特化を媒介した多様かつ多角的な取引関係の形成とが組み合わさることによって，全体的な下請生産システムができあがっているとみるべき[15]」とその特徴を説明し，これを「山脈型分業構造」と表現した．その意義は，「下請生産システムの基本的単位を，第一義的には，機械工業全体として設定しうるとしたこと[16]」にある．また渡辺［1997］では，「現在の工業集積は，既存工業集積単位として見れば，完成品の生産をめぐる社会的分業構造としてではなく……（中略）……集積内立地企業に分散企業にはない独自の生産機能を付加する存在，そして，集積内立地企業間でそして立地集積間で生産機能上の差異をもたらす存在として把握される必要がある[17]」と述べている．以上の渡辺による産業集積の評価は，暗黙的には特定集積内部で取引関係がある程度完結している，すなわち立地と取引とが概ね一致する域内完結型の姿を前提にしているようでもある．そしてより重要なのは，集積間には違いがあるため，企業間の関係と同様に集積間にも競争圧力が働いているという指摘にある．競争する産業集積という考え方である．

しかしながら前述の植田［2004］でも指摘されているように，1990年代以降のわが国産業集積のあり方は大きく変わってきている．それは端的に言えば，集積の広域化であり，時としてその範疇は国境をも超えた概念として把握されていくようになる．渡辺［2011］では，「1990年代の構造変化を，『国際分業の深化』といった一般的なものに還元できるものではなく，筆者のいう日本製造業の東アジア化として把握すべきものである[18)]」と主張しており，ゆえに渡辺は「東アジアへの対外直接投資なり東アジアからのOEM調達なりを，国内での広域的社会的分業構造形成の延長線上で把握している[19)]」のである．このような渡辺の主張は，1990年代以降度々議論を呼ぶことになる産業空洞化への一種のアンチテーゼと評することができる．ここでの主張によれば，わが国の企業は国内での企業活動を東アジア大で展開するために，国内外での分業構造を設計する必要性に迫られる．この点については，後段の項（国際経営戦略論の視点）で詳しく議論しよう．

ところで渡辺は，自らの産業集積観のことを「集積相対視論」と呼んでいるが，これは「当該産業集積が，産業集積として，従来からの優位性を依然として保持していたとしても，競合する産業集積が一般的立地条件の大きく異なる地域に出現するならば，当該産業集積の集積としての再生産の展望は，大きく変化することになる．当該集積の内的条件，環境条件への対応能力を含めた内的条件のみによって，当該集積の存立展望が決定されるのではない[20)]」という見方を意味している．これもまた競争する産業集積の性格を説明したと捉えられようが，渡辺［2011］での概念整理は同［1997］時点よりもさらに精緻化されており，「同様の市場・需要を対象とする産業集積間，そして産業集積地域間も競合し，その競合の結果として栄枯盛衰が生じる．産業集積が存在し，集積の経済性が存在することそれ自体は，産業集積がない場合に対する経済性を実現するが，その経済性の存立だけで，産業集積の再生産・発展が保証されるものではない．競合の中で，どのような優位に立ち，産業集積地域内に立地する企業群が，他の地域に立地する企業群に対し，いかなる競争上の優位性を与えられるかが問題となる[21)]」と述べられている．

経済活動のグローバル化を典型とする競争条件の変化により，比較的狭い範囲での立地に依拠した産業集積の経済性が無限定に優位とは言えなくなりつつある．企業活動は国際化し，その集積の範囲が立地という構造的側面から従来よりもやや機能的側面を重視したものになっていく中では，集積固有の競争優位の確立がこれまで以上に求められることになる．ここまでの議論でもくり返してきたように，産業集積そのものが元来文脈依存的な存在であるため，そのような固有差を所与としながら集積間で競争していくためには，立地する企業間の取引システム強化の意義がいっそう際立ってくることになる．そのような集積内企業群の取引システムを分析する単位として，本書では企業グループというスコープを導入する．

(2)　企業間関係論（企業グループ論）の視点

企業競争力を単独企業の枠組みだけで評価するのではなく，子会社・関連会社といった関係会社，そして時には資本関係を持たないながら取引依存度によって実質的に深い関係性が生じる外部の協力会社までを含めた企業グループという単位からそれを見ていこうとする研究は，堀江 [1970, 1971, 1972, 1973]，塩見 [1978]，坂本編 [1985]，坂本・下谷編 [1987]，坂本 [1988]，下谷 [1993] 等によって体系化されてきた．堀江らの研究よりやや先行する時期には，アメリカで Chandler [1962] が巨大化する企業組織が事業部制を採用していった過程やそのマネジメント上の意義について明らかにし，また Williamson [1975] は取引コストの観点から企業組織の規模がいかにして決定されるのかといった点を明らかにした．この時期の日米の研究者はいずれも，巨大化する企業組織をどのように把握し，その内部構造がどうなっているのかを解明するという点に関心を寄せていたのである．日米の巨大企業の構造面で決定的に異なるのは，アメリカ企業が事業部制組織をつうじてあくまで単一企業内部に複数事業を抱え込むことを志向したのに対し[22]，日本企業は積極的に事業単位（あるいは機能単位でも）を切り出し別法人化することを志向した点にある．堀江らの研究は，後者の視点からわが国の巨大企業の構造と管理機構の実態を明らかにしてきた[23]．

まず堀江 [1972] では，企業グループの概念のことを「巨大企業の『生産の集積』の構造としての有機的生産統合体は，法的な意味での巨大企業→関連企業または系列企業→協力企業という3つの企業類型の全体から構成されている[24]」と説明する．堀江は有機的生産統合体のうち巨大企業と関連企業（系列企業）とを取り出して「こうした企業集団を産業コンツェルンとよんで，わが国でいう金融集団を中核とする金融コンツェルンまたは財閥コンツェルンと区別[25]」している[26]．このことには，当時わが国で盛んに行われていた6大企業集団（三井，三菱，住友，芙蓉，一勧，三和といった旧・都銀を核とした融資系列）の研究に対し，別の企業集団像を提起するというねらいがあった[27]．

堀江の概念を引き継いだ坂本編 [1985]，坂本・下谷編 [1987]，坂本 [1988] の研究では，産業コンツェルンの構造は3層をなすとされ，具体的には「① 現場活動単位レベルでの子会社，② 事業単位（事業部）レベルでの子会社，③ 多事業統合単位（企業）レベルでの子会社[28]」があると説明されている．また親会社（巨大企業）との関係性は，「資本的・人的結合アプローチ，取引的・管理的結合アプローチ[29]」とに分類される．前述の堀江の定義によれば，前者には親会社との関係がより密接な子会社・関連会社（産業コンツェルンの構成主体）が該当し，後者には子会社・関連会社に加えて（産業コンツェルンには含まれない）協力会社も該当することになる．堀江が提起した有機的生産統合体[30]，すなわち本書でいう企業グループは，多くは親会社を頂点とした企業城下町を形成する特定産業集積内及びその近隣に立地し，取引的・管理的結合アプローチによって分類される企業群によって構成されているということである．また坂本編［1985］では，その取引的・管理的結合アプローチによって規定される企業グループの範疇を示す概念として，協力（会）組織の存在を挙げている．

ところで，わが国では巨大企業の内部組織としての事業部制が発展せず，代わりに有機的生産統合体という企業間関係が制度化された背景としては，「わが国の大企業が傘下に多くの子会社を擁するようになり，『企業グループ』を形成し始めた時期は……（中略）……顕著な現象として定着していったのは疑いもなく1930年代に入ってから……（中略）……1970年代以降にとくに加速化された現象[31]」であり，「事業部制組織が普遍的でなかった当時の段階での解決策……（中略）……企業グループ化による親会社自体の組織構造の単純化を図ること[32]」が優先されたと坂本らは解説している[33]．すなわち，わが国の（完成車企業を含む）巨大企業が企業グループを形成してきた要因は経路依存的なものであり，ゆえにこのことが中核企業たる完成車企業近隣に展開している各地の産業集積に固有性をもたらす遠因にもなったと考えられるのである．

巨大企業の全貌を把握するため1970年代以降に企業グループという分析枠組みが必要とされるようになった背景には，わが国で1978年度決算から導入された連結財務諸表制度の影響も大きかったとされる（坂本・下谷編［1987］，下谷［1993］）．また坂本・下谷編［1987］では，企業グループが持つ有機的生産統合体としての側面以外にも言及された．それは例えば，「国内企業グループの場合，本体との間での有機的関係が，主には階層的機能分化によってとらえられるのに対し，海外企業グループの場合には，加えて，市場開発拠点としての性格がそもそも付与されていた[34]」という指摘や，「金融子会社の展開……（中略）……企業集団，ないし都市銀行を中心とした伝統的な金融機関からの自立化を大きくすすめる意義をもつもの[35]」といった指摘に顕れている．このように企業グループの実像は，国内市場における生産連関に留まらず，地理的・機能的に拡大していったのである．そしてまた坂本らが提示するより重要な論点は，「関係会社群はあくまで親会社組織の延長線上に，また親会社を中心とする幾本もの放射線上に，それぞれのランクと職能に応じて位置している[36]」という企業グループ内での諸企業の関係性についてである．このことは，産業集積の内外において中核企業とその取引先企業との間には，**地理的近接性**に加え，資本連関や生産連関といった**関係的近接性**の２つの軸が併存することを示しているのである．

以上のような堀江，坂本，下谷らによる研究の系譜が示す本質は，下谷［1993］の以下のような記述に集約されていると言えるだろう．それはすなわち，「今日の企業間の競争とはすでに個別の企業と企業の間の競争ではなくなっている．子会社をも含めた『企業グループ』というものが競争の主体となっている[37]」という基本理解に基づいており，「現代巨大企業はけっして単体たる一法人として存在しているのではない．基本的には，資本所有関係上あるいは事業関連上からも密接不可分の数多くの関係会社とともに，全体として一個の経営統合体を形作って存在している[38]」ということである．ゆえに，「今日の『企業』とはそのまま『企業グループ』なのであり，したがって，『企業』分析とは『企業グループ』分析でなければならない[39]」のである．しかしながら本書では，以上の下谷の整理に加え，堀江［1973］が言及した協力会社までも含む有機的生産統合体としての範囲のことを「企業グループ」と定義している．それは，産業集積という地理的近接性を前提にするとき，中核企業との間に資本連関はないものの，濃淡こそあれ生産連関に組み込まれた数多くの協力会社が存在することの意義を無視できないからである．協力会社を企業グループの範疇に含めることの妥当性は，とりわけわが国自動車産業で顕著に発達してきた，中核企業ごとの協力会組織の存在に求めることができよう．くり返しになるが，この点は坂本編［1985］でも指摘されたことである．

その坂本編［1985］でも紹介された和田［1984］では，「親会社の管理的調整がシステムの周縁部分である協力会社，協力会にまで貫徹するようになった段階では，このシステムの中核・半中核・周縁部分を総称して『準垂直統合型組織』と呼ぶ[40]」とされている．ここでの中核とは親会社，半中核とは持株比率の大きい部品・車体企業等の関連会社，周縁とは持株比率の低い協力会社及び（資本関係を必ずしも前提としない）協力会組織のことを指している．協力会組織は，わが国自動車産業ではトヨタの協豊会や日産の日翔会（旧・宝会）が有名であるが，今日のそれと協力会が組成された当時とではその役割は異なる．現在の完成車企業の協力会組織に加盟することの意味とは，もっぱら親会社（中核企業）と直接取引関係がある（= Tier 1）ことを指すのみである．そこには完成車企業とは独立した存在である鉄鋼企業や外資系企業も含まれている．しかしながらかつての協力会組織とは，まさに完成車企業と一心同体の有機的生産統合体を形成する企業群を意味した．そしてこれらの企業の多くが，中核企業の本拠地近隣に立地し企業城下町を形成してきたのである．つまり，過去には地理的近接性と関係的近接性とは概ね同一視しても差し支えのない程度の差に過ぎなかったのである[41]．また和田のいう管理的調整は，単なる取引関係を超えて準垂直統合型組織を様々な次元で結びつけるよう作用してきた．多くの完成車企業の社史にも記されているように，完成車企業は協力会組織の加盟企業に対し一貫して保護・育成の態度を示し続けてきた[42]．トヨタ生産システムが，トヨタ単体を超えて取引先企業全般にまでその思想を伝播させていったことなどはその典型である．このような和田の整理に基づけば，今日の企業グループの範疇に協力会組織，とりわけ資本連関はなくとも生産連関のある地場企業群までを含めることに違和感は少ないだろう．

経路依存的な背景をともないながら発達してきたわが国の企業グループ（あるい

はそれに類する）の概念は，先に紹介したWilliamson［1975］や浅沼［1984］が進めた取引コストの観点からの分析を踏襲し，1990年代にはClark and Fujimoto［1991］，藤本［1997］，藤本・伊藤・西口編［1997］等のサプライヤー・システム論として精緻化されてきた．そして日本的下請生産システムやサプライヤー・システムと呼ばれた管理的調整機構は，1990年代には欧米完成車企業からもキャッチアップの対象とされたのである（藤本［2003］）．

以上のような企業間関係は，前項でも指摘したように1990年代に入ってからの企業活動の国際化，とりわけ中国をはじめとする東アジア展開によって変貌しつつある．具体的には，中核企業が海外工場を設立する際に，随伴して近隣に立地し海外市場でも主要顧客からの仕事量を確保できる取引先企業とそうでない企業との格差が拡がってきていることである．このことは，取引をつうじた国内外での企業間関係に隔たりを生み出し，また企業ごとの国際分業の相違が産業集積の固有性にも大きく影響することに繋がっている．企業グループを取り巻く経営環境は，1980年代までのような比較的ドメスティックで均質なものとは性質を異にしているのである．素材・部品等の中間財を供給する企業が主体的にグローバル化することもあるが今なおそれは稀であり，結局のところ企業城下町型集積にとって最終製品市場との接点を持つほぼ唯一の存在である需要搬入企業（伊丹・松島・橘川［1998］）の国際経営戦略こそが，既存の産業集積やそこでの企業間関係にとって決定的に重要なのである．換言すれば，善し悪しは別として企業グループに属するほぼ全ての企業の経営戦略とは，需要搬入企業としての中核企業のそれが桎梏となり従属変数に甘んじざるをえないということである．この点を鑑み，次項ではとりわけわが国における中核企業（＝最終製品企業）の国際経営戦略の趨勢を整理する．

(3)　国際経営戦略論の視点

ひと言に企業の国際経営戦略といってもその内容を構成する要素は多岐にわたるため，ここでは国際生産分業体制の確立に向けた経営戦略についての先行研究を検討する．とりわけ，わが国製造企業の東アジアでの国際分業に焦点を絞る．東アジアは日本から近く，地方の産業集積に立地する比較的規模の小さい企業であっても進出の実績があることを本書では重視している．

1990年代以降，わが国製造企業は生産拠点の海外展開を進め，その結果空洞化問題が懸念されたのは前述のとおりである．天野［2005］はこの点について，「海外生産シフトによる空洞化は，直接投資によって本国側が受ける構造調整の1つの側面に過ぎず，全体として見れば，日本企業は東アジア地域への海外事業展開と本国側の事業構造転換によって，この地域で形成されている国際分業に適応可能な事業体制を築こうとしている[43)]」と主張する．そしてこの本国側の事業構造転換を裏付ける上で，「東アジアに向けた直接投資……（中略）……現地の地場企業の成長や，現地子会社の事業拡大によって，現地側から本国に向けた製品輸出が増加している．他方，本国側から現地に向けて中間財や素材，資本財などの輸出，さらには技術やサービスの輸出が増加する傾向がある[44]」と説明している[45]．このような変化について天野は，「東アジアへの国際化を推し進め，本国側の事業構造転換を図ることは，本国と非本国の違いを超えて，企業が国際的な競争力を高めるために必要な行為であると結論づけることができる[46]」と断定する．さらには，「産業空洞化は国際化を積極的に進めた企業というよりも，国際化に躊躇した企業が結果として引き起こす事業そのものの弱体化が原因になっている可能性がある[47]」とし，空洞化論の前提に疑問を投げかけた．天野によれば，わが国製造企業の生き残りの方法としては，国内は研究開発や試作といった高付加価値機能に特化し，東アジアには労働集約的な量産機能を配置するという国際生産分業体制の確立が提唱されているが，これ自体は産業集積の議論でも散見されることであり特に目新しいものではない．むしろこのような主張について懸念を覚えるのは，この事業モデルが成立する要件が普遍的かどうかである．端的に言うならば，本書が注目している中国地方にとっては，量産機能の安易な東アジア移管は命取りになりかねない．序章で指摘したように，中国地方の生産年齢人口は長期にわたって減少することが確実である．労働力を地方に留めるためには，一定数以上の量産工場の存在が必要不可欠となる．実際，平成25年度国土政策関係研究支援事業に従事した森尾・中塚［2014］の報告書によると，「20～24歳→25～29歳で継続的に人口が増加する地域は，製造業との関連性が強い傾向[48]」があると指摘されている．また産業集積を形成している企業のうち，少なくない割合を中小・零細規模の企業が占めていることも忘れてはならない．こういった規模の企業群に今さら研究開発や試作といった高次の機能付与を期待するのは困難である．天野の提起する事業モデルに不足する点は，対象が限定され過ぎていて産業集積の量的規模を維持するのが困難であること，そして何よりも人口減少という先進国の中でも先頭を切ってわが国が直面している社会動態的制約が織り込まれていないことである．地方から量産工場を悉く奪ってしまうということは，そこでの生産機能の再生産を放棄するのと同義である．人口減少を所与とするとき，それは不可逆的行為なのだという点を我々は決して忘れてはならないのである．

しかしながら単に量産機能を国内に残すことは，国際的なコスト競争力の観点から難しいため，何らかの付加価値をともなう高次の量産機能の概念が要求されることになる．まず鍵となるのは海外工場に対する国内工場の「マザー工場」化であろう．わが国の多国籍企業が構築してきた「マザー工場システム」の実態を明らかにした山口［2006］は，「マザー工場とは，親会社における技術移転のセンターとして，海外からの人材を受け入れ，訓練を行い，海外で運営しやすい製造技術を開発するなど，技術移転戦略の中心を担う大規模な組織単位である[49]」と定義している．このマザー工場のあり方について藤本［2017］はさらに踏み込んだ主張をしている．

それは,「マザー工場は,商業生産で戦い続けている工場でなければならない……(中略)……商業生産ラインは閉鎖して量産機能は失ったが,過去の量産経験者が海外の能力構築支援に行くというタイプの『レッスン・プロ工場』(ゴルフ的にいえば)では,やがて通用しなくなることが多い[50]」というものである.量産機能を維持する意義は,「仮に低賃金国拠点の生産性向上が停滞する場合,あるいは円レートの急落などで日本が生産費優位を得た場合は,日本のマザー工場自身が輸出拠点になればよい[51]」という点に顕れている.マザー工場は象徴的存在ではなく,海外工場を常に先導する現役のプロフィット・センターとして位置づける視点である.藤本はこのようなあり方のことを「戦うマザー工場」と呼んでいる.

一方で,マザー工場(国内での量産活動)に対する見方には異なる意見もある.例えば大木[2014]は,量産活動とそれに必要な知識の分離が可能であれば,そもそも量産活動自体を国内に維持する必要性は乏しくなると考えている.さらには,「海外子会社が本国拠点からの関与を必要としなくなるまで能力を高めることができれば,本国拠点が量産知識を維持・活用する必要もなくなる[52]」とまで述べている.企業活動の国際化をトランスナショナルの次元にまで高度化していくのを目的にするならば,こういった製造企業のあり方も有効な選択肢だろう[53].ただし本書のように,グローバル企業としての中核企業と国際展開能力では相対的に劣後する取引先の地場企業とで構成される(とりわけ)地方の産業集積,あるいは地域経済そのものの存立に主眼を置く場合,大木の方法論はやや先鋭的過ぎると言わざるをえない.また前述の森尾・中塚[2014]は,「都市雇用圏の高等教育機関の需給関係や高等教育機関の多様性が人口動態に影響を与えていることが示唆された[54]」と述べている.高等教育機関で修得可能な専門分野の多様性や教育・研究水準の確保,さらにはそもそも高等教育機関を地方に維持するためには,一定数以上の人口規模が必要不可欠である.量産工場が撤退し生産年齢人口が急減する地域に若者は育たないため,量産知識を継承する技術者もまた地方で再生産することが困難になる.この観点からも,量産活動と知識の分離というアプローチは,少なくとも人口減少を宿命づけられた地方の産業集積にとって適合的とは言い難いのである.

以上の国際生産分業体制をめぐる先行研究を本書が標榜する地域自動車産業論の立場から俯瞰すると,企業の競争優位獲得やグローバル規模での成長と地域経済の発展との間には,深刻なトレード・オフが存在することが分かる.自動車産業は本質的にグローバル市場での競争環境に組み込まれている以上,企業活動の国際展開はいっそう推進されなければならない.しかしながらそれを本国並びに進出先国の事業構造を調整しながら巧く成し遂げられるのは,中核企業と一部の有力な地場企業に限定されてしまう.天野[2005]が指摘したように,空洞化を引き起こす元凶は国際化に乗り遅れた企業による業績低迷というのが正しいのならば,地方の産業集積,ましてや(序章で言及した)域内未成熟型や域外依存型といった,そもそも集積内での生産連関が未完結な集積においては，多くの中小・零細企業が打つ手無しの状況に陥ることは必至である．そして仮に国際化を推し進めたとしても，先行研究が示した事例によると国内の量産規模は縮小を余儀なくされるため[55)]，人口減少が宿命づけられている地方の産業集積は再生産が著しく困難になってしまう．したがってここで重要な点は，藤本［2017］の提起した「戦うマザー工場」という概念をいかに具体化し地方の産業集積において実体化させるかである．国内の量産基盤をできるだけ維持した上で，企業グループとしての国際競争力の獲得に向けた実効性あるアプローチを検討していく必要があるだろう．

注

1）これに限らず，そもそも自動車産業の集積には固有の弱点が指摘されている．例えば伊丹・松島・橘川編［1998］は，「自動車産業に典型的に見られる城下町型工業集積では，完成車メーカーを頂点とする生産組織の中で，部品メーカーは特定メーカー向けの部品生産に特化してきた．営業部門をもたない企業も少なくない．生産組織内の情報の多くは完成車メーカーにより統制され，部品メーカー間の横のつながりも弱かった．水平的分業は行われてこなかったといっても過言ではない．垂直的な分業関係の深化のみが図られ，その取引関係も固定化してきたため，集積本来の持つ柔軟な対応力が失われている」（pp. 239-240）と解説している．

2）一方で折橋らの研究においては，東北地方，北部九州圏といった新興集積地域との比較対象として，とりわけマツダのある広島を念頭に中国地方の機能網羅性（開発機能保有，地場企業との密接な取引関係）を高く評価している．しかしながら本書では，程度の差こそ認めながらもこの主張に対して懐疑的立場を採る．なぜなら本書では，序章で言及したように広島地域を域内未成熟型に分類しているからである．中国地方に固有の課題は，本書での一連の議論にて明らかになることだろう．

3）中央大学経済研究所編［1976］，p. 153 参照．日製表記横のかっこ内筆者補足．

4）松原［1999］，p. 90 参照．

5）前掲，p. 97 参照．

6）例えば高岡［1999］は，「『取引システム』とは，取引を行う経済主体間の取引相手探索・交渉・調整等の一連の過程から成る相互作用によって需給の接合を実現する仕組みのことである．この意味において産業集積は，まさに取引システムなのである」（p. 55）と述べる．この指摘は，産業集積の本質を再認識する上で必須の点であろう．産業集積とは単に多数の企業が隣り合って立地する物理的な状態を指すのではなく，そこで取引関係が形成されることの経済合理性があり，また集積そのものに外部経済が期待されるからである．ややもすれば，企業誘致のような自治体の産業振興策では見過ごされがちな点である．

7）伊藤［2000］，p. 9 参照．

8）前掲，p. 12 参照．

9）植田［2000］，p. 36 参照．

10）前掲，p. 30 参照．

11）前掲，p. 33 参照．

12）植田［2004］，p. 32 参照．

13）関［1993］，p. iii 参照．

14）前掲，p. 45 参照．

15）渡辺［1985］，pp. 15-16 参照．

16）前掲，p. 16 参照．

17）渡辺［1997］，p. 262 参照．

18）渡辺［2011］，p. 4 参照．

19）前掲，p. 5 参照．

20）前掲，p. 299 参照．

21）前掲，p. 245 参照．

22）例えば塩見［1978］では，極端な垂直統合を進めたことで有名な米フォードを取り上げ，「部品の集中的生産をおこなう工場結合体を中核とし，原料生産工場・部品工場・組立工場の拡散的で戦略的な配置をともなう重層的生産構造を基盤とする結合企業である」（p. 202）と評した．また同時に，「重層的生産構造は（独占資本主義体制確立以前の）産業資本主義段階の機械工業にはまったく存在しなかった巨大な生産体系であり，その全体を機械コンビナート」（p. 203，かっこ内筆者補足）と呼んでいる．

23）ただし堀江らの研究の主眼は，これら巨大企業の構造や管理機構の解明をつうじて独占資本主義体制が確立した要因を明らかにすることに置かれていたのであり，企業グループの概念はその説明変数として提起されたという経緯に注意する必要がある．

24）堀江［1972］，p. 206 参照．

25）同上．

26）堀江［1973］では産業コンツェルンと協力会社との関係については，「巨大企業と関連企業が構成する有機的生産統合体としての産業コンツェルンは，巨大企業と協力会社とが構成するさらに膨大な有機的生産統合体の中枢構造―いわば上部構造をなしているといってよいであろう」（p. 182）と説明されている．堀江の定義では，産業コンツェルンは中核企業との資本連関を必須とする概念であり，生産連関だけの協力会社はこの範疇には含まれていない．

27）6大企業集団（金融コンツェルン）と産業コンツェルンを峻別する必要性は，1930年代に勃興した非・財閥系の新興コンツェルン（日産，日窒，日曹，森，理研）をどう位置づけるかをめぐる議論に起因する．下谷［1993］ではこの点について明確な結論を示しており，新興コンツェルンとは堀江［1972］が提示した産業コンツェルンのことであり，6大企業集団とは性格を異にするものとした．その根拠は，新興コンツェルン（産業コンツェルン）は特定産業の垂直方向での有機的連携に過ぎず，財閥（または戦後の6大企業集団）のような産業横断的な拡がりを持たないという点に求めている．

28）坂本編［1985］，p. 7 参照．

29）前掲，p. 87 参照．

30）坂本らは，同様の概念を導入した優れた研究として浅沼［1984］，和田［1984］を，また企業グループを組織と市場の中間的形態として捉えた理論的研究として今井・伊丹・小池［1982］を挙げている．

31）坂本編［1985］，p. 212 参照．

32）前掲，p. 216 参照．

33）事業部制と子会社との関係については，坂本編［1985］，坂本・下谷編［1987］でレビューされている土屋［1966］の議論も参照のこと．

34）坂本・下谷編［1987］，p. 108 参照．

35）前掲，p. 223 参照．

36）前掲，p. 108 参照．

37）下谷［1993］，p. 28 参照．

38）前掲，p. 34 参照．

39）前掲，p. 198 参照．

40）和田［1984］，p. 63 参照．

41）確かに今日の協力会組織とは，地理的近接性はおろか関係的近接性とも無縁の単なるTier 1という取引階層のラベルに過ぎないという事実は否めない．ただし本書が分析対象とする中国地方の完成車企業2社，すなわちマツダと三菱自・水島には，全国区の協力会組織とは別に地場企業中心の協力会組織が存在する．これらの地場企業中心の協力会組織には，地理的近接性と関係的近接性が今なお並立的に色濃く残っている．そこで本書の企業グループの範疇には，これら地場企業中心の協力会組織を含めている．

42）本書が分析対象とするマツダも例外ではなかった．1970年代の経営危機によって従業員数を減らしたマツダは，この時期に急速に外注比率を高めた．菊池［2016］

では，その際に「取引企業数を拡大する一方で，マツダは，従業員を派遣して技術指導・経営指導を行ない，遊休設備の処分や生産工程の合理化を助言する等，下請企業の費用削減を進め……（中略）……1981年5月26日に部品メーカーの協力会として洋光会を結成し，部品メーカーとの関係を深化させる場を準備した」(p. 32）と解説している．

43）天野［2005］，pp. 24-25参照.

44）前掲，p. 67参照.

45）ただし本国側の事業転換，すなわち海外工場に向けた産業財輸出が企業の国際競争力確立に直接的に寄与するとは限らない．例えば新宅・大木［2012］は，わが国製造企業には製品の競争力にとって必ずしも決定的ではない産業財までも輸出する場合があるという事実を問題視しており，そういった日本由来の追加的費用の存在が，とりわけ新興国市場での日系企業の価格競争力にとって不利に作用していると指摘している．

46）天野［2005］，p. 137参照.

47）前掲，pp. 139-140参照.

48）森尾・中塚［2014］，p. 109参照．ただし森尾らは，「製造業に特化している地域の中でも特定業種に特化すると継続的な人口増加がみられず，製造業でも業種のバランスの良さ……（中略）……が継続的な人口増加に必要であることが明らかになった」(p. 109）とも述べている．総合加工組立型産業である自動車産業を他の業種同様に単なる特定業種とみなすかどうかは議論が分かれるところであるが，少なくとも一定規模以上の製造業の存在が地域の雇用及び人口増加に寄与することまでは言えるだろう．

49）山口［2006］，p. 127参照.

50）藤本［2017］，p. 210参照.

51）前掲，p. 211参照.

52）大木［2014］，p. 185参照.

53）国際経営論では，Dunning［1988］によって海外直接投資が段階を経て高度化すること，Bartlett and Ghoshal［1989］によって多国籍企業の本国親会社と海外子会社との関係性が多様化していくこと等が議論されてきた．そこでは暗黙的に，いかなる多国籍企業にとっても企業活動の現地化拡大と海外子会社の自律性獲得とが最終目標に掲げられているようである．

54）森尾・中塚［2014］，p. 109参照.

55）まず国際生産分業体制を水平非統合に設計した場合，国内が研究開発や試作といった高付加価値機能に特化すれば労働集約的な工程の重要性は著しく低下する．また垂直非統合に設計し量産対象を最終製品から産業財へと移行した場合，国内は相対的に資本集約的な性格が強まるため，これも現場技能職の所要人数を減らすことになる．これら先行研究が示した方法論では，いずれにせよ量産規模の縮小が避けられないのである．

参考文献

天野倫文［2005］,『東アジアの国際分業と日本企業：新たな企業成長への展望』有斐閣.

浅沼萬里［1984］,「日本における部品取引の構造：自動車産業の事例」『経済論叢』第131巻, pp. 137-158.

浅沼萬里（菊谷達弥編）［1997］,『日本の企業組織 革新的適応のメカニズム』東洋経済新報社.

東正志・横井克典［2013］,「部品サプライヤー特性の産業間比較」『社会科学』同志社大学人文科学研究所, 第43巻第1号, pp. 27-48.

Bartlett, C. and Ghoshal, S. [1989], *Managing Across Borders: The Transactional Solution*, Harvard Business School Press, Boston MA.

Chandler, A. D. [1962], *Strategy and Structure: Chapters in the History of American Enterprise*. MIT Press, Boston.

中国経済産業局［2011］,「中国経済活性化のための地域金融機関との連携推進プログラム2011」.

中国経済産業局［2013］,「中国経済活性化のための地域金融機関との連携推進プログラム2013」.

中国経済産業局［2014］,「ちゅうごく地域自動車部素材グローバル戦略」.

中央大学経済研究所編［1976］,『中小企業の階層構造：日立製作所下請企業構造の実態分析』中央大学出版部.

中小企業庁［2007］,『平成19年版 中小企業白書』.

中小企業庁［2014］,『平成26年版 中小企業白書』.

Clark, K. B. and Fujimoto, T. [1991], Product Development Performance: Strategy, Organization, and Management in the World Auto Industry, Harvard Business School Press, Boston, MA.

独立行政法人中小企業基盤整備機構［2007］,「中小部品サプライヤーの開発提案能力とその促進要因：自動車関連金属プレス部品及び金型メーカーの一考察」.

Dunning, J. [1988], *Explaining International Production*, Unwin Hyman.

Dyer, J. H. and Ouchi, W. G. [1993], "Japanese-Style Partnerships: Giving Companies a Competitive Edge," *Sloan Management Review*, Fall 1993, pp. 51-63.

Fleming, D. A. and Goetz, S. J. [2011], "Does Local Firm Ownership Matter?," *Economic Development Quarterly*, Vol. 25, No. 3, pp. 277-281.

フォーイン［2016］,『世界乗用車年鑑』2017年版.

富士重工業株式会社［2013］,『アニュアルレポート』.
富士重工業株式会社［2016］,『アニュアルレポート』.
藤川昇悟［2012］,「新興集積地における自動車部品の域内調達とグローバル調達」伊藤維年・柳井雅也編『産業集積の変貌と地域政策：グローカル時代の地域産業研究』ミネルヴァ書房，所収，pp. 41-66.
藤川昇悟［2015］,「日本の自動車メーカーのグローバルな立地戦略と輸出車両の海外移管：九州・山口の自動車産業クラスターを事例として」『東アジア研究』第17号，pp. 1-21.
藤本隆宏［2003］,『能力構築競争』中央公論新社.
藤本隆宏・西口敏宏・伊藤秀史編［1998］,『リーディングス サプライヤー・システム：新しい企業間関係を創る』有斐閣.
藤本隆宏［1997］,『生産システムの進化論：トヨタ自動車にみる組織能力と創発プロセス』有斐閣.
藤本隆宏［2003］,『能力構築競争』中央公論新社.
藤本隆宏［2017］,『現場から見上げる企業戦略論：デジタル時代にも日本に勝機はある』角川新書.
藤原清志・本橋真之［2018］,「自動車企業が考えるEV化のあるべき姿：マツダが考える理想のEV社会」『一橋ビジネスレビュー』第66巻第2号，pp. 72-85.
藤原貞雄［2007］,『日本自動車産業の地域集積』東洋経済新報社.
福野礼一郎［2003］,『別冊CG 超クルマはかくして作られる』二玄社.
福野礼一郎［2016］,『クルマはかくして作られる5：レクサスLSにみる高級車の設計と生産』二玄社.
羽田裕［2018］,「自動車産業における中堅・中小サプライヤーに向けた産学官連携の検討：公的機関主導による育成型モデルの展開」『産業学会研究年報』第33号，pp. 105-120.
浜島裕英［2005］,『世界最速のF1タイヤ』新潮社.
橋本卓典［2016］,『捨てられる銀行』講談社.
橋本卓典［2017］,『捨てられる銀行2：非産運用』講談社.
畠山俊宏［2017］,「ASEANにおける中堅完成車メーカーのサプライヤー・システムの現状」『経営情報研究』第24巻第1・2号，pp. 81-98.
畠山俊宏［2018］,「中堅完成車メーカーの現地調達の構造――マツダ・三菱自動車・トヨタを比較して――」『工業経営研究』第32巻第1号，pp. 28-38.
畠山俊宏［2019］,「タイにおけるマツダの現地調達戦略」一般財団法人機械振興協会経済研究所編『人口減少社会における自動車産業』H30-3，所収.
平山智康［2018］,「モジュール化の進展と西日本自動車部品サプライヤー：中国地域の自動車部品サプライヤーの動向と産業振興策の考察」古川澄明編・JSPS科研費プロジェクト『自動車メガ・プラットフォーム戦略の進化：「ものづくり」競争環境の変容』九州大学出版会，所収，pp. 161-191.

公益財団法人ひろしま産業振興機構［2016］，「将来の自動車技術ニーズに対応する地域企業の技術開発支援の現況」.

公益財団法人ひろしま産業振興機構［2017］，「平成 29 年度版地域企業のさらなる活性化を目指して　カーテクノロジー革新センター」.

広島銀行［2018a］，「2017 年度決算の概要」.

広島銀行［2018b］，「2018 年 9 月期会社説明会 参考資料集」.

人見光夫［2018］，「マツダの天才エンジン技術者大逆転の軌跡」『日経 Automotive』2018.5-2018.6.

堀江英一［1970］，「大企業の生産構造(1)：序説」『経済論叢』第 106 巻第 6 号，pp. 255-280.

堀江英一［1971］，「結合企業の重層性：大企業の生産構造(2)」『経済論叢』第 108 巻第 1 号，pp. 1-18.

堀江英一［1972］，「産業コンツェルン：大企業の生産構造(3)」『経済論叢』第 110 巻第 5 号，pp. 205-230.

堀江英一［1973］，「協力会社：大企業の生産構造(4)」『経済論叢』第 111 巻第 3 号，pp. 181-203.

今井賢一・伊丹敬之・小池和男［1982］，『内部組織の経済学』東洋経済新報社.

稲水伸行・若林隆久・高橋伸夫［2007］，「〈日本の産業集積〉論と発注側の商慣行」『MMRC Discussion Paper Series』No. 180, pp. 1-17.

井上真由美・河藤佳彦［2016］，「地域産業のネットワークとオープンマインド：群馬県・太田市における産業集積の地元パターン」忽那憲治・山田幸三編『地域創生イノベーション：企業家精神で地域の活性化に挑む』中央経済社，pp. 83-111.

インパテック株式会社［2017］，『特許情報分析（パテントマップ）から見た「電気自動車とエコカー」』2017 年版.

一般財団法人機械振興協会経済研究所編［2019］，『人口減少社会における自動車産業：中国地方の自動車産業集積に考える課題解決に向けた糸口』H30-3.

一般財団法人金融財政事情研究会［2016］，『第 13 次業種別審査事典』第 3 巻，pp. 1007-1017.

アイアールシー［2010］，『自動車部品 200 品目の生産流通調査』.

アイアールシー［2014］，『三菱自動車グループの実態 2014 年版』.

アイアールシー［2015a］，『マツダグループの実態 2015 年版：日本事業とグローバル戦略』.

アイアールシー［2015b］，『メキシコ・ブラジル自動車産業の実態 2015 年版』.

アイアールシー［2015c］，『タイ・インドネシア自動車産業の実態 2015 年版』.

アイアールシー［2016a］,『自動車部品 200 品目の生産流通調査 2016 年版』.

アイアールシー［2016b］,『日本部品メーカーの全世界部品納入実態調査 2017 年版』.

アイアールシー［2016c］,『SUBARU グループの実態』.

アイアールシー［2016d］,『デンソーグループの実態』.

アイアールシー［2017］,『日産自動車グループの実態 2018 年版』.

アイアールシー［2018］,『自動車部品 200 品目の生産流通調査 2018 年版』.

伊丹敬之［1988］,「見える手による競争：部品供給体制の効率性」.

伊丹敬之［2019］,『平成の経営』日本経済新聞出版社.

伊丹敬之・加護野忠男・小林孝雄・榊原清則・伊藤元重著［1988］『競争と革新：自動車産業の企業成長』東洋経済新報社, 所収, pp. 144-172.

伊丹敬之・松島茂・橘川武郎編［1998］,『産業集積の本質：柔軟な分業・集積の条件』有斐閣.

伊藤喜栄［2000］,「工業地域形成と産業集積についての二・三の問題：新経済地理学とウェーバー集積理論」『人文学研究所報』第 33 号, pp. 1-17.

岩城富士大［2013］,「中国地方における自動車産業の課題と取り組み：モジュール化からカーエレクトロニクス化へ」折橋伸哉・目代武史・村山貴俊編『東北地方と自動車産業：トヨタ国内第 3 拠点をめぐって』創成社, 所収, pp. 199-230.

岩城富士大［2016］,「広島地域における中小企業の可能性と課題」『東北学院大学経営学論集』第 7 号.

自動車新聞社［2018］,『2018 年版 自動車部品・用品マーケット要覧』.

金井誠太［2018］,「マツダ変革への挑戦」『日経ビジネス』日経 BP, 2018.02.19-2018.03.26.

金井誠太・藤原清志・人見光夫・前田育男・新経営研究会［2018］,『FMT アーカイブ イノベーション日本の軌跡 17：スカイアクティブの創出, マツダのものづくり革新』新経営研究会.

河合雅司［2017］,『未来の年表：人口減少日本でこれから起きること』講談社.

河合雅司［2018］,『未来の年表 2 ：人口減少日本であなたに起きること』講談社.

河藤佳彦・井上真由美［2016a］,「群馬県太田市における産業集積の特色と優位性に関する考察」『地域政策研究』第 19 巻第 1 号, pp. 27-49.

河藤佳彦・井上真由美［2016b］,「太田市域における機械産業集積の発展要因に関する分析：自動車産業の下請関係の役割を踏まえて」『日本中小企業学会論集』第 35 号, pp. 122-134.

経済産業省［2015］,「広島銀行の事業性評価への取り組み」『経済産業省地域企業 評価手法・評価指標検討会（第 4 回）議事要旨』.

経済産業省自動車課編［2015］,『自動車産業戦略 2014』日刊自動車新聞社.
経済産業省中国経済産業局［2006］,『自動車の電子化に係る欧州産学官連携と地域産業振興調査 報告書』.
経済産業省中国経済産業局［2008］,『中国地域・九州地域における自動車関連産業の広域連携戦略策定調査 報告書』.
経済産業省九州経済産業局［2015］,『九州地域における次世代自動車関連部素材の市場動向及び参入可能性調査 報告書』.
菊池航［2012］,「高度成長期自動車産業における下請取引：東洋工業を事例に」『経営史学』第 47 巻第 1 号, pp. 26-48.
菊池航［2014］,「戦後東洋工業における製品開発組織の展開」『立教経済学研究』第 68 巻第 1 号, pp. 91-111.
菊池航［2016］,「マツダの企業成長に関する研究：垂直的な企業間関係の発生と進化」立教大学大学院経済学研究科博士学位申請論文.
菊池航［2017］,「マツダの海外拠点における部品調達：オート・アライアンス・タイランドの事例」『阪南論集』（社会科学編）第 53 巻第 1 号, pp. 91-102.
菊池航［2019］,「トヨタ＝マツダ, 日産＝三菱自における部品調達構造比較研究」一般財団法人機械振興協会経済研究所編『人口減少社会における自動車産業』H30-3, 所収, pp. 35-50.
菊池航・佐伯靖雄［2017］「中堅完成車メーカーの部品調達構造：マツダ・三菱自・トヨタの比較分析」『阪南論集』（社会科学編）第 52 巻第 2 号, pp. 113-128.
木村弘［1999］,「サプライヤー・ネットワークとイノベーションの可能性」『経済論究』第 104 巻, pp. 49-62.
木村弘［2003］,「サプライヤーの新規事業創造と自律的マネジメント」『宇部工業高等専門学校研究報告』第 49 号, pp. 47-58.
木村弘［2016］,「マツダおよび部品サプライヤーのグローバル化と関係進化」清晌一郎編著『日本自動車産業グローバル化の新段階と自動車部品・関連中小企業――1 次・2 次・3 次サプライヤー調査の結果と地域別部品関連産業の実態――』社会評論社, 所収, pp. 230-247.
金融庁［2015］,『平成 27 事務年度金融行政方針』.
金融庁［2016］,『平成 28 事務年度金融行政方針』.
金融庁［2017］,『平成 29 事務年度金融行政方針』.
清成忠男・下川浩一編［1992］,『現代の系列』日本経済評論社.
小林英夫・丸川知雄編［2007］,『地域振興における自動車・同部品産業の役割』社会評論社.
近能善範［2001］,「バブル崩壊後における日本の自動車部品取引構造の変化」『横浜経営研

究』第 22 巻第 1 号，pp. 37-58.

近能善範［2003］,「自動車部品取引の「オープン化」の検証」『経済学論集』第 68 巻第 4 号，pp. 54-86.

近能善範［2004］,「日産リバイバルプラン以降のサプライヤーシステムの構造的変化」『経営志林』第 41 巻第 3 号，pp. 19-44.

近能善範［2017］,「顧客と取引関係とサプライヤーの成果：日本の自動車部品産業の事例」『一橋ビジネスレビュー』第 61 巻第 2 号，pp. 172-185.

高慶元［2012］,「中小企業金融に関する考察：関西の中小企業を中心に」『環日本海研究年報』第 19 号，pp. 106-127.

公益財団法人鳥取県産業振興機構［2015］,『鳥取県自動車部品研究会だより』第 27-07 号.

Krugman, P. [1991], Geography and Trade, Cambridge, Massachusetts: The MIT Press（北村行伸他訳［1994］,『脱「国境」の経済学』東洋経済新報社）.

日下智晴［2018］,「地方銀行の挑戦とその全国展開へ」『産学連携学』第 14 巻第 1 号，pp. 20-25.

協同組合ウイングバレイ編［1997］,『激動と飛躍の 10 年：昭和 61 年～平成 8 年の記録』.

協同組合ウイングバレイ編［2016］,『如水Ⅲ：競争と協調の五十年』.

協同組合ウイングバレイ・山陽新聞社編［2007］,『如水Ⅱ：競争と協調の四十年』.

前田育男［2018］,『デザインが日本を変える：日本人の美意識を取り戻す』光文社.

Marshall, A. [1890], *Principles of Economics*, Macmillan Press（馬場啓之助訳［1966］,『経済学原理Ⅱ』東洋経済新報社）.

増田寛也編［2014］,『地方消滅：東洋一極集中が招く人口急減』中央公論新社.

松原宏［1999］,「集積論の系譜と『新産業集積』」『東京大学人文地理学研究』第 13 号，pp. 83-110.

マツダ株式会社［2005］,『会社概況 2005』.

マツダ株式会社［2008］,『会社概況 2008』.

マツダ株式会社［2013］,『会社概況 2013』.

マツダ株式会社［2014］,『マツダサスティナビリティレポート 2014・詳細版』.

マツダ株式会社［2017］,『会社概況 2017』.

マツダ株式会社［2018］,『会社概況 2018』.

三菱自動車工業株式会社［2018］,『FACTS & FIGURES 2018』.

三菱自動車工業株式会社総務部社史編纂室［1993］,『三菱自動車工業株式会社史』三菱自動車工業株式会社.

宮本惇夫［1980］,『広島に育つ名車の伝統　東洋工業』朝日ソノラマ.

宮本喜一［2015］,『ロマンとソロバン』プレジデント社.

水島機械金属工場団地協同組合・山陽新聞社出版局編［1987］,『如水：競争と協調の二十年』.
目代武史［2013］,「自動車産業集積としての東北，中国，九州：共通の課題，異なる前提条件」折橋伸哉・目代武史・村山貴俊編『東北地方と自動車産業：トヨタ国内第3拠点をめぐって』創成社，所収，pp. 232-247.
目代武史・岩城富士大［2013］,「新たな車両開発アプローチの模索：VW MQB，日産 CMF，マツダ CA，トヨタ TNGA」『赤門マネジメント・レビュー』第12巻第9号，pp. 613-652.
森尾淳・中塚高士［2014］,『持続可能な地域の条件に関する研究：若者の人口動態分析を通して』平成25年度国土政策関係研究支援事業 研究成果報告書.
向壽一［2001］,『自動車の海外生産と多国籍銀行』ミネルヴァ書房.
中山健一郎［2004］,「日本自動車メーカー協力会組織の弱体化」『経済と経営』第34巻第3・4号，pp. 73-111.
楢原英俊［2006］,『三菱自動車の陥穽』イプシロン出版企画.
NHK スペシャル取材班［2017］,『縮小ニッポンの衝撃』講談社.
日本自動車タイヤ協会［2018］,『日本のタイヤ産業 2018』同所.
日経ビジネス・日経オートモーティブ・日経トレンディ編［2016］,『不正の迷宮 三菱自動車：スリーダイヤ転落の20年』日経 BP.
日経デザイン・廣川淳哉編［2017］,『MAZDA DESIGN』日経 BP.
延岡健太郎［2006］,『MOT［技術経営］入門』日本経済新聞社.
延岡健太郎・高杉康成［2014］「生産財における真の顧客志向　意味的価値創出のマネジメント」『一橋ビジネスレビュー』第61巻第4号，pp. 16-29.
野村祐士［2016］,「モノ造り革新における生産領域の取組み」『自動車技術』第70巻第6号，pp. 24-30.
Nonaka, I. and Takeuchi, H. [1995], *The Knowledge-Creating Company: How Japanese Companies Create the Dynamics of Innovation*, Oxford University press, Inc.（梅本勝博訳［1996］,『知識創造企業』東洋経済新報社）.
Nonaka, I. and Konno, N. [1998], "The concept of "Ba": Building a foundation for knowledge creation," *California Management Review*, Vol. 40, No. 3, pp. 40-54.
野中郁次郎・紺野登［2003］,『知識創造の方法論　ナレッジワーカーの作法』東洋経済新報社.
野中郁次郎・遠山亮子・平田透［2010］,『流れを経営する　持続的イノベーション企業の動態理論』東洋経済新報社.
岡部遊志［2018］,「北関東産業集積：群馬県太田市・桐生市：ものづくりネットワークの構築」松原宏編『産業集積地域の構造変化と立地政策』東京大学出版会，所収，pp. 233-

255.
岡山県産業労働部産業振興課［2014］，「『おかやま次世代自動車技術研究開発プロジェクト』の取組」.
岡山県産業労働部産業振興課［2016］，「『おかやま次世代自動車技術研究開発プロジェクト』の取組み」.
大木清弘［2014］，『多国籍企業の量産知識』有斐閣.
折橋伸哉・目代武史・村山貴俊編［2013］，『東北地方と自動車産業：トヨタ国内第3の拠点をめぐって』創成社.
Piore, M. J. and Sabel, C. F.［1984］, *The Second Industrial Divide*, Basic Books Inc.（山之内靖他訳［1993］，『第二の産業分水嶺』筑摩書院）.
Porter, M. E. and Kramer, M. R.［2011］, "Creating Shared Value," *Harvard Business Review*, Vol. 89, No. 1-2, pp. 62-77.
Porter, M. E.［1990］, *The Competitiveness Advantage of Nations*, The Free Press.（土岐坤他訳［1992］，『国の競争優位』ダイヤモンド）.
佐伯靖雄［2012］，『自動車の電動化・電子化とサプライヤー・システム：製品開発視点からの企業間関係分析』晃洋書房.
佐伯靖雄［2015］，『企業間分業とイノベーション・システムの組織化：日本自動車産業のサステナビリティ考察』晃洋書房.
佐伯靖雄［2016a］，「中国地方における自動車工業集積の現状分析：マツダと三菱自の生産・輸出・調達構造」『立命館経営学』第55巻第2号，pp. 1-21.
佐伯靖雄［2016b］，「中堅完成車メーカーの協力会組織分析：マツダと三菱自の系列取引構造」『社会システム研究』第33号，pp. 155-172.
佐伯靖雄［2017a］，「中国地方中堅完成車メーカーの地場協力会組織：東友会とウイングバレイの事例」『立命館大学地域情報研究所紀要』第6号，pp. 133-142.
佐伯靖雄［2017b］，「中国地方自動車産業の事業環境分析」『社会システム研究』第35号，pp. 95-110.
佐伯靖雄［2018］，『自動車電動化時代の企業経営』晃洋書房.
佐伯靖雄［2019a］，「本調査研究事業のねらいと依拠する先行研究のサーベイ」一般財団法人機械振興協会経済研究所編『人口減少社会における自動車産業』H30-3，所収.
佐伯靖雄［2019b］，「支援企業・機関から見たマツダ『モノ造り革新』：オール広島体制の到達点と課題」『工業経営研究』第33巻第1号，pp. 2-9.
佐伯靖雄・東正志［2017］，「山陰2県の自動車工業集積研究」『工業経営研究学会第32回全国大会予稿集』所収.
酒井俊之［2010］，「中小企業のメインバンク・システム：リレーションシップ・バンキングとの接点を求めて」『商工金融』2010年12月号，pp. 1-38.
坂本和一［1988］，『現代工業経済論』有斐閣.
坂本和一編［1985］，『技術革新と企業構造』ミネルヴァ書房.
坂本和一・下谷政弘編［1987］，『現代日本の企業グループ：「親・子関係型」結合の分析』東洋経済新報社.
酒向真理［1998］，「日本のサプライヤー関係における信頼の役割」藤本隆宏・西口敏宏・伊藤秀史編『リーディングス サプライヤー・システム：新しい企業間関係を創る』有斐閣，所収，pp. 91-118.
Sako, M. and Helper, S. [1998], "Determinants of trust in supplier relations: Evidence from the automotive industry in Japan and the United States," *Journal of Economic Behavior & Organization*, Vol. 34, pp. 387-417.
佐藤正明［2000］，『自動車　合従連衡の世界』文藝春秋.
Scott, A. J. [1988], *Metropolis: From Division of Labor to Urban Form*, Berkeley: Univ. of California Press.（水岡不二雄監訳［1996］，『メトロポリス』古今書院）.
清晌一郎編［2011］，『自動車産業における生産・開発の現地化』社会評論社.
清晌一郎編［2016］，『日本自動車産業グローバル化の新段階と自動車部品・関連中小企業』社会評論社.
関満博［1993］，『フルセット型産業構造を超えて：東アジア新時代のなかの日本産業』中央公論社.
社団法人日本塑性加工学会編［1995］，『鍛造：目指すはネットシェイプ』コロナ社.
下川浩一［2004］，『グローバル自動車産業経営史』有斐閣.
下谷政弘［1993］，『日本の系列と企業グループ：その歴史と理論』有斐閣.
新宅純二郎・大木清弘［2012］，「日本企業の海外生産を支える産業財輸出と深層の現地化」『一橋ビジネスレビュー』2012年冬号，pp. 22-38.
塩地洋・中山健一郎編［2016］，『自動車委託生産・開発のマネジメント』中央経済社.
塩見治人［1978］，『現代大量生産体制論』森山書店.
塩見治人［1985］，「生産ロジスティックの構造」坂本和一編『技術革新と企業構造』ミネルヴァ書房，所収，pp. 77-113.
塩見治人・溝田誠吾・谷口明丈・宮崎信二［1986］，『アメリカ・ビッグビジネス成立史：産業的フロンティアの消滅と寡占体制』東洋経済新報社.
週刊エコノミスト編［2016］，『三菱自動車の闇：スリーダイヤ腐蝕の源流』毎日新聞出版.
Stoper, M. [1997], *The Regional World: Territorial Development in a Global Economy*, New York: The Guilford Press.
スバル雄飛会［2018］，『スバル雄飛会30年のあゆみ』.

高岡美佳［1999］,「産業集積：取引システムの形成と変動」『土地制度史学』第162号，pp. 48-61.

武石彰［2003］,『分業と競争：競争優位のアウトソーシング・マネジメント』有斐閣.

武石彰・野呂義久［2017］,「日本の自動車産業における系列取引関係の分化：新たな研究課題」『経済系』第270集，pp. 13-28.

帝国データバンク［2018］,「特別企画：広島県メーンバンク実態調査（2018年）」.

特別調査委員会［2016］,『燃費不正問題に関する調査報告書』.

富野貴弘［2002］,「三菱自動車の生産システム改革：即応力強化の取り組み」『産業学会研究年報』第18号，pp. 77-86.

鳥取県［2010］,「（要約版）鳥取県経済成長戦略：戦略的推進分野」.

東洋工業株式会社五十年史編纂委員会［1972］,『1920-1970 東洋工業五十年史：沿革編』東洋工業株式会社.

トヨタ自動車株式会社『有価証券報告書』各年版.

土屋守章［1966］,「管理機構の問題としての事業部制と子会社形態」中村常次郎編『事業部制：組織と運営』春秋社，所収，pp. 129-152.

植田浩史［2000］,「産業集積研究と東大阪の産業集積」植田浩史編著『産業集積と中小企業：東大阪地域の構造と課題』創風社，所収，pp. 26-44.

植田浩史［2004］,「産業集積の『縮小』と産業集積研究」植田浩史編著『「縮小」時代の産業集積』創風社，所収，pp. 19-43.

植田浩史［2010］,「高度成長初期の自動車産業と下請分業構造：東洋工業のケースを中心に」原朗編『高度成長始動期の日本経済』日本経済評論社，所収，pp. 97-126.

宇山翠［2012］,「両毛地域の産業集積における複合性の形成過程」『企業研究』第21号，pp. 217-239.

宇山翠［2018］,「2000年代以降における両毛地域の産業集積の変容：SUBARUの業績拡大の影響に着目して」『中小企業季報』第1号，pp. 21-37.

宇山翠［2019］,「群馬県太田市の自動車産業：SUBARU（スバル）の生産システム，部品調達における地場部品企業の役割」一般財団法人機械振興協会経済研究所編『人口減少社会における自動車産業』H30-3，所収.

和田一夫［1984］,「『準垂直統合型組織』の形成：トヨタの事例」『アカデミア』第83号，pp. 61-98.

渡辺幸男［1985］,「日本機械工業の下請生産システム：効率性論が示唆するもの」『商工金融』第35巻第2号，pp. 3-23.

渡辺幸男［1997］,『日本機械工業の社会的分業構造：階層構造・産業集積からの下請制把握』有斐閣.

渡辺幸男［2011］，『現代日本の産業集積研究：実態調査研究と論理的含意』慶應義塾大学出版会.

Weber, A. [1922], *Über den Standort der Industrien*, Verlag von J.C.B. Mohr: Tübingen，初版［1909］（篠原泰三訳［1986］，『工業立地論』大明堂）.

Williamson, O. E. [1975], *Markets and Hierarchies: Analysis and Antitrust Implications*, New York, N.Y.: The Free Press.

Williamson, O. E. [1979], "Transaction-Cost Economics: The Governance of Contractual Relations," *Journal of Law and Economics 22*, pp. 233-261.

Womack, J., Jones, D. and Roos, D. [1990], *The Machine that Changed the World*, New York: Rawson Associates.

山田耕嗣［1999］，「継続的取引とエコロジカル・アプローチ」高橋伸夫編『生存と多様性』白桃書房，所収，pp. 107-130.

山口隆英［2006］，『多国籍企業の組織能力：日本のマザー工場システム』白桃書房.

山中浩之［2019］，『マツダ 心を燃やす逆転の経営』日経 BP.

山崎修嗣［2005］，「マツダグループの経営戦略」『産業学会研究年報』第 21 巻，pp. 85-94.

山崎修嗣［2006］，「フォード傘下におけるマツダグループの再編」『環境科学研究』第 1 巻，pp. 105-110.

山崎修嗣［2008］，「マツダサプライヤーの海外展開―東洋シート・ユーシンの事例を中心に」『社会文化論集』第 10 号，pp. 1-6.

山崎修嗣［2014］，「自動車メーカーにおけるサプライヤー・システムの再編（日産・マツダ）」山崎修嗣編著『日本の自動車サプライヤー・システム』法律文化社，所収，pp. 126-152.

吉田博・ビーブンロットラルフ［2006］「日産自動車と三菱自動車の経営再建における行動分析：コーポレート・ガバナンスの視点から」，『国民経済雑誌』第 194 巻第 3 号，pp. 75-87.

財団法人機械振興協会経済研究所［2009］，『国内中小製造業におけるネットワークの創発と取引多様化戦略』H20-5.

執筆者紹介

菊池　航（きくち　わたる）

[担当：1章，2章]

1985年生まれ．立教大学経済学部准教授，博士（経済学，立教大学）

畠山俊宏（はたけやま　としひろ）

[担当：3章]

1981年生まれ．摂南大学経営学部准教授，博士（経営学，立命館大学）

宇山　翠（うやま　みどり）

[担当：補論1]

1985年生まれ．岐阜大学地域科学部准教授，博士（経済学，中央大学）

東　正志（あずま　ただし）

[担当：5章]

1977年生まれ．京都文教大学総合社会学部講師，修士（商学，同志社大学）

池内美沙理（いけうち　みさり）

[担当：6章（共著）]

1995年生まれ．立命館大学専門職大学院経営管理研究科院生

羽田　裕（はだ　ゆたか）

[担当：7章]

1976年生まれ．愛知工業大学経営学部准教授，博士（経済学，名古屋市立大学）

太田志乃（おおた　しの）

[担当：8章]

1977年生まれ．名城大学経済学部助教，修士（国際関係，早稲田大学）

《編著者紹介》

佐伯靖雄（さえき　やすお）

［担当：はしがき，序章，４章，６章（共著），９章，終章，補論２，補論３］

立命館大学専門職大学院経営管理研究科准教授

博士（経済学，京都大学），博士（経営学，立命館大学）

1977年生まれ．自動車部品企業勤務ののち，立命館大学経営学部助教，名古屋学院大学商学部講師を経て2015年4月より現職．一般財団法人機械振興協会経済研究所特任フェローを兼任．

主　著

『自動車電動化時代の企業経営』（晃洋書房，2018年）

『企業間分業とイノベーション・システムの組織化：日本自動車産業のサステナビリティ考察』（晃洋書房，2015年）

『自動車の電動化・電子化とサプライヤー・システム：製品開発視点からの企業間関係分析』（晃洋書房，2012年）2014年度工業経営研究学会 学会賞受賞

中国地方の自動車産業

――人口減少社会におけるグローバル企業と地域経済の共生を図る――

2019年8月30日　初版第1刷発行　　＊定価はカバーに表示してあります

編著者　佐伯靖雄©

発行者　植田　実

印刷者　田中雅博

発行所　株式会社　晃洋書房

〒615-0026　京都市右京区西院北矢掛町7番地

電話　075(312)0788番㈹

振替口座　01040-6-32280

装丁　野田和浩　　印刷・製本　創栄図書印刷(株)

ISBN978-4-7710-3237-8

JCOPY 〈㈳出版者著作権管理機構 委託出版物〉

本書の無断複写は著作権法上での例外を除き禁じられています．
複写される場合は，そのつど事前に，㈳出版者著作権管理機構
（電話 03-5244-5088, FAX 03-5244-5089, e-mail:info@jcopy.or.jp）
の許諾を得てください．